普通高等教育“十三五”应用型人才培养规划教材

大学计算机应用基础

主　编　袁涌　纪鹏　成俊
副主编　冯珊　吕璐　熊皓
参　编　田嵩　刘志远

机 械 工 业 出 版 社

本书是为高等院校学生编写的计算机基础教材。全书共10章，第1章介绍了计算机的发展、特点与分类和计算思维的基本概念；第2章介绍了计算机硬件系统的体系结构以及新型硬件设备的发展等；第3章介绍了计算机软件系统的组成以及Windows 7的主要功能和基本使用方法；第4章介绍了计算机网络的基本概念和Internet的应用等；第5~8章介绍了Office的使用方法，包括Word 2010、Excel 2010、PowerPoint 2010和Access 2010的使用方法；第9章介绍了多媒体应用技术及其常用软件的使用方法；第10章介绍了计算机当前发展的新技术及其应用。每章都有课后习题，可供学生课外练习使用，达到巩固与提高的目的。

本书面向应用，讲授内容丰富，叙述通俗易懂，适合作为各类高等院校非计算机专业计算机基础课程的教材或自学参考书。

（责任编辑邮箱：jinacmp@163.com）

图书在版编目（CIP）数据

大学计算机应用基础/袁涌，纪鹏，成俊主编．—北京：机械工业出版社，2018.8

普通高等教育“十三五”应用型人才培养规划教材

ISBN 978-7-111-60388-7

Ⅰ.①大…　Ⅱ.①袁…②纪…③成…　Ⅲ.①电子计算机－高等学校－教材　Ⅳ.①TP3

中国版本图书馆CIP数据核字（2018）第156321号

机械工业出版社（北京市百万庄大街22号　邮政编码100037）
策划编辑：吉　玲　　　　责任编辑：吉　玲　王　荣
责任校对：朱炳妍　佟瑞鑫　封面设计：张　静
责任印制：孙　炜
天津翔远印刷有限公司印刷
2018年8月第1版第1次印刷
184mm×260mm·15印张·365千字

标准书号：ISBN 978-7-111-60388-7
定价：42.00元

凡购本书，如有缺页、倒页、脱页，由本社发行部调换

电话服务	网络服务
服务咨询热线：010-88379833	机 工 官 网：www.cmpbook.com
读者购书热线：010-88379649	机 工 官 博：weibo.com/cmp1952
	教育服务网：www.cmpedu.com
封面无防伪标均为盗版	金 书 网：www.golden-book.com

前言

随着计算机应用的日益普及和网络技术的迅速发展，按照教育部高校计算机基础课的基本要求，“大学计算机基础”已成为高等院校计算机教学中的一门重要课程。作为大学新生的第一门计算机课程，高等院校计算机基础思维教育显得尤为重要。计算机基础思维教育不仅能让学生掌握计算机的基本知识和基本使用方法，而且能启发学生对先进科学技术的追求，使学生思维敏捷、思路开阔。

本书以计算机知识为基础，以实际应用为主导，参考当前国内外最新资料，理论结合实践。全书共10章，第1章介绍了计算机的发展、特点与分类，介绍了计算思维的基本概念、狭义计算思维和广义计算思维的区别，还介绍了算法设计的基本思想和常用方法；第2章介绍了计算机硬件系统的体系结构以及新型硬件设备的发展等；第3章介绍了计算机软件系统的组成以及Windows 7的主要功能和基本使用方法；第4章介绍了计算机网络的基本概念和Internet的应用等；第5～8章介绍了Office的使用方法，包括Word 2010、Excel 2010、PowerPoint 2010和Access 2010的使用方法；第9章介绍了多媒体应用技术及其常用软件的使用方法，包括图形图像处理软件Photoshop、声音处理软件Audition、动画设计与编辑软件Flash及视频处理软件Premiere；第10章介绍了计算机当前发展的新技术及其应用，包括物联网技术、移动互联网技术、云计算技术和大数据技术。

为了使学生更好地掌握理论知识和实际应用，本书还配套了实验教材《大学计算机基础上机指导》，既帮助学生理解计算机相关概念和基本原理，也培养学生的动手能力、解决实际问题的能力以及综合运用知识的能力。

本书作者都是长期从事计算机基础教学工作的一线教师，有着丰富的教学经验。全书由刘志远、纪鹏负责全书的审阅和修改工作。

本书在编写过程中得到了湖北理工学院计算机学院老师们的指导与帮助，他们的教学资料和经验对本书的完善起到了很大的作用，在此致以诚挚的谢意。

由于编者水平有限，加之时间仓促，书中的缺点和疏漏在所难免，敬请读者批评指正。

编　者

目 录 Contents

第 1 章 计算机与计算思维

电子计算机是 20 世纪人类社会最伟大的发明之一。从第一台通用电子计算机诞生以来，随着计算机科学技术的飞速发展与计算机应用的普及，计算机已经深入人类社会的各个领域。现在，计算机在国防、工业、农业、卫生、教育等各个行业发挥着不可替代的作用，它已经融入人们的生活，成为人们日常工作、生活、学习、娱乐中不可缺少的一个基本工具和助手。计算机和伴随它而来的计算机文化极大地改变了人们工作、生活、学习的面貌。

21 世纪是以计算机为基础的信息时代，掌握以计算机为核心的信息技术基础知识和应用能力是现代大学生必备的基本素质。对计算机的熟练应用已经成为人们生活学习和工作中一种必不可少的基本技能。

1.1 计算机概述

1.1.1 计算机的发展简史

1. 电子计算机的产生

1946 年 2 月 14 日，由美国军方定制的世界上第一台电子计算机“电子数字积分计算机”（Electronic Numerical Integrator And Calculator，ENIAC）在美国宾夕法尼亚大学问世了。ENIAC（中文名：埃尼阿克）是美国奥伯丁武器试验场为了满足计算弹道需要而研制的，这台计算器使用了 17840 只电子管，大小为 80ft × 8ft（1ft ≈ 0.3048m），重达 28t，功耗为 170kW，如图 1-1 所示，每秒可进行 5000 次加法运算，造价约为 487000 美元。ENIAC 的问世具有划时代的意义，表明电子计算机时代的到来。在以后 70 多年里，计算机技术以惊人的速度发展，没有任何一门技术的性能价格比能在 30 年内增长 6 个数量级。

图 1-1 ENIAC

2. 电子计算机的发展

自 1946 年第一台电子计算机——ENIAC 诞生至今，计算机的发展至少经历了四代，并正在向更新一代迈进。

（1）第一代计算机：电子管计算机（1946—1957）

此时称为电子管计算机时代，主要电子元件是电子管。这代计算机体积庞大、耗电量大、运算速度低、价格昂贵，只用于军事研究和科学计算。

（2）第二代计算机：晶体管计算机（1958—1964）

此时称为晶体管计算机时代，主要电子元件是晶体管。用晶体管代替电子管作为元件，计算机运算速度提高了，体积变小了，同时成本也降低了，并且耗电量大为降低，可靠性大大提高了。这个阶段还出现了程序设计语言。

（3）第三代计算机：中小规模集成电路计算机（1965—1970）

随着半导体工艺的发展，成功制造了集成电路（IC），计算机也采用了中小规模集成电路作为计算机的元件，体积变得更小、功耗更低、速度更快，开始应用于社会各个领域。

（4）第四代计算机：大规模集成电路计算机（1971 年至今）

大规模集成电路计算机的性能和规模得到提高，价格大幅度降低，广泛应用于社会生活的各个领域，并走进办公室和家庭。

（5）第五代计算机

第五代计算机指具有人工智能的新一代计算机，它具有推理、联想、判断、决策和学习等功能。计算机的发展将在什么时候进入第五代？什么是第五代计算机？对于这样的问题，并没有一个明确统一的说法。日本在 1981 年宣布要在 10 年内研制“能听会说、能识字、会思考”的第五代计算机，投资千亿日元并组织了一大批科技精英进行会战。这一宏伟计划曾经引起世界瞩目，有人甚至惊呼这是“科技战场上的珍珠港事件”。现在看，日本原来的研究计划只能说是部分地实现了。到了今天还没有哪一台计算机被宣称是第五代计算机。

3. 新一代计算机的发展趋势

近年来，通过进一步的深入研究，发现由于电子电路的局限性，理论上电子计算机的发展也有一定的局限，因此人们正在研制不使用集成电路的计算机。这些正在加紧研究的计算机包括超导计算机、纳米计算机、光计算机、DNA 计算机和量子计算机等。

计算机的发展趋势可归纳为如下四个方面。

（1）巨型化

天文、军事、仿真等领域需要进行大量的计算，要求计算机有更快的运算速度、更大的存储量，这就需要研制功能更强的巨型计算机。

（2）微型化

专用微型计算机已经大量应用于仪器、仪表和家用电器中。通用微型计算机已经大量进入办公室和家庭，但人们需要体积更小、更轻便、易于携带的微型计算机，以便出门在外或在旅途中均可使用计算机。应运而生的便携式微型计算机（笔记本型）和掌上型微型计算机正在不断涌现，迅速普及。

（3）网络化

将地理位置分散的计算机通过专用的电缆或通信线路互相连接，就组成了计算机网络。网络可以使分散的各种资源得到共享，使计算机的实际效用提高了很多。计算机联网不再是可有可无的事，而是计算机应用中一个很重要的部分。人们常说的因特网（Internet，也译为国际互联网）就是一个通过通信线路连接、覆盖全球的计算机网络。通过因特网，人们足不出户就可获取大量的信息，与世界各地的亲友快捷通信，进行网上贸易等。

（4）智能化

目前的计算机已能够部分地代替人的脑力劳动，因此也常称为电脑。但是人们希望计算机具有更多类似人的智能，如能听懂人类的语言、能识别图形、会自行学习等，这就需要进一步进行研究。例如，生物计算机、光子计算机、超导计算机等。

1.1.2 计算机的分类

可以根据信号类型、用途、规模与性能等对计算机进行分类。

按所处理信号的不同可以分为数字计算机和模拟计算机。数字计算机处理的是以电压的高低等形式表示的离散物理信号，该离散信号可以表示0和1组成的二进制数字，即数字计算机处理的是数字信号（0和1组成的数字串）。数字计算机的计算精度高，抗干扰能力强。现在使用的计算机都是数字计算机。模拟计算机处理的是连续变化的模拟量，如电压、电流、温度等物理量的变化曲线。这种计算机精度低，抗干扰能力差，应用面窄。19世纪末到20世纪30年代，模拟计算机的研制曾活跃过一个时期，但最终还是被数字计算机所取代。

按用途的不同可以分为通用计算机和专用计算机。通用计算机硬件系统是标准的，并具有较好的扩展性，可以运行多种解决不同领域问题的软件，现在使用的计算机大多是通用计算机。专用计算机的软、硬件全部根据应用系统的要求配置，专门用于解决某个特定问题，如工业控制计算机、飞船测控计算机等。

按规模与性能的不同可以分为超级计算机、大型计算机、小型计算机、工作站和微型计算机，这也是比较常见的一种分类方法。

1. 超级计算机

超级计算机（Supercomputers）通常是指由数百数千甚至更多的处理器（机）组成的、能计算普通个人计算机（PC）和服务器不能完成的大型复杂课题的计算机。超级计算机是计算机中功能最强、运算速度最快、存储容量最大的一类计算机，是国家科技发展水平和综合国力的重要标志。超级计算机拥有最强的并行计算能力，主要用于科学计算，在气象、军事、能源、航天、探矿等领域承担大规模、高速度的计算任务。在结构上，虽然超级计算机和服务器都可能是多处理器系统，二者并无实质区别，但是现代超级计算机较多采用集群系统，更注重浮点运算的性能，是一种专注于科学计算的高性能服务器，其价格非常昂贵。

2. 网络计算机

（1）服务器

服务器专指某些高性能计算机，能通过网络对外提供服务。相对普通计算机来说，服务器在稳定性、安全性、性能等方面都要求更高，因此在CPU、芯片组、内存、磁盘系统、网络等硬件和普通计算机有所不同。服务器是网络的节点，存储、处理网络上80%的数据和信息，在网络中起着举足轻重的作用。它们是为客户端计算机提供各种服务的高性能计算机，其高性能主要表现为高速度的运算能力、长时间的可靠运行、强大的外部数据吞吐能力等方面。服务器的构成与普通计算机类似，也有处理器、硬盘、内存、系统总线等，但因为它是针对具体的网络应用特别制定的，因而服务器与微型计算机在处理能力、稳定性、可靠性、安全性、可扩展性、可管理性等方面存在差异很大。服务器主要包括网络服务器（DNS、DHCP）、打印服务器、终端服务器、磁盘服务器、邮件服务器、文件服务器等。

（2）工作站

工作站是一种以个人计算机和分布式网络计算为基础，主要面向专业应用领域，具备强大的数据运算与图形、图像处理能力，为满足工程设计、动画制作、科学研究、软件开发、金融管理、信息服务、模拟仿真等专业领域而设计开发的高性能计算机。工作站最突出的特点是具有很强的图形交换能力，因此在图形、图像领域，特别是计算机辅助设计领域得到了迅速应用。典型产品有美国 Sun 公司的 Sun 系列工作站。

3. 工业控制计算机

工业控制计算机是一种采用总线结构，对生产过程及其机电设备、工艺装备进行检测与控制的计算机系统总称，简称工控机。它由计算机和过程输入/输出（I/O）通道两大部分组成。计算机是由主机、输入/输出设备和外部磁盘机、磁带机等组成。在计算机外部又增加一部分过程输入/输出通道，用来完成工业生产过程的检测数据送入计算机进行处理；另一方面将计算机要行使对生产过程控制的命令、信息转换成工业控制对象的控制变量信号，再送往工业控制对象的控制器中去。由控制器行使对生产设备运行控制。工控机的主要类别有 PC 总线工业计算机（IPC）、可编程序控制系统（PLC）、分散型控制系统（DCS）、现场总线系统（FCS）及数控系统（CNC）五种。

4. 个人计算机

（1）台式机（Desktop）

台式机也叫桌面机，是一种独立相分离的计算机，完完全全跟其他部件无联系，相对于笔记本式计算机和上网本体积较大，主机、显示器等设备一般都是相对独立的，一般需要放置在电脑桌或者专门的工作台上，因此命名为台式机。台式机是非常流行的微型计算机，多数人家里和公司用的机器都是台式机。台式机的性能相对较笔记本式计算机要强。

（2）电脑一体机

电脑一体机，是由一台显示器、一个键盘和一个鼠标组成的计算机。它的芯片、主板与显示器集成在一起，显示器就是一台计算机，因此只要将键盘和鼠标连接到显示器上，机器就能使用。随着无线技术的发展，电脑一体机的键盘、鼠标与显示器可实现无线连接，机器只有一根电源线。这就解决了台式机线缆多而杂的问题。有的电脑一体机还具有电视接收、音频视频（AV）功能，也整合专用软件，是可用于特定行业的专用机。

（3）笔记本式计算机（Notebook 或 Laptop）

笔记本式计算机也称手提电脑或膝上型电脑，是一种小型、可携带的个人计算机，通常重 1 ~ 3kg。笔记本式计算机除了键盘外，还提供了触控板（TouchPad）或触控点（Pointing Stick），提供了更好的定位和输入功能。

（4）掌上电脑（PDA）

掌上电脑是一种运行在嵌入式操作系统和内嵌式应用软件之上的，小巧、轻便、易带、实用、价廉的手持式计算设备。它无论在体积、功能和硬件配备方面都比笔记本式计算机简单轻便。掌上电脑除了用来管理个人信息（如通信录、计划等），而且还可以上网浏览网页，收发邮件（E-mail），同时还可以当作手机来用，甚至还具有录音机功能、英汉汉英词典功能、全球时钟对照功能、提醒功能、休闲娱乐功能、传真管理功能等。掌上电脑的电源通常采用普通的碱性电池或可充电锂电池。掌上电脑的核心技术是嵌入式操作系统，各种产品之间的竞争也主要在此。

（5）平板电脑

平板电脑是一款无须翻盖、没有键盘、大小不等、形状各异、功能完整的计算机。其构成组件与笔记本式计算机基本相同，但它是利用触控笔在屏幕上书写，可以不使用键盘和鼠标输入，并且打破了笔记本式计算机键盘与屏幕垂直的 J 型设计模式。它除了拥有笔记本式计算机的所有功能外，还支持手写输入或语音输入，移动性和便携性更胜一筹。

5. 嵌入式计算机

嵌入式计算机即嵌入式系统（Embedded Systems），是一种以应用为中心、以微处理器为基础，软硬件可裁剪的，适应应用系统对功能、可靠性、成本、体积、功耗等综合性严格要求的专用计算机系统。它一般由嵌入式微处理器、外部硬件设备、嵌入式操作系统以及用户的应用程序等四部分组成。它是计算机市场中增长最快的领域，也是种类繁多，形态多种多样的计算机系统。嵌入式系统几乎包括了生活中的所有电器设备，如掌上 PDA、计算器、电视机顶盒、手机、数字电视、多媒体播放器、汽车、微波炉、数字照相机、家庭自动化系统、电梯、空调、安全系统、自动售货机、蜂窝式电话、消费电子设备、工业自动化仪表与医疗仪器等。

1.1.3 计算机的特点和应用

1. 计算机的特点

ENIAC 诞生后短短的几十年间，计算机的发展突飞猛进。主要电子器件相继使用了真空电子管、晶体管，中、小规模集成电路和大规模、超大规模集成电路，引起计算机的几次更新换代。每一次更新换代都使计算机的体积和耗电量大大减小，功能大大增强，应用领域进一步拓宽。特别是体积小、价格低、功能强的微型计算机的出现，使得计算机迅速普及，进入了办公室和家庭，在办公室自动化和多媒体应用方面发挥了很大的作用。总体来说，计算机具有以下特点。

（1）运算速度快

计算机内部的电路，可以高速准确地完成各种算术运算。当今计算机系统的运算速度已达到每秒万亿次，微型计算机也可达每秒亿次以上，使大量复杂的科学计算问题得以解决。例如，卫星轨道的计算、大型水坝的计算、24h 天气的计算，在现代社会里，用计算机只需几分钟就可完成。

（2）计算精确度高

科学技术的发展特别是尖端科学技术的发展，需要高度精确的计算。计算机控制的导弹之所以能准确地击中预定的目标，是与计算机的精确计算分不开的。一般计算机可以有十几位甚至几十位（二进制）有效数字，计算精度可由千分之几到百万分之几，是任何其他计算工具所望尘莫及的。

（3）逻辑运算能力强

计算机不仅能进行精确计算，还具有逻辑运算功能，能对信息进行比较和判断。计算机能把参加运算的数据、程序以及中间结果和最后结果保存起来，并能根据判断的结果自动执行下一条指令以供用户随时调用。

（4）存储容量大

计算机内部的存储器具有记忆特性，可以存储大量信息。这些信息，不仅包括各类数据信息，还包括加工这些数据的程序。

（5）自动化程度高

由于计算机具有存储记忆能力和逻辑判断能力，所以人们可以将预先编好的程序组存入计算机内存。在程序控制下，计算机可以连续、自动地工作，不需要人为干预。

（6）性价比高

几乎每家每户都会有计算机，越来越普遍化和大众化，21 世纪计算机必将成为每家每户不可缺少的电器之一。

2. 计算机的应用

目前，计算机的应用领域已渗透到社会的各行各业，正在改变着传统的工作、学习和生活方式，推动着社会的发展。计算机的主要应用领域如下。

（1）科学计算

科学计算是指利用计算机来完成科学研究和工程技术中提出的数学问题的计算。在现代科学技术工作中，科学计算问题是大量的和复杂的。利用计算机的高速计算、大容量存储和连续运算的能力，可以实现人工无法解决的各种科学计算问题。例如，建筑设计中为了确定构件尺寸，通过弹性力学导出一系列复杂方程，长期以来由于计算方法跟不上而一直无法求解。而计算机不但能求解这类方程，并且引起弹性理论上的一次突破，出现了有限单元法。

（2）数据处理

数据处理是指对各种数据进行收集、存储、整理、分类、统计、加工、利用、传播等一系列活动的统称。据统计，80% 以上的计算机主要用于数据处理，这类工作量大、工作面宽，决定了计算机应用的主导方向。数据处理从简单到复杂已经历了三个发展阶段：①电子数据处理（Electronic Data Processing，EDP），它是以文件系统为手段，实现一个部门内的单项管理；②管理信息系统（Management Information System，MIS），它是以数据库技术为工具，实现一个部门的全面管理，以提高工作效率；③决策支持系统（Decision Support System，DSS），它是以数据库、模型库和方法库为基础，帮助管理决策者提高决策水平，改善运营策略的正确性与有效性。目前，数据处理已广泛地应用于办公自动化、企事业计算机辅助管理与决策、情报检索、图书管理、电影电视动画设计、会计电算化等各行各业。信息正在形成独立的产业，多媒体技术使信息展现在人们面前的不仅是数字和文字，也有声情并茂的声音和图像信息。

（3）计算机辅助技术

计算机辅助技术包括计算机辅助设计、计算机辅助制造和计算机辅助教学等。

1）计算机辅助设计（Computer Aided Design，CAD）是利用计算机系统辅助设计人员进行工程或产品设计，以实现最佳设计效果的一种技术。它已广泛地应用于飞机、汽车、机械、电子、建筑和轻工等领域。例如，在电子计算机的设计过程中，利用 CAD 技术进行体系结构模拟、逻辑模拟、插件划分、自动布线等，从而大大提高了设计工作的自动化程度。又如，在建筑设计过程中，可以利用 CAD 技术进行力学计算、结构计算、绘制建筑图纸等，这样不但提高了设计速度，而且可以提高设计质量。

2）计算机辅助制造（Computer Aided Manufacturing，CAM）是利用计算机系统进行生产设备的管理、控制和操作的过程。例如，在产品的制造过程中，用计算机控制机器的运行，处理生产过程中所需的数据，控制和处理材料的流动以及对产品进行检测等。使用 CAM 技术可以提高产品质量，降低成本，缩短生产周期，提高生产率和改善劳动条件。将 CAD 技术和 CAM 技术集成，实现设计生产自动化，这种技术被称为计算机集成制造系统（Computer Integrated Manufacturing System，CIMS）。它的实现将真正做到无人化工厂（或车间）。

3）计算机辅助教学（Computer Aided Instruction，CAI）是利用计算机系统使用课件来进行教学。课件可以用多媒体制作工具或高级语言来开发制作，它能引导学生循环渐进地学习，使学生轻松自如地从课件中学到所需要的知识。CAI 的主要特色是交互教育、个别指导和因人施教。

（4）过程控制

过程控制是利用计算机及时采集检测数据，按最优值迅速地对控制对象进行自动调节或自动控制。采用计算机进行过程控制，不仅可以大幅提高控制的自动化水平，而且可以提高控制的及时性和准确性，从而改善劳动条件、提高产品质量及合格率。因此，计算机过程控制已在机械、冶金、石油、化工、纺织、水电、航天等部门得到广泛应用。例如，在汽车工业方面，利用计算机控制机床、控制整个装配流水线，不仅可以实现精度要求高、形状复杂的零件加工自动化，而且可以使整个车间或工厂实现自动化。

（5）人工智能

人工智能（Artificial Intelligence，AI）是计算机模拟人类的智能活动，诸如感知、判断、理解、学习、问题求解和图像识别等。现在人工智能的研究已取得非常大的成果，有些已开始走向实用阶段。例如，能模拟高水平医学专家进行疾病诊疗的专家系统，具有一定思维能力的智能机器人等。

（6）网络应用

计算机技术与现代通信技术的结合构成了计算机网络。计算机网络的建立，不仅解决了一个单位、一个地区、一个国家中计算机与计算机之间的通信，各种软、硬件资源的共享，也大大促进了文字、图像、视频和音频等各类数据的传输与处理。

1.2 计算思维基础

人类通过思考自身的计算方式，研究是否能由外部机器模拟，代替人类实现计算的过程，从而诞生了计算工具，并且在不断的科技进步和发展中发明了现代电子计算机。在此思想的指引下，还产生了人工智能，即用外部机器模拟和实现人类的智能活动。随着计算机的日益“强大”，它在很多应用领域中所表现出的智能也日益突出，成为人脑的延伸。与此同时，人类所制造出的计算机在不断强大和普及的过程中，反过来对人类的学习、工作和生活都产生了深远的影响，同时也大大增强了人类的思维能力和认知能力，这一点对于身处当下的人类而言都深有体会。早在 1972 年，图灵奖获得者艾兹格·迪科斯彻（Edsger Wybe Dijkstra）就曾说：“我们所使用的工具影响着我们的思维方式和思维习惯，从而也深刻地影响着我们的思维能力。”这就是著名的“工具影响思维”的论点。计算思维就是相关学者在审视计算机科学所蕴含的思想和方法时被挖掘出来的，成为与理论思维、实验思维并肩的三种科学思维之一。计算思维是一种思想、一种理念，是人类求解问题的一条途径、一种方法。计算思维是每个社会人的基本技能，是每个人为了在现代社会中发挥职能、实现自身价值所必须掌握的，其根本目的是提升人类使用计算机解决各专业领域中问题的能力，应当成为这个时代中每个人都具备的一种基本能力。

1.2.1 计算思维的概念

2006年3月，美国卡内基·梅隆大学计算机科学系主任周以真（Jeannette M. Wing）教授在美国计算机权威期刊《Communications of the ACM》中提出：计算思维是运用计算机科学的基础概念进行问题求解、系统设计以及人类行为理解等涵盖计算机科学之广度的一系列思维活动（智力工具、技能、手段）。

周以真教授尽管没有明确地定义计算思维，但是从六个方面界定了计算思维是什么、不是什么。

1）计算思维是概念化思维，不是程序化思维。计算机科学不等于计算机编程。计算思维应该像计算机科学家那样去思维，远远不止是为计算机编写程序，应能够在抽象的多个层次上思考问题。

2）计算思维是基础的技能，而不是机械的技能。基础的技能是每个人为了在现代社会中发挥应有的职能所必须掌握的。生搬硬套的机械技能意味着机械的重复。计算思维不是一种简单、机械的重复。

3）计算思维是人的思维，不是计算机的思维。计算思维是人类求解问题的方法和途径，但决非试图使人类像计算机那样去思考。计算机枯燥且沉闷，人类聪颖且富有想象力。计算思维是人类基于计算或为了计算的问题求解的方法论，而计算机思维是刻板的、教条的、枯燥的。以语言和程序为例，必须严格按照语言的语法编写程序，错一个标点符号都会出问题。配置了计算设备，人们就能用自己的智慧去解决那些之前不敢尝试的问题，就能建造那些其功能仅仅受制于人们想象力的系统。

4）计算思维是思想，不是人造品。计算思维不只是将生产的软硬件等人造物到处呈现，更重要的是计算的概念，被人们用来求解问题、管理日常生活，以及与他人进行交流和活动。

5）计算思维是数学和工程思维互补融合的思维，不是数学性的思维。人类试图制造的能代替人完成任务的自动计算工具都是在工程和数学结合下完成的。这种结合形成的思维才是计算思维。

6）计算思维是面向所有的人，所有领域。计算思维是面向所有人的思维，而不只是计算机科学家的思维。如同人们都具备“读、写、算”能力一样，计算思维是必须具备的思维能力。因而，计算思维不仅仅是计算机专业的学生要掌握的能力，也是所有受教育者应该掌握的能力。

周以真教授同时指出，计算思维的本质是抽象（Abstraction）和自动化（Automation）。计算思维的本质反映了计算的根本问题，即什么能被有效地自动进行。计算是抽象地自动进行，自动化需要某种计算机去解释现象。从操作层面上讲，计算就是如何寻找一台计算机去求解问题，选择合适的抽象，选择合适的计算机去解释执行抽象，后者就是自动化。

计算思维中的抽象是完全超越物理的时空观，并完全用符号来表示。其中，数学抽象是一类特例。自动化是机械地一步步自动执行，其基础和前提是抽象。

案例：计算机破案。

张三在家中遇害，侦查中发现A、B、C、D四个人到过现场。对四个人进行询问，每人各执一词。

A 说："我没有杀人。"B 说："C 是凶手。"C 说："杀人者是 D。"D 说："C 在冤枉好人。"

侦查员经过判断四个人中有三个人说的是真话，四个人中有且只有一个人是凶手，凶手到底是谁呢？

抽象：

用 0 表示不是凶手，1 表示是凶手，则对四个人说的话，侦查员的判断见表 1-1 和表 1-2。

表 1-1　关系表

四个人	说的话	关系表达式
A	我没有杀人	A =0
B	C 是凶手	C =1
C	杀人者是 D	D =1
D	C 在冤枉好人	D =0

表 1-2　逻辑表

侦　查　员	逻辑表达式
四个人中三个人说的是真话	(A =0) +(C =1) +(D =1) +(D =0) =3
四个人中有且只有一个人是凶手	A +B +C +D =1

自动化：采用穷举法。

在每个人的取值范围［0，1］的所有可能中进行搜索，不能遗漏也不要重复，若表的组合条件同时满足，即为凶手。

相应的伪代码为：

```
For  A=0  To  1
    For  B=0  To  1
      For  C=0  To  1
        For  D=0  To  1
          If(((A=0)+(C=1)+(D=1)+(D=0))=3  And (A+B+C+D=1))
            Print  A,B,C,D                //输出的值为 1 的即是凶手
```

本例看似在解决一道涉及破案的逻辑分析题，实际上是训练计算思维能力。

事实上，人们已经见证了计算思维对其他学科的影响。计算思维正在或已经渗透到各学科、各领域，并正在潜移默化地影响和推动着各个领域的发展，称为一种发展趋势。

在数学中，发现了 E8 李群（E8 Lie Group），这是 18 名世界顶级数学家凭借他们不懈的努力，借助超级计算机计算了 4 年零 77 小时，处理了 2000 亿个数据，完成的世界上最复杂的数学结构之一。如果在纸上列出整个计算过程产生的数据，其所需用纸面积可以覆盖整个曼哈顿。

在地质学中，"地球是一台模拟计算机"，用抽象边界和复杂性层次模拟地球和大气层，并且设置了越来越多的参数来进行测试。地球甚至可以模拟成一个生理测试仪，跟踪测试不

同地区的人们的生活质量、出生率和死亡率、气候影响等。

在环境学中，大气科学家用计算机模拟暴风云的形成来预报飓风及其强度。最近，计算机仿真模型表明空气中的污染物颗粒有利于减缓热带气旋。因此，与污染物颗粒相似但不影响环境的气溶胶被研发并将成为阻止和减缓这种大风暴的有力手段。

在工程（电子、土木、机械等）领域，计算高阶项可以提供精度，进而减少质量、减少浪费并节省制造成本。在航空航天工程中，研究人员利用最新的成像技术，重新检测“阿波罗 11 号”带回来的月球上这种类似玻璃的沙砾样本，模拟后的三维立体图像放大几百倍后仍清晰可见，成为科学家进一步了解月球的演化过程的重要环节。

1.2.2 狭义计算思维与广义计算思维

计算思维被称为适合于每个人的“一种普遍的认识和一类普适的技能”，与阅读、写作一样；计算思维旨在教会每个人像计算机科学家一样去思考；计算思维的训练、计算能力的提升将会让人们更游刃有余地生活、学习和工作。

计算思维的研究包含两层意思——计算思维研究的内涵和计算思维推广与应用的外延。其中，立足计算机学科本身，研究该学科中涉及的构造性思维就是狭义计算思维。在实践活动中，特别是在构造高效的计算方法、研究高性能计算机取得计算成果的过程中，计算思维也在不断凸显。

下面简单介绍在不同层面、不同视觉下人们对狭义计算思维的一些认知观点。

1）计算思维强调用抽象和分解来处理庞大复杂的任务或者设计巨大的系统。计算思维关注分离，选择合适的方式去陈述一个问题，或者选择合适的方式对一个问题的相关方面建模使其易于处理。计算思维是利用不变量简明扼要且表述性地刻画系统的行为。

2）计算思维是通过冗余、堵错、纠错的方式，在最坏情况下进行预防、保护和恢复的一种思维。

3）计算思维是通过约简、嵌入、转化和仿真等方法，把一个困难的问题阐释成如何求解它的思维方法。

4）计算思维是一种递归思维，是一种并行处理，能把代码译成数据又能把数据译成代码，是一种多维分析推广的类型检查方法。

5）计算思维是利用启发式推理来寻求解答，是在不确定情况下的规划、学习和调度，是利用海量的数据来加快计算。计算思维就是在时间和空间之间，在处理能力和存储容量之间的权衡。

计算思维是人的思维，但是，不是所有的“人的思维”都是计算思维。比如一些人们觉得困难的事情，如累加和、连乘积、微积分等，用计算机来做就很简单；而人们觉得容易的事情，如视觉、移动、直觉、顿悟等，用计算机来做就比较难，让计算机分辨一个动物是猫还是狗恐怕就很不容易。

也许不久的将来，那些可计算的、难计算的甚至是不可计算的问题也有“解”的方法。这些立足计算本身来解决问题，包括问题求解、系统设计以及人类行为理解等一系列的“人的思维”就叫广义计算思维。

狭义计算思维基于计算机学科的基本概念，而广义计算思维基于计算科学的基本概念。广义计算思维显然是对狭义计算思维概念和外延的拓展、推广和应用。狭义计算思维更强调由计算机作为主体来完成，广义计算思维则拓展到由人或机器作为主体来完成。不过，它们虽然是涵盖所有人类活动的一系列思维活动，但都建立在当时的计算过程的能力和限制之上。

如拜纳姆和摩尔所说的，“哲学不是永恒的，哲学是与时俱进的”，不管是狭义计算思维，还是广义计算思维，计算思维作为一种哲学层面上的方法论，也是与时俱进的。

下面通过几个比较简单的实例来理解。

【例 1-1】 对函数定义的不同描述。

定义 1　设 A、B 是两个非空的数集，集合 A 的任何一个元素在集合 B 中都与唯一的一个元素与之相对应，从集合 A 到集合 B 的这种对应关系称为函数。

定义 2　表示每个输入值对应唯一输出值的一种对应关系。

那么在本例中，定义 1 就是计算思维的定义方式，定义 2 则不是计算思维的表述方式。原因在于，定义 1 的描述是确定的、形式化的，定义 2 的描述比较含糊。

【例 1-2】 菜谱材料准备。

土豆烧鸡：土豆 2 个（约 250g）、鸡半只、干香菇 8 朵；葱、姜、八角若干；食用油、耗油、料酒、白砂糖适量。

水果沙拉：小番茄 60g，苹果丁 65g，葡萄 30g，新鲜樱桃 20g，草莓 15g，酸奶 50ml。

对照菜谱烹调这样两个菜，在菜谱材料准备方面，“土豆烧鸡”就不符合计算思维的要求，“水果沙拉”则体现了计算思维的特点。麦当劳的菜谱能让全世界所有的人吃到的汉堡都是一个口味。而中国的名菜千厨千味。这就是“计算思维”方面的差异所致。

对于要解决的问题，人们要能根据条件或者结论的特征，从新的角度分析对象，抓住问题条件与结论之间的内在联系，构造出相关的对象，使问题在新构造的对象中更清晰地展现，从而借助新对象来解决问题。

对中国汉字的信息处理就蕴含了构造原理，可看成是一种典型的计算思维。

众所周知，计算机是西方人发明的，他们用了近 40 年的时间，发展了一套技术来实现对西文的处理。而汉字是一种象形文字，字种繁多，字形复杂，汉字的信息处理与通用的西方字母数字类信息处理有很大差异，一度成为棘手难题。1984 年的《参考消息》有这样的记载：“法新社洛杉矶 8 月 5 日电　新华社派了 22 名记者，4 名摄影记者和 4 名技术人员在奥运会采访和工作。在全世界报道奥运会的 7000 名记者中，只有中国人用手写他们的报道……”

在科技人员的努力下，汉字信息处理研究得到了飞跃式的发展。其中，让计算机能表示并处理汉字要解决的首要的问题是要对汉字进行编码，即确定每个汉字同一组通用代码集合的对应关系。这样，在输入设备通过输入法接收汉字信息后，即按对应关系将其转换为可由一般计算机处理的通用字符代码，再利用传统计算机的信息处理技术对这些代码信息的组合进行处理，如信息的比较、分类合并、检索、存储、传输和交换等。处理后的代码组合通过汉字输出设备，按照同样的对应关系转换为汉字字形库的相应字形序号，输出设备将处理后的汉字信息直观地显示或打印出来。

1.2.3　算法设计的基本思想与方法

计算机与算法有着不可分割的关系。可以说，没有算法，就没有计算机；或者说，计算机无法独立于算法而存在。从这个层面上说，算法就是计算机的灵魂。但是，算法不一定依赖于计算机而存在。算法可以是抽象的，实现算法的主体可以是计算机，也可以是人。只能说多数时候，算法是通过计算机实现的，因为很多算法对于人来说过于复杂，计算的工作量太大且常常重复，对于人脑来说实在难以胜任。

算法是一种求解问题的思维方式。研究和学习算法能锻炼大脑的思维，使人类的思维变得更加清晰、更有逻辑。算法是对事物本质的数学抽象，看似深奥却体现着点点滴滴的朴素思想。因此，学习算法的思想，其意义不仅仅在于算法本身，对日后的学习和生活都会产生深远的影响。

1. 什么是算法

事实上，人们日常生活中到处都在使用算法，只是没有意识到。例如，人们到商店购物，首先确定要买什么东西，然后进行挑选和比较，最后到收银台付款。这一系列活动实际上就是人们购物的“算法”。类似的例子有很多，这些算法与计算学科中的算法的最大差异就是，前者是人执行算法，后者交给计算机执行。不管是现实世界，还是计算机世界，解决问题的过程就是算法实现的过程。

那么，到底什么是算法呢？简单地说，算法就是解决问题的方法和步骤。显然，方法不同，对应的步骤自然也不一样。因为，算法设计时，首先应该考虑采用什么方法，方法确定了，再考虑具体的求解步骤。任何解题过程都是由一定的步骤组成的。所以，通常把解题过程准确而完整的描述称为该问题的算法。

人们对计算机算法的研究由来已久，提出了很多算法，它们都是前人智慧的结晶。学习并掌握这些算法，对深入地理解计算思维非常有意义。

2. 算法设计的基本方法

一般来说，算法设计没有什么固定的方法可循。但是通过大量的实践，人们也总结出某些共性的规律，包括穷举法、递推法、递归法、分治法、贪心法、回溯法、动态规划法和平衡原则等。

（1）穷举法

先从一些生活中的事例来说明。现在的旅行箱多半配了密码锁。外出旅行时，为了安全，人们都会用密码锁锁住旅行箱。令人尴尬的是，有时候人们会忘记密码，这可怎么办？也许最可行的办法就是从 000 ~ 999 逐个测试。不过，这是一件苦差事，但确实能解决问题。

穷举法的基本思想：首先依据题目的部分条件确定答案的大致范围，然后在此范围内对所有可能的情况逐一验证，直到全部情况验证完为止。若某个情况使验证符合题目的条件，则为本题的一个答案；若全部情况验证完后均不符合题目的条件，则问题无解。穷举的思想作为一种算法能解决许多问题。

【例 1-3】 百鸡问题。公鸡每只 5 元，母鸡每只 3 元，小鸡 3 只 1 元。花 100 元钱买 100 只鸡，若每种至少买一只，试问有多少种买法？

分析：百鸡问题是求解不定方程的问题。设 x、y、z 分别为公鸡、母鸡和小鸡的只数，公鸡每只 5 元，母鸡每只 3 元，小鸡 3 只 1 元。对于百元买百鸡问题，可写出下面的代数方程：

$$x + y + z = 100$$

$$5x + 3y + z/3 = 100$$

除此之外，再也找不出其他方程了。那么两个方程怎么解出三个未知数？这是典型的不定方程，这类问题用穷举法就十分方便。

```
    void  BuyChicks(  )
{
  for(x=1;x<=20;x++)
    for(y=1;y<=33;y++)
      {
      z=100-x-y;
      if(5x+3y+z/3=100)
          printf("%d,%d,%d\n",x,y,z);
      }
}
```

基本思想是把 x、y、z 可能的取值一一列举，解必在其中，而且不止一个。穷举法的实质是列举所有可能的解，用检验条件判断哪些是有用的，哪些是无用的。而题目往往就是检验条件。穷举法的特点是算法简单，对求解那些可确定解的取值范围且一时又找不到其他更好的算法问题，就可以使用。

（2）递推法

如果对求解的问题能够找出某种规律，采用归纳法可以提高算法的效率。著名数学家高斯在幼年时，有一次老师要全班同学计算自然数 1～100 之和。高斯迅速算出了答案，令全班同学吃惊。当时，高斯正是使用了归纳法，得出 $1+2+\cdots+99+100=100\times(100+1)/2=5050$ 的结果。归纳法在算法设计中应用很广，最常见的便是递推和递归。

递推是算法设计中最常用的重要方法之一，有时也称迭代。在许多情况下，对求解问题不能归纳出简单的关系式，但在其前、后项之间能够找出某种普遍适用的关系。利用这种关系，便可从已知项的值递推出未知项的值来。

【例 1-4】 用递推算法计算 n 的阶乘函数。

分析：关系式为 $f_i = f_{i-1} \times i$

其递推过程为：

```
f(0)=0!=1
f(1)=1!=1×f(0)=1
f(2)=2!=2×f(1)=2
f(3)=3!=3×f(2)=6
⋮
f(n)=n!=n×(n-1)!=n×f(n-1)
```

要计算 10!，可以从递推初始条件 $f(0)=1$ 出发，应用递推公式 $f(n)=n\times f(n-1)$ 逐步求出 $f(1)$，$f(2)$，…，$f(9)$，最后求出 $f(10)$ 的值。

【算法】

```
scanf(n);
f =1;
for(i =1;i <=n;i ++)
        f =f* I;
  printf("%d",f);
```

此外，精确值的计算也可以使用递推。例如，$S=1+2+3+\cdots+1000$，可以确定迭代变量 S 的初始值为0，迭代公式为 $S=S+i$，当 i 分别取1，2，3，4，…，1000时，重复计算迭代公式，迭代1000次后，即可求出 S 的精确值。

（3）递归法

递归法是一个非常有趣且实用的算法设计方法。

递推是从已知项的值递推出未知项的值，而递归则是从未知项的值递推出已知项的值，再从已知项的值推出未知项的值。

生活中递归的例子很多，比如一位主持人在电视台现场直播新闻，在他的左边有一台电视机，里面正在播放这个节目。这时，人们会通过他左边的电视机看到相同的画面。在这个小画面中的电视机里仍然有相同的画面，这便是无穷递归。图1-2也蕴含着递归的含义。

图1-2　递归实例

递归是构造算法的一种基本方法，如果一个过程直接或间接地调用它自身，则称该过程是递归的。例如，数学里面就有许多递归定义的函数：

$$n! = \begin{cases} 1 & n=0\text{ 时} \\ n(n-1)! & n>0\text{ 时} \end{cases}$$

递归过程必须有一个递归终止的条件，即存在“递归出口”。无条件的递归是毫无意义的，也是做不到的。在阶乘的递归定义中，当 $n=0$ 时定义为1，这就是阶乘递归定义的出口。写出的算法是（$n\geqslant 0$ 时）：

```
int  fac(int  n)
{
  If(n =0)
       return  (1);
  else
       return  (n* fac(n -1));
}
```

这个算法和数学公式几乎一样，当 $n>1$ 时，每次以 $n-1$ 代替 n 调用函数本身（从第一行入口），直至 $n=1$。

递归与递推是既有区别又有联系的两个概念。递推是从已知的初始条件出发，逐次递推出最后所求的值。而递归则是从函数本身出发，逐次上溯调用其本身求解过程，直到递归的出口，再从里向外倒推回来，得到最终的值。一般来说，一个递推算法总可以转换为一个递归算法。

递归算法往往比非递归算法要付出更多的执行时间。尽管如此，由于递归算法编程非常容易，各种程序设计语言一般都有递归语言机制。此外，用递归过程来描述算法不但非常自然，而且证明算法的正确性也比相应的非递归形式容易很多。因此，递归是算法设计的基本技术。

（4）回溯法

在游乐园里，游客们高兴地玩“迷宫”的游戏，看谁能通过迂回曲折的道路顺利地走出迷宫。这类问题难以归纳出简单的数学模型，只能依靠枚举和试探。比如，在迷宫中探索前进的道路时，遇到岔路时，就有可能对应着多条不同的道路。从中先选择出一条路。如果此路不通，便退回来另寻他路。如此继续，直到最终找到适当的出路（有解）或证明无路可走（无解）为止。为了提高效率，应该充分利用给出的约束条件，尽量避免不必要的试探。这种“枚举—试探—失败返回—再枚举试探”的求解方法就称为回溯。

回溯法是设计算法中的一种基本策略。在那些涉及寻找一组解的问题或者满足某些约束条件的最优解的问题中，有许多可以用回溯法来求解。

八皇后问题就是回溯算法的经典实例。下面就以八皇后问题为例，说明怎样利用回溯法对问题进行求解。

八皇后问题是一个以国际象棋为背景的问题：如何能够在 8×8 的国际象棋棋盘上放置八个皇后，使得任何一个皇后都无法直接吃掉其他的皇后？为了达到此目的，任意两个皇后都不能处于同一条横行、纵行或斜线上。

其实八皇后问题可以推广为更一般的 n 皇后摆放问题：这时棋盘的大小变为 $n\times n$，而皇后个数也变成 n。当且仅当 $n=1$ 或 $n\geq4$ 时问题有解。令一个一位数组 $a[n]$ 保存所得解，其中 $a[i]$ 表示把第 i 个皇后放在第 i 行的列数（注意，i 的值都是从 0 开始计算的），下面就八皇后问题做一个简单的，从规则到问题提取的过程。

1）因为所有的皇后都不能放在同一列，因此数组同列中不能存在相同的两个值。

2）所有的皇后都不能在对角线上，那么该如何检测两个皇后是否在同一个对角线上？我们将棋盘的方格组成一个二维数组，如图 1-3 所示。

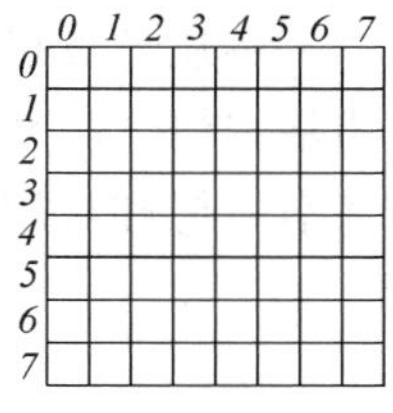

图 1-3　二维数组

假设有两个皇后被放置在（i，j）和（k，l）的位置上。很明显，当且仅当 $|i-k|=|j-l|$ 时，两个皇后才在同一条对角线上。

回溯的思想是，假设某一行为当前状态，不断检查该行所有的位置是否能放一个皇后，检索的状态有以下两种。

1）先从首位开始检查，如果不能放置，接着检查该行第二个位置，依次检查下去，直到在该行找到一个可以放置一个皇后的地方。然后保存当前状态，转到下一行重复上述方法的检索。

2）如果检查了该行所有的位置均不能放置一个皇后，说明上一行皇后放置的位置无法让所有的皇后找到自己合适的位置，因此就要回溯到上一行，重新检查该皇后位置后面的位置。

【算法】

```
int n=8;
int total=0;
```

```
int *c =new
bool is_ok(int row){
        for(int j =0;j! =row;j ++){
              if(c[row] == c[j]|| row - c[row] ==j - c[j] || row + c
[row] ==j +c[j])
                    return false;
        }
        return true;
}
void queen(int row){
        if(row ==n)
              total ++;
        else
              for(int col =0;col! =n;col ++){
                    c[row] =col;
                    if(is_ok(row))
                          queen(row +1);
              }
}
```

在主函数中调用 queen(0)，得到正确结果，八皇后问题一共有 92 种解法。

本章小结

本章从计算机的发展和应用领域开始，由浅入深地介绍了计算机的特点与分类、计算思维的基本概念。然后详细讲述了狭义计算思维和广义计算思维的区别。最后讲述了算法设计的基本思想和常用方法。

习　　题

1. 结合生活中的实际情况，列举使用计算机场景的实例。
2. 结合自己的专业情况，列举计算思维的应用实例。

第 2 章 计算机硬件系统

自第一台电子计算机问世以来，各式各样的计算机已出现在人们的日常生活中，既有功能强大的大型计算机，也有方便轻巧的微型计算机、穿戴式装置等，包括汽车、电视机、电冰箱、手机、智能眼镜与智慧手环等，这些设备的运行都需要依靠计算机系统。本章从计算机核心硬件架构开始，依次介绍计算机的硬件组成，计算机的工作原理，计算机内部的数据表示，新型设备的发展。

2.1　计算机的硬件组成

计算机的组成类似人类的大脑，即在计算机的硬件上，都有与大脑功能对应的部件。人们可以将计算机的硬件按照功能分成五大部分，彼此关系如图 2-1 所示。

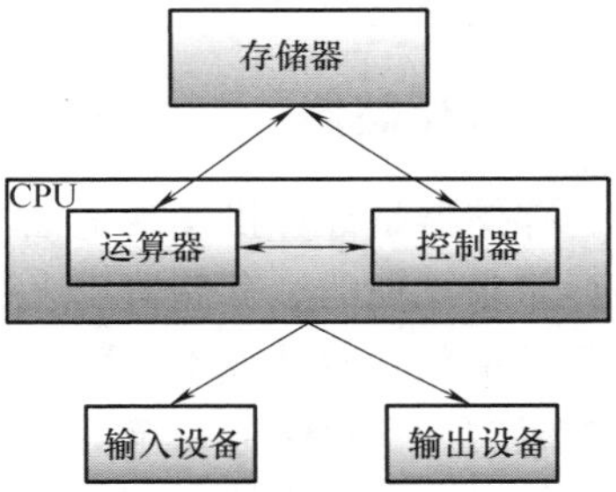

存储器
CPU
运算器
控制器
输入设备
输出设备

图 2-1　计算机的五大组成部分

2.1.1　中央处理器

中央处理器（CPU）类似于人类大脑的中枢神经，具有运算及传递控制的功能，由运算器和控制器两部分组成。

1. 运算器

运算器又称算术逻辑单元。运算器可以对计算机内部的数据进行加工处理，主要执行算术运算和逻辑运算。算术运算主要包括加、减、乘、除；逻辑运算为具有逻辑判断能力的与（AND）、或（OR）、非（NOT）、异或（XOR）等，这些运算都有对应的电路。

2. 控制器

控制器又称控制单元，负责联系计算机的各个单元完成有关操作。如输入设备输入 4 + 5 求和值，控制器在收到加法指令后，会分派给运算器作计算，并令运算器将计算结果存储至存储器中。计算完成后，控制器会通知输出设备，将答案从存储单元中取出并显示在屏幕上。

CPU 芯片实物如图 2-2 所示。

图 2-2　CPU 芯片

目前，市面上主要的 CPU 生产厂商有 Intel、AMD、IBM 及 Sun 等，其中 AMD 的 CPU 与 Intel 的兼容，主要运行在 Windows 及 Linux 操作系统中。

3. CPU 的性能指标

讨论一个 CPU 的性能主要从字长、主频及运算速度做分析。

（1）字长

字长是指 CPU 一次可以同时处理的数据量，也就是数据总线的宽度，它决定了计算机的精度、寻址速度及处理能力。单位为位（bit）。一般来说，字长越长，计算精度越高，处理能力也就越强。例如，64 位计算机表示其 CPU 的字长为 64 位。

（2）主频

主频是指 CPU 同步电路中时钟的基础频率，工作频率越高代表 CPU 在每一单位时间所能处理的指令数量就越多，即计算速度越快。但主频越高，能耗和散热就越多。当前，主要采用多核技术，也就是在一块芯片上集成多个 CPU 来提高整体主频及运算速度。

（3）运算速度

运算速度是指 CPU 每秒能执行的指令条数，单位用百万条指令/秒（Million Instructions Per Second，MIPS）表示。虽然主频越高运算速度越快，但它不是决定运算速度的唯一因素，还在很大程度上取决于 CPU 的体系结构以及其他技术措施。

除了上述指标外，CPU 的技术参数还包括缓存、前端总线、处理器倍频、总线速度以及 CPU 支持的指令集等。另外，不同的 CPU 可能有不同的接口类型及针脚数目，需要有相应的主板与之配套。

2.1.2 存储器

存储器是计算机实现记忆功能的一个重要组成部分。计算机的记忆是通过存储器对信息的存储来实现的。存储器用来保存计算机工作所必需的程序和数据。在计算机系统中的存储器不是由单一器件或单一装置构成，而是由不同材料、不同特性、不同管理方式的存储器类型构成的一个存储器系统。计算机技术的发展使存储器的地位不断得到提升。计算机系统由最初的以运算器为核心逐渐转变成以存储器为核心。这就对存储器技术提出了更高的要求，不仅要使存储器能够具有更高的性能，而且能通过硬件、软件或软硬件结合的方式将不同类型的存储器组合在一起来获得更高的性能价格比，这就是存储系统。

为了提高计算机系统的性能，要求存储器具有尽可能高的存取速度、尽可能大的存储容量和尽可能低的价位。但是，这三个性能指标是相互矛盾的。为了获得更高的性能价格比，就形成了存储器系统的层次结构，如图 2-3 所示。通用寄存器组位于 CPU 内部，用于暂存中间运算结果及特征信息。严格地讲，它不属于存储器的范畴。

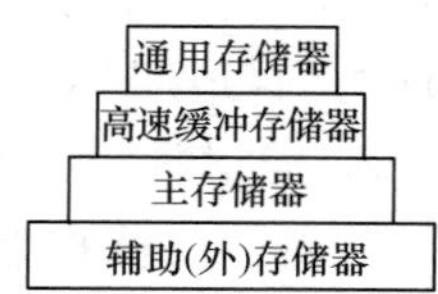

图 2-3　存储系统层次结构

1. 主存储器

内存储器又称为主存储器（Main Memory），用来存放计算机当前正在执行的程序和数据。也就是说，计算机执行的所有程序和操作的数据都要先调入内存。因此，内存的工作速度和存储容量对系统的整体性能、系统所能解决问题的规模和效率都有很大的影响。

内存是采用大规模集成电路制成的半导体存储器，可分为随机存取存储器（Random Access Memory，RAM）和只读存储器（Read-Only Memory，ROM）两种。

RAM 中的信息可随机地读出或写入，但信息不能持久保存，一旦关机（断电）后，

RAM 中的信息不再保存。随机存取存储器根据所采用的存储单元工作原理的不同又分为静态随机存储器（Static Random Access Memory，SRAM）和动态随机存储器（Dynamic Random Access Memory，DRAM）。SRAM 采用稳态电路（如触发器）作为存储单元，在正常工作状态下信息存入，能够稳定保持，可供多次读取，存取速度比 DRAM 快，但因单元电路比较复杂，集成度比 DRAM 低，价格也较高。DRAM 采用电容的充电原理电路作为存储单元，其结构非常简单，集成度高、价格低，但在正常工作状态下，为使写入的信息保持不变，需要定期刷新。主存储器一般采用 DRAM。

只读存储器在正常工作状态下，只能从中读数据，不能快速地随时改写或重写数据。ROM 中的信息断电后不会丢失。因此，ROM 常用来存放一些固定的程序或信息，如自检程序、配置信息等。只读存储器可分为掩膜 ROM、可编程 ROM（Programmable Read-Only Memory，PROM）、可擦写可编程 ROM（Erasable Programmable Read-Only Memory，EPROM）等几种。掩膜 ROM 中的数据在制作时一次写入，用户无法更改。PROM 中的数据可以由用户根据自己的需要写入，但一次写入以后就不能再修改。EPROM 中的数据不但可以由用户根据自己的需要写入，而且可以擦除重写，所以具有更大的使用灵活性。

内存中信息的最小存储单位是二进制位（bit），8 个二进制位叫作一个字节（Byte），由若干个字节组成一个存储单元，一个存储单元中存储一个信息字。例如，32 位字长的机器中，一个存储单元由 4 个字节组成。字节是信息存储的基本单位。内存中所包含的字节总数称为容量。容量的常用单位有 B、KB、MB、GB、TB。

$$1\text{KB} = 1 \times 2^{10}\text{B} = 1024\text{B}$$
$$1\text{MB} = 1 \times 2^{10}\text{KB} = 1024\text{KB}$$
$$1\text{GB} = 1 \times 2^{10}\text{MB} = 1024\text{MB}$$
$$1\text{TB} = 1 \times 2^{10}\text{GB} = 1024\text{GB}$$

内存储器直接连接在系统总线上，可被 CPU 直接进行读/写操作。CPU 对存储单元的读/写是按地址来选择的。所谓“地址”就是存储单元的编号。所有存储单元都按顺序排列，每个单元都有一个编号。地址编号在计算机内也用二进制编码，书写时可采用十六进制或十进制缩写。通过地址编码寻找在存储器中的数据单元称为“寻址”。显然，存储器的容量决定了二进制地址码的位数。例如，存储容量为 1MB，则地址码是 20 位二进制数，可表示的单元地址个数为 $1 \times 2^{10}\text{K} = 1\text{M}$（个），其编码范围为 00000H ~ 0FFFFFH。在某些场合，常涉及地址和容量的换算问题，下面通过几个例子来说明。

【例 2-1】 若地址线有 32 根，则寻址空间有多大？

地址通过地址线进行传送，一根地址线传送一位二进制地址，32 根地址线传送 32 位地址，最多寻址 2^{32} 个字节。

$$2^{32}\text{B} = 2^{32}/2^{10}\text{KB} = 2^{22}/2^{10}\text{MB} = 2^{12}/2^{10}\text{GB} = 4\text{GB}\ (4096\text{MB})$$

【例 2-2】 地址范围：4000H ~ 4FFFH 中包含了多少个字节单元？

这是一个由起始地址和末地址求存储空间的问题，求解方法：末地址 − 起始地址 + 1。

$$4\text{FFFH} - 4000\text{H} + 1 = 0\text{FFFH} + 1 = 1000\text{H} = 1 \times 16^{3}\text{B} = 4096\text{B} = 4\text{KB}$$

【例 2-3】 一个 32KB 的存储器，起始地址码为 0000H，则末地址码是多少？

$$\begin{aligned}0000\text{H} + 32\text{KB} - 1 &= 32\text{KB} - 1 = (32 \times 2^{10}) - 1 = 2^{5} \times 2^{10} - 1 = 2^{15} - 1 \\ &= 1000000000000000\text{B} - 1 = 111111111111111\text{B} = 7\text{FFFH}\end{aligned}$$

地址和数据在计算机内都是二进制数，但意义截然不同。地址是用来选择存储器单元，而数据则是在存储器单元中存放的内容，在计算机内传送也分别通过不同的总线，地址是通过地址总线传送，而数据是通过数据总线传送。图 2-4 为存储器的结构示意图，从图中可以看出，存储单元地址和数据的区别。

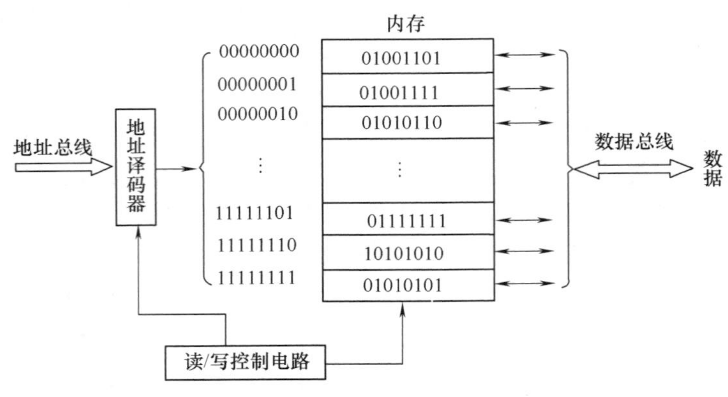

图 2-4　存储器结构示意图

存储器的主要性能指标是存取速度和容量。存取速度用对存储器进行一次读或写操作所花费的时间来描述。从工作上看，内存储器总是比 CPU 要慢得多，从计算机问世到现在，始终是计算机信息传送的一个“瓶颈”。目前，一次存储器的存取时间在 5 ~ 10ns 之间，也就是说，每秒钟能进行 1 亿次到 2 亿次存取操作。这个速度与 CPU 的速度相比仍然有 10 倍以上的差距。为了解决内存速度慢的“瓶颈”问题，现代计算机中采用高速缓冲（Cache）存储技术。随着计算机应用的发展，应用程序的种类越来越多，规模越来越大，要求内存的容量也越来越大，但内存容量太大会降低计算机系统的性能价格比，现代计算机中采用虚拟存储技术，用外存来扩大内存的容量。

2. 高速缓冲存储器（Cache）

为了提高 DRAM 与 CPU 之间的传输速率，在 CPU 和主存储器之间增加了一层用 SRAM 构成的高速缓冲存储器（Cache）。SRAM 的存取速度要比 DRAM 快，只要将当前 CPU 要使用的那一小部分程序和数据存放到 Cache 内，就可大大提高 CPU 从存储器存取数据的速度。由于 SRAM 价格较高，所以 Cache 容量比主存容量小得多，但它决定了 CPU 存取存储器的速度。

用于计算机缓存（Cache）的内存采用 SRAM（静态存储器），SRAM 在不断电的情况下，不用刷新数据可长时间保存数据，数据的存取在很高的速度下进行。SRAM 的容量一般不大，制造成本较高。

Cache 介于 CPU 和主存之间，存储管理完全由硬件实现，无需程序员干预，即它对软件开发人员是透明的（一个实际存在的部件看起来好像不存在，称为“透明”）。Cache 和主存构成了一级存储系统，主要是为了提高内存与 CPU 之间的传输速率。Cache 一般由高速静态随机存储器（SRAM）组成，存取周期一般在几纳秒以下，存储容量在几百 KB 到几 MB 之间。在 Cache 存储系统中，由于在一定的程序执行时间段内，CPU 需要的数据大都能在 Cache 中访问到。因此，这个存储系统的存取速度与 Cache 非常接近，而对程序员来说，由于Cache是“透明”的，数据的存取只针对主存，其存储容量就是主存的容量。在整个存储系统中，Cache所占的比例很小，每存储位的平均价格与主存很接近。现在有些厂商把Cache设计到CPU内部，称为一级Cache；主板上的Cache称为二级Cache，且容量相对大一些。

3. 外存储器

外存储器简称“外存”，又称为“辅助存储器”，是计算机中的外部设备。外存用来存放大量的暂时不参加运算或处理的数据和程序。计算机若要运行存储在外存中的某个程序时必须将它从外存读到内存中才能执行。典型的外存如磁盘存储器、光盘存储器等。

外存的特点是存储容量大、可靠性高、价格低，可以长期保存信息。外存按存储介质分为磁盘存储器、光存储器和半导体集成电路存储器等。

磁盘存储器中较常用的有硬盘存储器和软盘存储器，它们的工作原理都是将信息记录在带有磁介质的盘基上，要靠磁头存取磁盘上的信息。

（1）软盘存储器

软盘存储器简称软盘，因为盘片是用类似于塑料薄膜唱片的柔性材料制成的。但是面对日益庞大的多媒体文件以及对数据备份的需求，容量小、速度慢、不稳定的传统1.44MB的软盘越来越显示出巨大的局限性。后来出现光盘存储器，软盘就被取代了。

（2）硬盘存储器

硬盘是由涂有磁性材料的铝合金圆盘组成，每个硬盘都由若干个盘片组成，如图2-5所示。目前常用的是3.5in硬盘，这些硬盘通常采用温彻斯特技术，即把磁头、盘片及执行机构都密封在一个腔体内，真空隔绝，所以这种硬盘也成为温彻斯特硬盘。硬盘一般被固定在计算机的主机箱内。

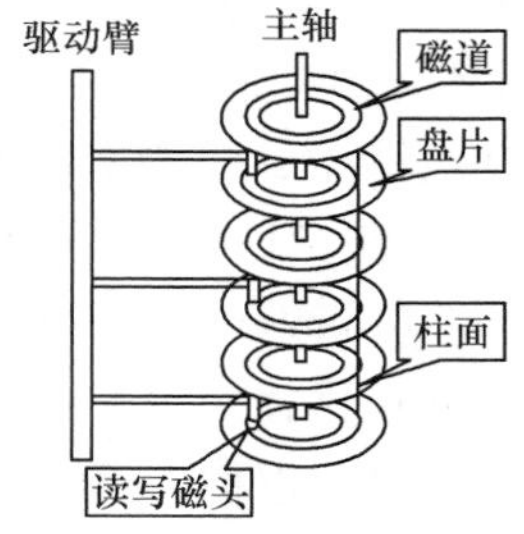

图2-5 硬盘存储器结构

硬盘的两个主要性能指标是硬盘的平均寻道时间和内部传输速率。一般来说，转速越高的硬盘寻道的时间越短，且内部传输速率也越高。硬盘常见的转速有5400r/min、7200r/min，最快的平均寻道时间约为8ms，内部传输速率最高为190MB/s。硬盘的每个存储表面被划分成若干个磁道（不同硬盘磁道数不同），每道被划分成若干个扇区（不同硬盘扇区数不同），每个存储面的同一磁道形成一个圆柱面，称为柱面。柱面也是硬盘的一个常用指标。硬盘的存储容量可由下面的公式计算：

$$存储容量 = 磁头数 \times 柱面数 \times 扇区数 \times 每扇区字节数$$

使用硬盘应注意避免频繁开关机器电源，应使其处于正常的温度和湿度、无振动、电源稳定的良好环境。硬盘驱动器采用了密封型空气循环方式和空气过滤装置，不能擅自拆除。

（3）光盘存储器

1）光盘。光盘（Optical Disk）存储器是一种利用激光技术存储信息的装置。目前用于计算机系统的光盘主要有三类：只读型光盘、一次写入型光盘和可擦写型光盘。

① 只读型光盘（Compact Disk-Read Only Memory，CD-ROM）是一种小型光盘只读存储器，它的特点是只能写一次，而且是在制造时由厂家用冲压设备把信息写入的。写好后信息将永久保存在光盘上，用户只能读取，不能修改和写入。CD-ROM的容量为650 MB左右。

② 一次写入型光盘（Write Once Read Memory，WORM），可由用户写入数据，但只能

写一次，写入后不能擦除修改。

③ 可擦写光盘，包括磁光盘与相变型两种。可擦写光盘可反复使用，保存时间长，具有可擦性、高容量和随机存取等优点，但速度较慢，一次投资较高。

现在使用数字化视频光盘（Digital Video Disk，DVD）作为大容量存储器的也越来越多，一张 DVD 的容量约为 4.7GB，可容纳数张 CD 存储的信息。目前已有双倍存储密度的 DVD 光盘面世，其容量为普通 DVD 盘片存储容量的 2 倍左右。

2）光盘驱动器。对于不同类型的光盘盘片，所使用的读写驱动器也有所不同。

普通 CD-ROM 盘片，一般采用 CD-ROM 驱动器（见图 2-6）来读取其中存储的数据，计算机上用的 CD-ROM 有一个数据传输速率的指标：倍速。1 倍速的数据传输速率是 150kbit/s；24 倍速光驱的理论数据传输速率是 150kbit/s ×24 =3.6Mbit/s。CD-ROM 适合于存储容量固定、信息量庞大的内容。普通 CD-ROM 驱动器只能从光盘上读取信息，不能写入，要将信息写入光盘，需使用光盘刻录机（CD Writer）。

图 2-6 CD-ROM 驱动器

而要读取 DVD 盘片中存储的信息，则要求使用 DVD-ROM 驱动器，这是因为其存储介质与数据的存储格式与 CD 盘片不一样。但用 DVD 驱动器却可以读取 CD 盘片中存储的数据。同样，要将数据写入到 DVD 盘片中，要用专门的 DVD 刻录机来完成。

另外，有一种集 CD 盘片的读写、DVD 盘片的读取功能于一体的光盘驱动器，被称为“康宝（Combo）”，可读取 CD、DVD 盘片中的信息，还可用来刻录 CD 盘片。

（4）优盘

优盘（也称 U 盘），是一种基于 USB 接口的无需驱动器的微型高容量移动存储设备，它以闪存作为存储介质（故也可称为闪存盘），通过 USB 接口与主机进行数据传输。

优盘可用于存储任何格式数据文件和在计算机间方便地交换数据，它有如下优点：从使用方便上讲，它便于携带，采用 USB 接口，可与主机进行热拔插操作；从容量上讲，优盘的容量从 16MB 到 512GB 可选，突破了软驱 1.44MB 的局限性；从读写速度上讲，其采用的 USB 接口，读/写速度较软盘大大提高；从稳定性上讲，优盘没有机械读写装置，避免了移动硬盘容易碰伤、跌落等原因造成的损坏；从安全上讲，它具有写保护，部分款式优盘具有加密等功能，令用户使用更具个性化。

（5）存储卡

随着各类数码产品的普及，消费者对数码的周边产品的需求也越来越大。其中，存储卡以其体积小、容量大的优势，成为应用广泛的产品。无论是数码照相机、手机、PDA，还是 MP3、家电等产品，都广泛地使用了存储卡。不同类型的存储卡其尺寸与厚度并不相同，所以在使用存储卡时要注意这一点。常见的存储卡有 SD 卡、Mini SD 卡、T-Flash 卡、MMC 卡、RS-MMC 卡、CF 卡、记忆棒、XD 卡等。

（6）移动硬盘

移动硬盘采用小尺寸硬盘，通过 USB 接口、并行接口或者 1394 接口与计算机连接。由于大多采用 USB 接口与计算机连接，具有容量大、重量轻、体积小、携带方便、可热拔插等优点。

2.1.3 输入设备

输入设备是向计算机输入数据和信息的设备，是计算机与用户或与其他设备通信的桥梁，是用户和计算机系统之间进行信息交换的主要装置之一。输入设备的任务是把数据、指令及某些标志信息等输送到计算机中去。键盘、鼠标、摄像头、扫描仪、光笔、手写输入板、游戏杆、语音输入装置等都属于输入设备（Input Device），是人或外部与计算机进行交互的一种装置，用于把原始数据和处理这些数据的程序输入到计算机中。

计算机能够接收各种各样的数据，既可以是数值型的数据，也可以是各种非数值型的数据，如图形、图像、声音等。这些数据都可以通过不同类型的输入设备输入到计算机中，进行存储、处理和输出。常见的计算机输入设备如图 2-7 所示。

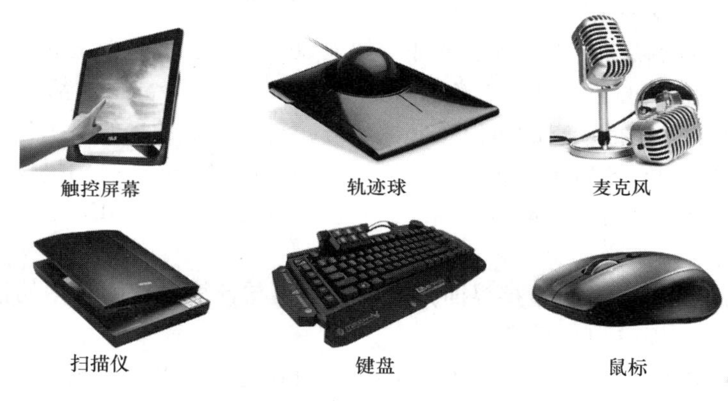

图 2-7 输入设备

1. 键盘

键盘（Keyboard）是目前应用最普遍的一种输入设备，与显示器组成终端设备。键盘按其工作原理主要可分为机械式（触点式）键盘、薄膜式键盘和电容式（无触点式）键盘、激光键盘等形式。按键的多少可分为 101/102/104/105/108 键键盘。现在计算机上普遍配备的是电容式 105 键键盘或 108 键键盘。

2. 鼠标器

鼠标器（Mouse）是一种手持式的坐标定位部件，由于早期有线鼠标拖着一根长线与接口相连，样子像老鼠，由此得名。鼠标器在屏幕上定位快捷、准确、直观，选择方便，目前已成为操作图形界面的必配设备。

鼠标器按其结构可分为机械式鼠标和光学式鼠标。机械式鼠标内有一滚动球，可在普通桌面上使用，而光学式鼠标内有一光电探测器，早期的光电鼠标要配备专用的反光板才能使用，而现在的光电鼠标已经可在普通桌面上直接使用。鼠标器按其接口可分为串行接口鼠标器、总线式鼠标器和 PS/2 接口鼠标器。现在微型计算机上主要配备 PS/2 接口鼠标器、串行接口鼠标器和 USB 接口鼠标。鼠标器按其按键多少分为两键鼠标器和三键鼠标器。现在还有为上网方便而设计的滚轮鼠标，有 2D、3D 及 4D 鼠标。

3. 扫描仪

扫描仪是一种图形化输入设备。它采用光照射被扫描对象，产生反射，然后对反射光线进行接收和处理，将所获得的模拟视觉信号转换成计算机能识别的数字化图形图像信息。此外，在一定软件的支持下，通过光学字符识别（OCR）技术可将扫描得到的图形化文本转换为计算机上的一般文本，实现文本的视觉化输入。

扫描仪分为平板式扫描仪和手持式扫描仪两种。平板式扫描仪最为常见，能够扫描较大幅面的图像，扫描过程稳定，获得的扫描效果好。手持式扫描仪属于便携型，体积较小，由于在扫描的过程中用手移动扫描仪来完成扫描，因此所获得的扫描效果可能不尽如人意。

扫描仪的性能有如下几种。

1）光学分辨率：是指扫描仪的光学系统可以采集的实际信息量，其单位是 dpi（dot per inch)。常见的光学分辨率有 300×600dpi、600×1200dpi、1000×2000dpi 或者更高。

2）最大分辨率：又叫作内插分辨率，它是在相邻像素之间求出颜色或者灰度的平均值，从而增加像素数的办法。内插算法增加了像素数，但不能增添真正的图像细节。

3）色彩分辨率：又叫色彩深度、色彩模式、色彩位或色阶，总之都是表示扫描仪分辨彩色或灰度细腻程度的指标，它的单位是 bit（位)，与显示设备中的显示色彩含义相同。

4）TWAIN：TWAIN（Technology Without an Interesting Name）是扫描仪厂商共同遵循的规格，是应用程序与影像捕捉设备间的标准接口。只要是支持 TWAIN 的驱动程序，就可以启动符合这种规格的扫描仪。

5）接口方式：接口方式（连接界面）是指扫描仪与计算机之间采用的接口类型。常用的有 USB 接口、SCSI 接口和并行接口。

除上面介绍的主要的输入设备外，常用的输入设备还非常多，如用于图形界面输入的图形板、跟踪球、操纵杆、光笔，用于数码采集的数码摄像机、数码照相机，用于条码输入的条码阅读器，用于文字输入光学字符识别（Optical Character Recognition，OCR）输入设备，用于语言输入的语音输入设备等。

2.1.4 输出设备

在微型计算机系统中，输出设备主要是将计算机处理的中间结果及最终结果输出让用户可见或保存到外存或输送到其他计算机系统。常见的计算机输出设备如图 2-8 所示。

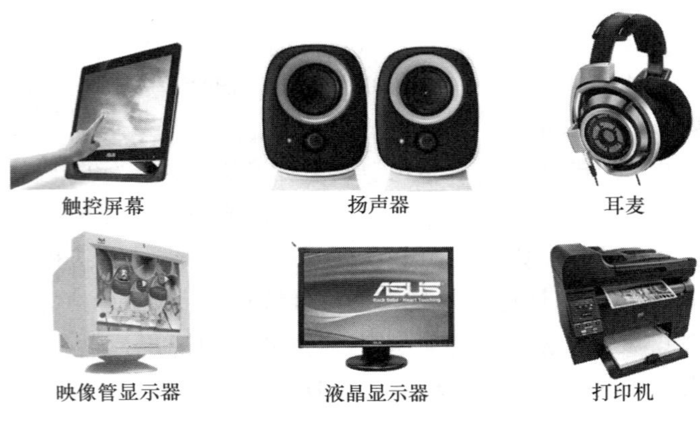

图 2-8 输出设备

1. 显示器

（1）显示器分类

按其所用的显示器件分类，有阴极射线管（Cathode Ray Rub，CRT）显示器、液晶显示器（Liquid Crystal Display，LCD）及等离子显示器等。其中，液晶显示器是当前微型计算机的主流显示器，功耗小、无辐射。

按显示器所显示的信息内容分类，有字符显示器、图形显示器和图像显示器三大类。

按显示设备的功能分类，有普通显示器（又称为监视器、Monitor）和终端显示器两大类。

按显示器的尺寸分类，有15in、17in、19in、21in和27in等种类。

按显示器的分辨率分类，有低分辨率显示器、中分辨率显示器和高分辨率显示器三类。

（2）显示器分辨率

显示器屏幕上所显示的字符或图形是由一个个像素（Pixel）点组成的。像素的大小直接影响显示的效果，像素越小，显示结果越细致。假设一个屏幕水平方向可排列640个像素，垂直方向可排列480个像素，则称这时该显示器的分辨率为640×480像素。显示器分辨率越高，其清晰度越高，显示效果越好。

1）低分辨率显示器的分辨率为300×200像素左右；

2）中分辨率显示器的分辨率为600×350像素左右；

3）高分辨率显示器的分辨率为640×480像素及以上。

（3）显示卡

显示卡全称“显示控制适配器”，简称显卡，是显示器和主机之间的接口。显示器的性能受显卡的影响，二者要匹配，才能充分发挥它们的性能。常见的显卡按标准分为以下几类：

1）彩色图形适配器（Color Graphics Adapter，CGA）。

2）增强型图形适配器（Enhanced Graphics Adapter，EGA）。

3）视频图形阵列适配器（Video Graphics Array，VGA），支持高分辨率显示，TVGA（True VGA）、SVGA（S超级VGA）是对其的扩充。加速图形接口（Accelerate Graphics Porter，AGP）是在保持了SVGA显示特性的基础上，采用了全新设计的、速度更快的AGP显示接口，显示性能更加优良，是目前多媒体计算机最常用的显卡。

2. 打印机

打印机（Printer）是计算机产生硬拷贝输出的一种设备，提供用户保存计算机处理的结果。打印机的种类很多，按工作原理可分为击打式打印机和非击打式打印机。目前，微型计算机系统中常用的针式打印机（又称点阵打印机）属于击打式打印机；喷墨打印机和激光打印机属于非击打式打印机。

（1）针式打印机

针式打印机打印的字符和图形是以点阵的形式构成的。它的打印头由若干根打印针和驱动电磁铁组成。打印时使相应的针头接触色带击打纸面来完成。目前使用较多的是24针打印机。

针式打印机的主要特点是价格便宜、使用方便，但打印速度较慢、噪声大。

（2）喷墨打印机

喷墨打印机（见图2-9a）是直接将墨水喷到纸上来实现打印。喷墨打印机价格低廉、打印效果较好，较受用户欢迎，但喷墨打印机使用的纸张要求较高，墨盒消耗较快。

（3）激光打印机

激光打印机（见图 2-9b）是激光技术和电子照相技术的复合产物。激光打印机的技术来源于复印机，但复印机的光源是用灯光，而激光打印机用的是激光。由于激光光束能聚焦成很细的光点，因此，激光打印机能输出分辨率很高且色彩很好的图形。

a) 喷墨打印机　　b) 激光打印机

图 2-9　打印机

激光打印机正以速度快、分辨率高、无噪声等优势逐步进入微型计算机外设市场，但价格稍高。

3. 绘图仪

用打印机作为电子计算机的输出设备，虽能打印出数据、字符、汉字和简单的图表，但远远不能满足使用要求。例如，在计算机辅助设计（CAD）中要求输出高质量的精确图形，也就是希望在输出离散数据的同时，能用图形的形式输出连续模型。所以，只有采用绘图仪才可以在利用计算机进行数据计算和处理时也输出图形。微型计算机绘图系统利用键盘可输入各种指令和数据，图形输入板则输入图上各点的坐标，软拷贝图形可通过显示器屏幕显示，硬拷贝的图形则通过绘图仪绘出，打印机仍然用来打印程序和数据。

在实际应用中，凡是用到图形、图表的地方都可以使用绘图仪。计算机辅助设计则是利用程序系统及绘图设备，通过人机对话进行工程设计的。它在机电工业中可用于绘制逻辑图、电路图、布线图、机械工程图、集成电路掩膜图；在航空工业中可用于绘制导弹轨迹图，飞机、宇宙飞船、卫星等特殊形状零件的加工图；在建筑工业中可用于绘制建筑平面及主体图等。

绘图仪的主要性能指标有幅面尺寸、最高绘图速度、加速时间和精度等。

2.1.5　微型计算机的结构与组成

微型计算机又叫个人计算机（PC），从原理及组成上看，与一般计算机没有区别。微型计算机的微型主要体现在体积、功能及架构上。当前的微型计算机一般均采用总线型结构，主要部件均集中在主板上，主机箱则为大多数部件提供了安装空间。

1. 主板

如果把 CPU 比作人的心脏，那么主板就可比作血管、神经等。有了主板，微型计算机才能通过主板上的电路获得运行所需的电能，微处理器才可以通过主板总线来控制计算机的其他各部件。

主机板，简称主板（MainBoard），又称母板（MotherBoard），它是计算机系统中最大的一块电路板，是微型计算机系统中连接其他各部件的基本部件之一。当前的微型计算机主板上有 CPU 插座、内存条插槽、电源插座、各种扩展槽（PCI 插槽、ISA 插槽、AGP 插槽、AMR 插槽、CNR 插槽等）、其他各类接口（串行接口、并行接口、USB 接口、1394 总线接口、软盘驱动器接口、硬盘接口等），以及控制主板工作的芯片组和 BIOS 芯片等。

常见微型计算机主板有 AT 主板和 ATX 主板两类。AT 主板最早为 IBM PC/AT 首选使用而得名；ATX 主板是改进型的 AT 主板，对主板上的元件布局做了优化，要配合专门的 ATX 机箱和电源使用，而采用新技术的下一代主板 BTX 主板也更加智能化。

主板上插接的各部件之间进行通信，是通过总线来实现的。总线则是由主板上的印刷电路来物理实现的。

2. 系统总线

微型计算机中各部件相互协调统一地工作，除了控制器的集中控制之外，还要能在各个部件之间交换信息、进行通信，这些便是通过微型计算机中的系统总线来实现的。微型计算机的总线（Bus）是一组可分时共享的公共信息传输线路。微型计算机系统总线按功能分成以下三类。

（1）数据总线（Data Bus，DB）

数据总线用来传输数据信息，是双向总线。CPU 既可通过数据总线从内存或输入设备读入数据，又可通过数据总线将内部数据送至内存或输出设备。

（2）地址总线（Address Bus，AB）

地址总线用于传送 CPU 发出的地址信息，是单向总线。目的是指明与 CPU 交换信息的内存单元或 I/O 设备。

（3）控制总线（Control Bus，CB）

控制总线用来传送控制信号、时序信号和状态信息等。其中，有的是控制器向运算器、内存和外设发出的信息，有的则是运算器、内存或外设向控制器发出的信息。

微型计算机总线按标准分有以下几类：

1）工业标准体系结构总线（Industry Standard Architecture，ISA），16 位。

2）微通道结构总线（Micro Channel Architecture，MCA），32 位。

3）增强型工业总线（Enhanced ISA，EISA），32 位。

4）视频电子标准协会局部总线（VESA Local BUS，VESAVL），32 位。

5）外部互联总线（Perpheral Component Interconnect，PCI），32 位。

现在新型微型计算机上除了上面的总线之外，还广泛采用的新型总线有以下几种：

1）通用串行总线（Universal Serial Bus，USB）。

2）火线（Firewire），即 IEEE 1394 外部接口总线。

3）PCI-X 总线：串行总线，为 PCI 总线的替代者。

3. 接口

微型计算机主机是通过总线将微处理器与主存储器连接起来构成的，而主机要与外部设备交换信息，则是通过接口来实现的。因为外部设备种类繁多，不同外设工作时产生和使用的信号各不相同，传送信息的方式也不一样，并且绝大多数外设的工作速度远远低于微处理器的速度，因此，外部设备不能直接与总线连接，只有通过接口。

接口位于总线与外部设备之间，要解决数据缓冲、数据格式变换、通信控制及电平匹配等问题。目前，常见微型计算机接口如图 2-10 所示。

（1）按信息传送的方式划分

1）总线接口：指主机板上的各类扩展槽，如 ISA 槽、PCI 槽等，另外还包括 USB 接口、1394 总线接口等。

2）串行接口：如 COM 1、COM 2 等。

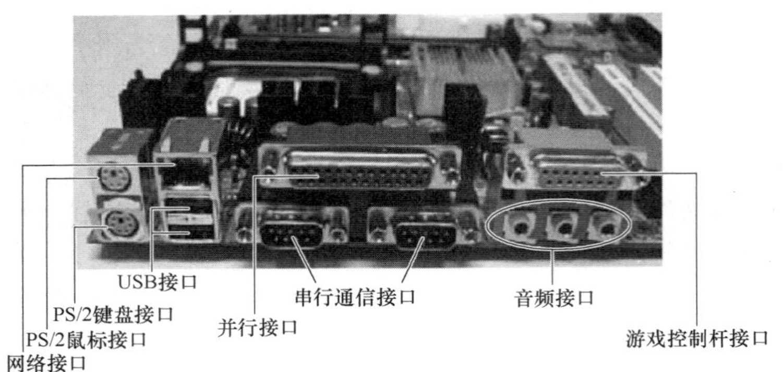

图 2-10　常见微型计算机接口

3）并行接口：如 LPT1、LPT2 等。

（2）按信息传送的控制方式划分

1）中断接口：如键盘接口、打印机接口等。

2）DMA 接口：如 IDE 硬盘接口等。

3）USB 接口。

在总线的连接下的微型计算机系统如图 2-11 所示。

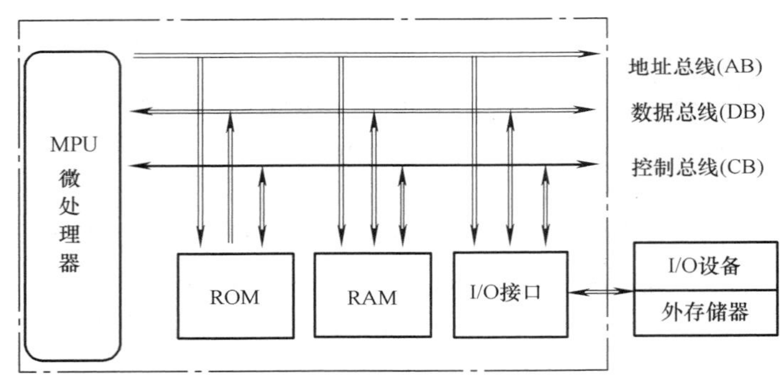

图 2-11　利用总线连接微机的各部件

4. 微型计算机购买建议

一般在选择购买计算机时会考虑到以下 10 个组件：显示器、主板、中央处理器（CPU）、随机存取内存（RAM）、接口卡（如显示适配器、网络卡等）、电源供应器、光驱、硬盘、键盘、鼠标。

当决定要购买一台微型计算机时，最重要的考虑因素就是用途。一般来说，建议在计算机的核心配备上，如 CPU、主板、内存、显卡，要尽可能地按最大需求配置。因为除了将来可能会买不到零件之外，若是在未来因为计算机速度慢而想升级 CPU，可能会因主板的不兼容需要另外购买一个新的主板，造成更大成本的浪费。以内存而言，如果要使用两条以上的内存，建议使用同厂牌、同型号的，以避免因不兼容而造成宕机的问题。主板对稳定性及效能也有一定程度的影响，所以选择一个好的主板也很重要。

5. 笔记本式计算机购买建议

笔记本式计算机除了小巧便携之外，通常还内置无线网卡，可以方便地接入无线网络。

在决定购买一台笔记本式计算机时，首先要考虑的应该是屏幕尺寸，如果追求方便携带则选择尺寸小的，如果希望画面看起来比较细腻，则应选择尺寸大的。接下来还应考虑CPU、内存和硬盘等核心设备。建议CPU达到Intel i5以上，内存4GB以上，而对上网需求较高的用户，建议选择8GB以上内存。除此之外，要让执行速度变快，还可以换上固态硬盘（SSD）。

6. 微型计算机常见故障及排除方法

在日常使用计算机的过程中，常常会遇到各种故障问题，如何有效地排除故障呢？下面给出几种常见故障的解决方法。

故障一：计算机自动关机。计算机自动关机主要是指计算机在正常使用过程中，突然出现系统自动关闭或者系统重启的现象。造成计算机自动关机故障出现的原因有很多，最常见的原因是CPU温度过高、病毒软件入侵或者电源管理故障等。

处理方法：针对造成计算机自动关机现象发生的常见原因，其处理方法主要是，先检查计算机CPU散热是否正常，即先打开机箱，检查风扇的运转情况。如果是风扇问题，一般需要进行风扇的除尘维护或者更换风扇。如果不是风扇问题，则需要先进行计算机病毒查杀。如果不是病毒问题，则很可能是计算机的电源老化或者损坏造成计算机自动关机，此时需要更换电源。

故障二：计算机经常死机。主要是指计算机在使用过程中，突然出现系统宕机、蓝屏或者黑屏等现象。通常情况下，造成计算机死机现象发生的原因主要是系统本身问题、软件问题或者病毒入侵等。

处理方法：处理计算机经常死机故障的方法主要是，先检查计算机系统中是否有系统文件被损坏，然后进行修复。如果不是系统问题，再查看计算机的应用软件是否缺少补丁或者软件不兼容等，如果是软件问题，需要下载软件补丁或者删除不兼容的软件。最后，则需要对计算机进行病毒查杀。另外，计算机缓存设计不合理、硬件过热、硬件故障也会造成计算机经常死机故障的发生。

故障三：计算机的CPU占有率100%。这一故障主要表现是计算机使用过程中，系统运行变慢，甚至是假宕机。造成该故障发生的原因主要有病毒入侵、病毒查杀软件故障、网卡故障或者计算机启动设置不当等。

处理方法：解决计算机CPU占有率过高或者100%的方法主要是，先进行病毒查杀，将入侵病毒清除。然后检查病毒查杀软件，尽量少使用这些软件的监控服务。其次，需要检查网络连接，排除网卡故障。最后则需要更改计算机的设置。

故障四：主板COM接口或并行接口、IDE接口失灵。

处理方法：出现此类故障一般是由于用户带电插拔相关硬件造成，此时用户可以用多功能卡代替，但在代替之前必须先禁止主板上自带的COM接口与并行接口（有的主板连IDE接口都要禁止方能正常使用）。

故障五：计算机屏幕出现雪花和重影。

处理方法：第一个原因就是这个显示器和主机的连接线没有连接好，造成接触不良，形成的雪花，只要重新连接这个连接线就可以了。

第二个原因就是，如果计算机是老款显示器，由于被其他东西磁化，而形成的雪花，所以只要将这个显示器上AUTO按钮按一下，或者按“MENU（菜单）”键将显示器恢复出厂设置就可以解决问题了。

第三个原因就是，可能是显卡出现问题了，或者显卡和主板接触性问题，建议把显卡取出来，然后用橡皮擦对准接头擦几下，如果没有修好建议修理显存或者更换显卡。

2.2　计算机的工作原理

迄今为止，世界上各类计算机的基本结构大多数建立在冯·诺依曼计算机模型基础之上。美籍匈牙利数学家约翰·冯·诺依曼（John von Neumann）曾作为美国阿伯丁试验基地的顾问参加了 ENIAC 的研制工作，得到很多启发。1947 年他在自己领导的计算机研制小组进行新方案的设计中，汲取了科学家们长期艰苦研究成果的精华，明确提出了两个极其重要的思想：存储程序和二进制。存储程序就是把程序本身当作数据来对待，程序和该程序处理的数据用同样的方式储存。计算机中的数据用二进制表示，计算机应该按照程序顺序执行。

计算机硬件系统由运算器、存储器、控制器、输入设备、输出设备五大部件组成；采用二进制形式表示数据和指令，通过使计算机具备五大基本组件从而拥有把需要的程序和数据送至计算机中。具有长期记忆程序、数据、中间结果及最终运算结果的能力；完成各种算术运算、逻辑运算和数据传送等数据加工处理的能力；能够按照要求将处理结果输出给用户的功能。五大功能部件具体分工是：输入设备负责输入数据和程序；存储器负责记忆程序和数据；运算器负责完成数据加工处理；控制器负责控制程序执行；输出设备负责输出处理结果。

完整的计算机系统是硬件和软件的统一，硬件和软件互相依存。硬件是软件赖以工作的物质基础，软件的正常工作是硬件发挥作用的唯一途径。计算机系统必须要配备完善的软件系统才能正常工作，且充分发挥其硬件的各种功能。如果只有计算机硬件而无软件，则是无法运行的一台裸机。同样，没有运行在硬件基础之上的各种软件，也是没有用处的。

那么计算机到底是如何工作的？前面已经提过，计算机的工作原理跟电视、VCD 机差不多，用户给它发一些指令，它就会按用户的指令执行某项功能。不过，这些指令并不是直接发给用户要控制的硬件，而是先通过前面提过的输入设备，如键盘、鼠标，接收用户的指令，然后再由中央处理器（CPU）来处理这些指令，最后才由输出设备输出结果。

现在用一道简单的计算题来回想一下人脑的工作方式。题目：$8+4\div2=?$ 首先，用笔将这道题记录在纸上，记在大脑中，再经过脑神经元的思考，结合我们以前掌握的知识，决定用四则运算规则来处理，先用脑算出 $4\div2=2$ 这一中间结果，并记录于纸上，然后再用脑算出 $8+2=10$ 这一最终结果，并记录于纸上。通过做这一简单运算题，可以发现一个规律：首先通过眼、耳等感觉器官将捕捉的信息输送到大脑中并存储起来，然后对这一信息进行加工处理，再由大脑控制人把最终结果以某种方式表达出来。计算机正是模仿人脑进行工作的（这也是“电脑”名称的来源），其部件如输入设备、存储器、运算器、控制器、输出设备等分别与人脑的各种功能器官对应，以完成信息的输入、处理和输出。

人们所使用的计算机硬件系统的结构一直沿用了由美籍著名数学家冯·诺依曼提出的模型，它由运算器、控制器、存储器、输入设备、输出设备五大功能部件组成。随着信息技术的发展，各种各样的信息，如文字、图像、音频等经过编码处理，都可以变成数据。计算机在运行时，先从内存中取出第一条指令，通过控制器的译码，按指令的要求，从存储器中取出数据进行指定的运算和逻辑操作等加工，然后再按地址把结果送到内存中去。接下来，再取出第二条指令，在控制器的指挥下完成规定操作。依此进行下去，直至遇到停止指令。程序与数据一样存储，按程序编排的顺序，一步步地取出指令，自动地完成指令规定的操作是计算机最基本的工作原理。

2.3 计算机内部的数据表示

计算机中为什么要用二进制？计算机使用二进制是由它的实现机理决定的。可以这样理解：计算机的基层部件是由集成电路组成的，这些集成电路可以看成是由一个个门电路组成，当计算机工作的时候，电路通电工作，于是每个输出端就有了电压。电压的高低通过模/数转换即转换成了二进制：高电平是由 1 表示，低电平由 0 表示。也就是说，将模拟电路转换成为数字电路。这里的高电平与低电平可以人为确定。一般地，2.5V 以下即为低电平，3.2V 以上为高电平。

电子计算机能以极高速度进行信息处理和加工，包括数据处理和加工，而且有极大的信息存储能力。数据在计算机中以器件的物理状态表示，采用二进制数字系统。计算机处理所有的字符或符号也要用二进制编码来表示。用二进制的优点是容易表示，运算规则简单，节省设备。人们知道，具有两种稳定状态的元件（如晶体管的导通和截止、继电器的接通和断开、电脉冲电平的高低等）很容易找到，而要找到具有 10 种稳定状态的元件来对应十进制的 10 个数就困难了。采用二进制具有以下优点：

1）技术实现简单，计算机是由逻辑电路组成，逻辑电路通常只有两个状态，开关的接通与断开，这两种状态正好可以用“1”和“0”表示。

2）简化运算规则：两个二进制数的和、积运算组合各有三种，运算规则简单，有利于简化计算机内部结构，提高运算速度。

3）适合逻辑运算：逻辑代数是逻辑运算的理论依据，二进制只有两个数码，正好与逻辑代数中的“真”和“假”相吻合。

4）易于进行转换，二进制与十进制数易于互相转换。

5）用二进制表示数据具有抗干扰能力强、可靠性高等优点。因为每位数据只有高低两个状态，当受到一定程度的干扰时，仍能可靠地分辨出它是高还是低。

计算机中常用的数的进制主要有二进制、八进制、十进制、十六进制。计算机各种进制以及转化方法须熟练掌握。

1. 不同的进制的表示方法

二进制，用两个数字 0 和 1 表示。八进制用 8 个数字 0、1、2、3、4、5、6、7 来表示。十进制用 10 个数字 0、1、2、3、4、5、6、7、8、9 来表示。十六进制用 16 个字符 0、1、2、3、4、5、6、7、8、9、A、B、C、D、E、F 来表示，在这里 A、B、C、D、E、F 5 个字母分别表示 10、11、12、13、14、15，字母不区分大小写。

2. 不同进制之间的转换方法

（1）二进制转换为十进制

例如，二进制“1101100”

1101100←二进制数

6543210←每个数的位数表示，以上二进制数 1101100 从最右边数依次是第 0 位、第 1 位、第 2 位、第 3 位一直到第 7 位。

这个二进制数 1101100 转换为十进制的算法是，将每个位上的数乘以 2 的位数次方，并且求和。

计算方法：$(1101100)_2 = 1\times2^6 + 1\times2^5 + 0\times2^4 + 1\times2^3 + 1\times2^2 + 0\times2^1 + 0\times2^0 = 64 + 32 + 0 + 8 + 4 + 0 + 0 = (108)_{10}$

（2）二进制转换为八进制

例如，二进制的“10110111011”

每 3 个二进制数转换为一位八进制数，二进制数 10110111011 可以从右边开始每 3 个数放在一起，左边不够 3 位用 0 补变成 010 110 111 011。每 3 个数从左边第一个起分别对应如果是 1，3 个数转换的就是 4、2、1；如果不是 1 就转化为 0。将这 3 个数转换结果加在一起变为一个小于 8 的数就是对应的八进制数。

计算方法：010 = 2

110 = 4 + 2 = 6

111 = 4 + 2 + 1 = 7

011 = 2 + 1 = 3

结果为：2673

（3）二进制转换为十六进制

每 4 个二进制数转换为一位十六进制数，二进制数可以从右边开始每 4 个数放在一起，左边不够 4 位用 0 补。每 4 个数从左边第一个起分别对应，如果是 1，4 个数转换的就是 8、4、2、1；如果不是 1 就转换为 0。将这 4 个数转换的结果加在一起得到一个小于 16 的数就是对应的十六进制数。

例如，二进制数 010110111011 转换为十六进制，先从右边开始每 4 个数放在一起为 0101 1011 1011。

计算方法：0101 = 4 + 1 = 5

1011 = 8 + 2 + 1 = 11（11 即 B）

1011 = 8 + 2 + 1 = 11（11 即 B）

结果为：5BB

（4）八进制数转换为十进制数

八进制转换为十进制与二进制转换为十进制方法相同，只是权值 2 变成 8。

如有一个八进制数 1507，转换为十进制。

计算方法：$7\times8^0 + 0\times8^1 + 5\times8^2 + 1\times8^3 = 839$

结果是，八进制数 1507 转换成十进制数为 839。

（5）十六进制转换为十进制

十六进制转换为十进制与二进制转换为十进制方法相同，只是权值 2 变成 16。

如有一个十六进制数 2AF5，转换为十进制。

计算方法：$5\times16^0 + F\times16^1 + A\times16^2 + 2\times16^3 = 10997$（在计算中，A 表示 10，F 表示 15）。

所有十六进制换算成十进制，关键在于各自的权值不同。那么十进数 1234 为什么是

1234？那可以列一个算式：$1234 = 1 \times 10^3 + 2 \times 10^2 + 3 \times 10^1 + 4 \times 10^0$。

2.4　新型设备的发展

2.4.1　硬件集成的多样性以及发展趋势

1. 计算机的分类

计算机不仅可以进行数值计算，还可以进行逻辑计算，具有存储记忆功能。计算机是能够按照程序运行，自动、高速处理海量数据的现代化智能电子设备。计算机由硬件系统和软件系统所组成，没有安装任何软件的计算机称为裸机。计算机可分为超级计算机、网络计算机、个人计算机、嵌入式计算机、工业控制计算机五类；较先进的计算机有生物计算机、光子计算机、量子计算机等。

以下根据五类计算机的特点做简单的介绍。

（1）超级计算机

超级计算机是计算机中功能最强、运算速度最快、存储容量最大的一类计算机，是国家科技发展水平和综合国力的重要标志。超级计算机拥有最强的并行计算能力，主要用于科学计算。在气象、军事、能源、航天、探矿等领域承担大规模、高速度的计算任务。图 2-12 所示为国防科技大学计算机研究所研制的天河超级计算机。

（2）网络计算机

网络计算机，是指某些高性能计算机，能通过网络对外提供服务。相对于普通计算机来说，稳定性、安全性、性能等方面都要求更高，因此在 CPU、芯片组、内存、磁盘系统、网络等硬件和普通计算机有所不同，如图 2-13 所示为抽象网络计算机模型。

图 2-12　天河超级计算机

图 2-13　抽象网络计算机模型

（3）个人计算机

个人计算机（见图 2-14），包括台式机、电脑一体机、笔记本式计算机、掌上电脑和平板电脑等，运行速度相对较慢，但便于携带，可随处办公，满足各方面的需要。

（4）嵌入式计算机

嵌入式系统如图 2-15 所示，是一种以应用为中心、以微处理器为基础，软硬件可裁剪的，适应应用系统对功能、可靠性、成本、体积、功耗等综合性严格要求的专用计算机系统，应用范围极其广泛，满足社会各方面的需要。

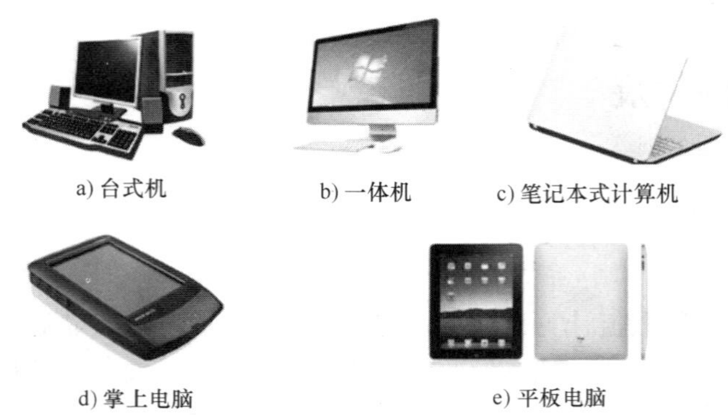

a) 台式机　b) 一体机　c) 笔记本式计算机

d) 掌上电脑　e) 平板电脑

图 2-14　个人计算机类型

(5) 工业控制计算机

工业控制计算机如图 2-16 所示，是一种采用总线型结构，对生产过程及其机电设备、工艺装备进行检测与控制的计算机系统总称，简称工控机。工控机主要应用在工业方面，对于工业的发展起到了非常重要的作用。

图 2-15　嵌入式系统

图 2-16　工业控制计算机

2. 计算机的发展特点

随着计算机应用的广泛和深入，又向计算机技术本身提出了更高的要求。当前，计算机的发展表现为四种趋势：巨型化、微型化、网络化和智能化。

(1) 巨型化

巨型化是指发展高速度、大存储量和强功能的巨型计算机。这是诸如天文、气象、地质、核反应堆等尖端科学的需要，也是记忆巨量的知识信息，以及使计算机具有类似人脑的学习和复杂推理的功能所必需的。巨型计算机的发展集中体现了一个国家计算机科学技术的发展水平。

(2) 微型化

微型化就是进一步提高集成度，利用高性能的超大规模集成电路研制质量更加可靠、性能更加优良、价格更加低廉、整机更加小巧的微型计算机。

(3) 网络化

网络化就是把各自独立的计算机用通信线路连接起来，形成各计算机用户之间可以相互通信并能使用公共资源的网络系统。网络化能够充分利用计算机的宝贵资源并扩大计算机的使用范围，为用户提供方便、及时、可靠、广泛、灵活的信息服务。

（4）智能化

智能化是指让计算机具有模拟人的感觉和思维过程的能力。智能计算机具有解决问题和逻辑推理的功能，知识处理和知识库管理的功能等。人与计算机的联系是通过智能接口，用文字、声音、图像等与计算机进行自然对话。目前，已研制出各种“机器人”，有的能代替人的部分劳动，有的能与人下棋等。智能化使计算机突破了“计算”这一初级的含意，从本质上扩充了计算机的能力，可以越来越多地代替人类脑力劳动。

2.4.2 虚拟现实硬件以及3D打印技术

1. 虚拟现实硬件

虚拟现实（Virtual Reality，VR）硬件指的是与虚拟现实技术领域相关的硬件产品，是虚拟现实解决方案中用到的硬件设备。现阶段虚拟现实中常用到的硬件设备大致可以分为四类，它们分别是建模设备（如3D扫描仪）；三维视觉显示设备（如3D展示系统、大型投影系统、头戴式显示器）；声音设备（如三维的声音系统以及非传统意义的立体声）；交互设备（包括位置追踪仪、数据手套、3D输入设备、动作捕捉设备、眼动仪、力反馈设备以及其他交互设备），如图2-17所示。

图2-17 VR硬件设备

（1）虚拟现实硬件建模设备

3D扫描仪，也称为三维立体扫描仪。3D扫描仪是融合光、机、电和计算机技术于一体的高新科技产品，主要用于获取物体外表面的三维坐标及物体的三维数字化模型。该设备不但可用于产品的逆向工程、快速原型制造、三维检测（机器视觉测量）等领域，而且随着三维扫描技术的不断深入发展，诸如三维影视动画、数字化展览馆、服装量身定制、计算机虚拟现实仿真与可视化等越来越多的行业也开始应用三维扫描仪这一便捷的手段来创建实物的数字化模型。通过三维扫描仪非接触扫描实物模型，得到实物表面精确的三维点云（Point Cloud）数据，最终生成实物的数字模型，不仅速度快，而且精度高，几乎可以复制现实世界中的任何物体，以数字化的形式逼真地重现现实世界。

显示设备为了实现虚拟显示的沉浸特性，必须具备人体的感官特性，包括视觉、听觉、触觉、味觉、嗅觉等。虚拟现实，顾名思义，就是通过技术手段创造出一种逼真的虚拟的现实效果。虚拟现实技术发展的历史其实不短，但是真正将这项技术发挥出来的是让人们体验到非常逼真的现实效果。

（2）虚拟现实头戴式显示器

虚拟现实头戴式显示器（头显）是利用人的左右眼获取信息差异，引导用户产生一种身在虚拟环境中的感觉的一种头戴式立体显示器。其显示原理是左右眼屏幕分别显示左右眼的图像，人眼获取这种带有差异的信息后在脑海中产生立体感。虚拟现实头显作为虚拟现实的显示设备，具有小巧和封闭性强的特点，在军事训练、虚拟驾驶、虚拟城市等项目中具有广泛的应用。

（3）双目全方位显示器

双目全方位显示器（Binocular Omni Orientation Monitor，BOOM）是一种特殊的头部显示设备，是一种特殊的头部显示设备。使用BOOM比较类似使用一个望远镜，它把两个独立的显示器捆绑在一起，由两个相互垂直的机械臂支撑，这不仅让用户可以在半径2米的球面空间内用手自由操纵显示器的位置，还能将显示器的重量加以巧妙的平衡而使之始终保持水平，不受平台运动的影响。在支撑臂上的每个节点处都有位置跟踪器，因此BOOM和头盔显示器一样有实时的观测和交互能力。

（4）CRT终端—液晶光闸眼镜

CRT终端—液晶光闸眼镜立体视觉系统的工作原理：由计算机分别产生左右眼的两幅图像，经过合成处理之后，采用分时交替的方式显示在CRT终端上。用户则佩戴一副与计算机相连的液晶光闸眼镜，眼镜片在驱动信号的作用下，将以与图像显示同步的速率交替开和闭，即当计算机显示左眼图像时，右眼透镜将被屏蔽；当显示右眼图像时，左眼透镜被屏蔽。根据双目视察与深度距离正比的关系，人的视觉生理系统可以自动地将这两幅视察图像合成为一个立体图像。

（5）大屏幕投影—液晶光闸眼镜

大屏幕投影—液晶光闸眼镜立体视觉系统原理和CRT显示一样只是将分时图像CRT显示改为大屏幕显示，用于投影的CRT或者数字投影机要求有极高的亮度和分辨率。它适合在较大的使用内产生投影图像的应用需求。洞穴式VR系统就是一种基于投影的环绕屏幕的洞穴自动化虚拟环境（Cave Automatic Virtual Environment，CAVE）。人置身于由计算机生成的世界中，并能在其中来回走动，从不同的角度观察、触摸、改变形状。大屏幕投影系统除了CAVE，还有圆柱形的投影屏幕和由矩形拼接构成的投影屏幕等。

（6）洞穴式自动化虚拟环境显示系统（CAVE）

CAVE投影系统是由三个面以上（含三个面）硬质背投影墙组成的高度沉浸的虚拟演示环境，配合三维跟踪器，用户可以在被投影墙包围的系统近距离接触虚拟三维物体，或者随意漫游“真实”的虚拟环境。CAVE系统一般应用于高标准的虚拟现实系统。自纽约大学1994年建立第一套CAVE系统以来，CAVE已经在全球超过600所高校、国家科技中心、各研究机构进行了广泛的应用。

CAVE系统是一种基于多通道视景同步技术和立体显示技术的房间式投影可视协同环境，该系统可提供一个房间大小的最小三面或最大70面（2004年）立方体投影显示空间，供多人参与。所有参与者均完全沉浸在一个被立体投影画面包围的高级虚拟仿真环境中，借助相应虚拟现实交互设备（如数据手套、位置跟踪器等），从而获得一种身临其境的高分辨率三维立体视听影像和六自由度交互感受。由于投影面几乎能够覆盖用户的所有视野，所以CAVE系统能提供给使用者一种前所未有的带有震撼性的身临其境的沉浸感受。

（7）智能眼镜

智能眼镜是一个非常有创意的产品，可以直接解放人们的双手，人们不再需要用手拿着设备去连续单击屏幕。智能眼镜配合自然交互界面，相当于现在手持终端的图像接口，不需要单击，只需要使用人的本能行为。例如，摇头、讲话、转眼等，就可以和智能眼镜进行交互。因此，这种方式提高了用户体验，操作起来更加自然随心。

2. 3D 打印技术

3D 打印（3DP）即快速成型技术的一种，它是一种以数字模型文件为基础，运用粉末状金属或塑料等可黏合材料，通过逐层打印的方式来构造物体的技术。3D 打印通常是采用数字技术材料打印机来实现的。常在模具制造、工业设计等领域被用于制造模型，后逐渐用于一些产品的直接制造，已经有使用这种技术打印而成的零部件。该技术在珠宝、鞋类、工业设计、建筑、工程和施工（AEC）、汽车、航空航天、牙科和医疗产业、教育、地理信息系统、土木工程、枪支以及其他领域都有所应用。

日常生活中使用的普通打印机可打印计算机设计的平面物品，而所谓的 3D 打印机与普通打印机的工作原理基本相同，只是打印材料有些不同，普通打印机的打印材料是墨水和纸张，而 3D 打印机内装有金属、陶瓷、塑料、沙等不同的“打印材料”，是实实在在的原材料，打印机与计算机连接后，通过计算机控制可以把“打印材料”一层层叠加起来，最终把计算机上的蓝图变成实物。通俗地讲，3D 打印机是可以“打印”出真实的 3D 物体的一种设备，比如打印一个机器人、玩具车、各种模型，甚至是食物，等等。之所以通俗地称其为“打印机”是参照了普通打印机的技术原理，因为分层加工的过程与喷墨打印十分相似。这项打印技术称为 3D 立体打印技术，3D 打印机如图 2-18 所示。

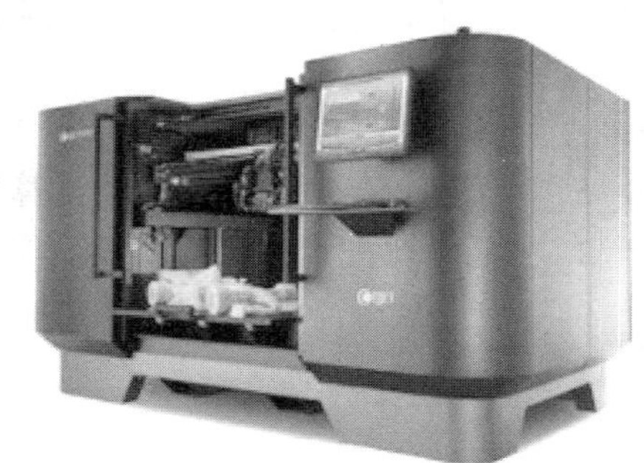

图 2-18　3D 打印机

3D 打印存在着许多不同的技术。它们的不同之处在于以可用的材料的方式，并以不同层构建创建部件。3D 打印常用材料有尼龙玻纤、耐用性尼龙材料、石膏材料、铝材料、钛合金、不锈钢、镀银、镀金、橡胶类材料。

（1）三维设计

三维打印的设计过程：先通过计算机建模软件建模，再将建成的三维模型“分区”成逐层的截面（即切片），从而指导打印机逐层打印。

设计软件和打印机之间协作的标准文件格式是 STL 文件格式。一个 STL 文件使用三角面来近似模拟物体的表面。三角面越小，其生成的表面分辨率越高。

（2）切片处理

打印机通过读取文件中的横截面信息，用液体状、粉状或片状的材料将这些截面逐层地打印出来，再将各层截面以各种方式黏合起来从而制造出一个实体。这种技术的特点在于其几乎可以造出任何形状的物品。

打印机打出的截面的厚度（即 Z 方向）以及平面方向即 X-Y 方向的分辨率是以 dpi（像素每英寸）或者微米来计算的。一般的厚度为 100μm，即 0.1mm，也有部分打印机可以打印出 16μm 的一层。而平面方向则可以打印出与激光打印机相近的分辨率。打印出来的“墨水滴”的直径通常为 50～100μm。用传统方法制造出一个模型通常需要数小时到数天，根据模型的尺寸以及复杂程度而定。而用 3D 打印技术则可以将时间缩短为数个小时，具体时间由打印机的性能以及模型的尺寸和复杂程度而定。

传统的制造技术如注塑法可以以较低的成本大量制造聚合物产品，而三维打印技术则可以以更快、更有弹性，以及更低成本的办法生产数量相对较少的产品。一个桌面尺寸的 3D 打印机就可以满足设计者或概念开发小组制造模型的需要。

（3）完成打印

3D 打印机的分辨率对大多数应用来说已经足够（在弯曲的表面可能会比较粗糙，像图像上的锯齿一样），要获得更高分辨率的物品可以通过如下方法：先用当前的 3D 打印机打印出稍大一点的物体，再稍微经过表面打磨即可得到表面光滑的“高分辨率”物品。

有些技术可以同时使用多种材料进行打印。有些技术在打印的过程中还会用到支撑物，比如打印出一些有倒挂状的物体时就需要用到一些易于除去的东西（如可溶的东西）作为支撑物。

本章小结

本章从计算机核心硬件架构开始，深入浅出地介绍计算机系统的硬件、工作原理以及内部的数据表示和转换，最后讲述了新型设备的发展。通过本章学习，可以使读者从整体上了解计算机的基本功能和基本工作原理。

习　　题

1. 请结合自己所学专业谈谈计算机硬件在所学专业的适用范围。
2. 如果自己配置一台计算机，你将如何配置？请描述配置过程。

第 3 章 计算机软件系统

早期的计算机对硬件的操控主要是通过机器语言命令行来执行的。计算机将资源进行统一管理，并将这些资源在特定的环境下供人们使用，这就是计算机软件。对尚未安装软件的计算机而言，就如同人类在婴儿时期，什么都不会做。而计算机安装软件就像人们学习知识过程一样，随着年龄的增长，家庭的教养以及小学、中学和大学的教育，从而获得各种能力。计算机安装的各种软件就好像人类大脑获取的知识，使得计算机得以具备处理各项事务的能力，如安装 Word 软件使计算机具备文字处理的能力；安装 PowerPoint 软件使得计算机具备演示文稿的能力；安装 Internet Explorer 软件，使得计算机具备浏览网页的能力等。计算机软件的功能不仅仅是这些，还有更多的功能。

3.1 计算机软件

在计算机软件的初始阶段，软件是用机器语言和汇编语言编写的，不同的计算机使用不同的机器语言，程序员必须记住每条及其语言指令的二进制数字组合。因此，只有少数专业人员能够为计算机编写程序，这就大大限制了计算机的推广和使用。

随着计算机硬件变得强大，就需要更强大的软件工具使计算机得到更有效的使用。软件开始使用高级程序设计语言（简称高级语言，相应地，机器语言和汇编语言称为低级语言）编写。高级语言的指令形式类似于自然语言和数学语言，不仅容易学习，方便编程，也提高了程序的可读性。这个时期，计算机软件都是规模较小的程序，程序的编写者和使用者往往是同一个（或同一组）人。由于程序规模小，程序编写起来比较容易，也没有什么系统化的方法，对软件的开发过程更没有进行任何管理。这种个体化的软件开发环境使得软件设计往往只是在人们头脑中隐含进行的一个模糊过程，除了程序清单之外，没有其他文档资料。

20 世纪 60 年代，由于用集成电路取代了晶体管，处理器的运算速度得到了大幅度的提高，处理器在等待运算器准备下一个作业时，处于空闲状态。因此需要编写一种程序，使所有计算机资源处于计算机的控制中，这种程序就是操作系统。计算机用于管理的数据规模更为庞大，应用越来越广泛。同时，多种应用、多种语言互相覆盖地共享数据集合的要求越来越强烈。计算机软件逐渐分为两大部分：系统软件和应用软件。系统软件面向机器，实现计算机硬件系统的管理和控制，同时为上层应用软件提供开发接口，为使用者提供人机接口，包括操作系统、程序设计语言、语言处理程序、数据库管理系统、网络软件、系统服务程序等。应用软件以系统软件为基础，面向特定的应用领域，是为解决特定领域的问题而用计算机语言编写的。应用软件是用户为了解决某些特定的具体问题而开发研制或购买得到的各种程序，它往往涉及应用领域的知识，并在系统软件的支持下运行。例如，文字处理、电子表格、绘图、课件制作、网络通信等程序都是应用软件。为解决多用户、多应用共享数据的需求，使数据为尽可能多的应用程序服务，出现了数据库技术，以及统一管理数据的软件系统——数据库管理系统（Database Management System，DBMS）。还有行业相关软件，如计算机仿真软件 Saber、机械制作设计软件 CAD、经管类股票数据分析软件、通信软件 QQ、文字处理软件 Word 等。

随着计算机应用的日益普及，软件数量急剧膨胀，在计算机软件的开发和维护过程中出现了一系列严重问题。例如，在程序运行时发现的问题必须设法改正；用户有了新的需求必须相应地修改程序；硬件或操作系统更新时，通常需要修改程序以适应新的环境。上述种种软件维护工作，消耗大量资源，更严重的是，许多程序的个体化特性使得它们最终成为不可维护的，“软件危机”就这样开始出现了。1968 年，北大西洋公约组织的计算机科学家在德国召开国际会议，讨论软件危机问题，在这次会议上正式提出并使用了“软件工程”这个名词。软件工程（Software Engineering，SE）是一门研究用工程化方法构建和维护有效的、实用的和高质量的软件的学科。它涉及程序设计语言、数据库、软件开发工具、系统平台、标准、设计模式等方面。

20 世纪 90 年代，计算机软件中有三个著名事件：在计算机软件业具有主导地位的 Microsoft 公司的崛起、面向对象的程序设计方法的出现和万维网（World Wide Web）的普及。软件体系结构从集中式的主机模式转变为分布式的客户机/服务器（C/S）模式或浏览器/服务器（B/S）模式，专家系统和人工智能软件从实验室走出来进入了实际应用。完善的系统软件、丰富的系统开发工具和商品化的应用程序的大量出现，以及通信技术和计算机网络的飞速发展，使得计算机进入了一个大发展的阶段。

互联网技术的发展和应用软件的成熟，在 21 世纪开始兴起的一种完全创新的软件应用模式：软件即服务（Software-as-a-Service，SAAS）。它是一种通过 Internet 提供软件的模式，厂商将应用软件统一部署在自己的服务器上，客户可以根据自己实际需求，通过互联网向厂商定购所需的应用软件服务，按定购的服务多少和时间长短向厂商支付费用，并通过互联网获得厂商提供的服务。用户不必再购买软件，而改用向提供商租用基于 Web 的软件来管理企业经营活动，且无须对软件进行维护，服务提供商会全权管理和维护软件。软件厂商在向客户提供互联网应用的同时，也提供软件的离线操作和本地数据存储，让用户随时随地都可以使用其定购的软件和服务。

21 世纪，随着网络技术和集成电路技术的飞速发展，计算机朝着终端多样化和微型化的方向发展，包括手机、笔记本式计算机、平板电脑以及嵌入式系统。事实上，所有带有数字接口的设备，如手表、微波炉、录像机、汽车等，都在使用着嵌入式系统。随着多终端设备及嵌入式系统的普及，使用手机等多终端的操作系统，人们逐渐习惯了通过微型应用程序客户端上网的方式。比较著名的操作系统有苹果公司的 iOS、谷歌公司的安卓系统等；应用商店如苹果公司的 App Store、谷歌公司的 Google Play Store 等。

计算机系统的内核与基石就是操作系统，它是管理计算机硬件与软件资源的程序，它身负诸如管理与配置内存、决定系统资源供需的优先次序、控制输入与输出设备、操作网络与管理文件系统等基本事务。操作系统也提供一个让使用者与系统交互的操作接口。因此我们有必要掌握计算机操作系统的基本操作。

3.2 计算机操作系统

操作系统是计算机系统中最重要的系统软件，它是用户与计算机间的纽带和桥梁，是整个计算机系统的管理机构。如今每台计算机都必须配置至少一种操作系统。在这里主要介绍 Windows 7 操作系统的常用操作、文件和磁盘的管理与使用等。

3.2.1 Windows 7 的桌面

初次看过 Windows 7 的桌面后，用户会感到它竟是如此梦幻，带给用户的体验绝对是前所未有，下面来学习 Windows 7 的个性化设置。

在计算机桌面上单击鼠标右键，查看右键菜单的变化，这是 Windows 7 给用户的初步印象。Windows 7 的桌面右键菜单（见图 3-1）内容更加丰富，带有图标显示的选项也更加美观，符合桌面的整体风格。

在右键菜单中，有关于桌面的一些功能被更加直观地添加到其中，如屏幕分辨率的调整和桌面个性化选项，便于用户很容易地找到这些设置，随时对桌面外观进行更改。当单击“屏幕分辨率”命令后，便可直接到达设置屏幕分辨率的控制面板选项中，并可通过拖动滑动条来改变当前桌面的分辨率设置等（见图 3-2）；而在“个性化”选项中，显得更加丰富多彩。

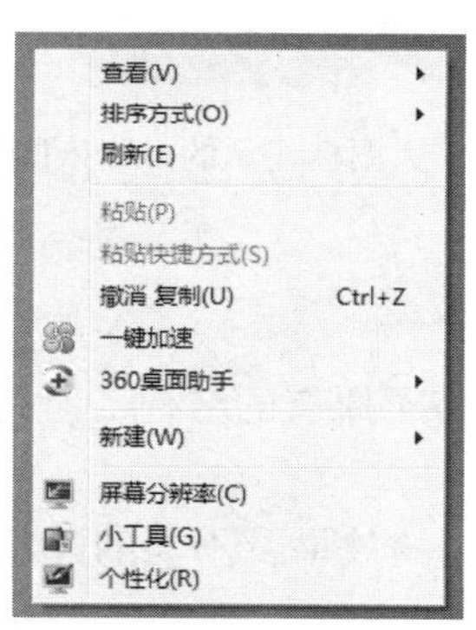

图 3-1 Windows 7 的桌面右键菜单

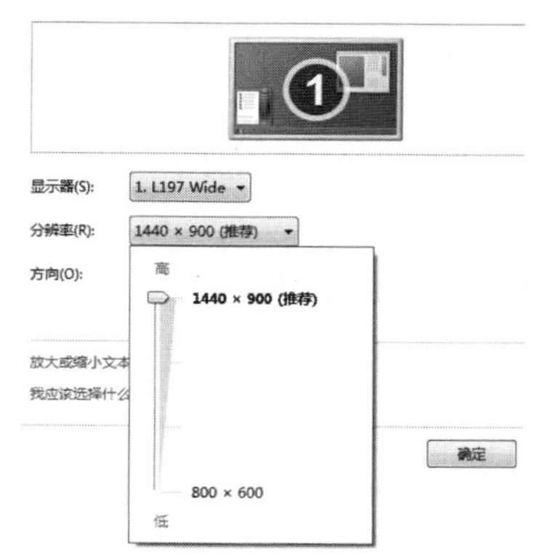

图 3-2 设置屏幕分辨率

在默认的状态下，Windows 7 安装成功之后桌面上只保留了回收站的图标，那么如何找回桌面上的“我的电脑”和“我的文档”图标呢？在右键菜单中单击“个性化”按钮，然后在弹出的设置窗口中单击左侧的“更改桌面图标”（见图 3-3），接下来就会看到相关的设置了。在 Windows 7 中，“我的电脑”和“我的文档”已相应改名为“计算机”“用户的文件”，因此在这里选中对应选项，桌面便会重现这些图标了。

在桌面上尝试一下 Windows 7 的 128 × 128 大图标效果吧。Windows 7 的美观和精细将一览无余。在桌面上单击鼠标右键，依次选择“查看”→“大图标”菜单项（见图 3-4），现在就可以看到效果了。

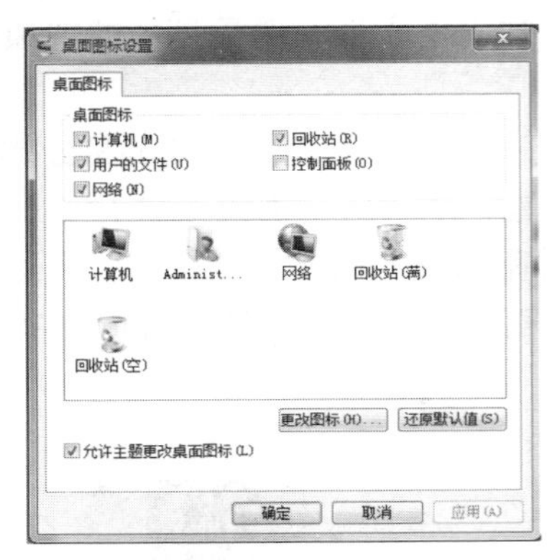

图 3-3　桌面图标设置

图 3-4　大图标显示的桌面依旧清晰

3.2.2　任务栏的应用

任务栏作为 Windows 7 的一大亮点，任务栏基本保持了原有的结构，但是却已经大有不同了。

从外观上看，Windows 7 的任务栏十分美观，半透明的效果及不同的配色方案使得其与各式桌面背景都可以天衣无缝，而“开始”菜单也变成晶莹剔透的 Windows 7 徽标圆球（见图 3-5）。任务栏图标的体验也完全不同——去除了文字的显示，完全以漂亮的图标来显示。

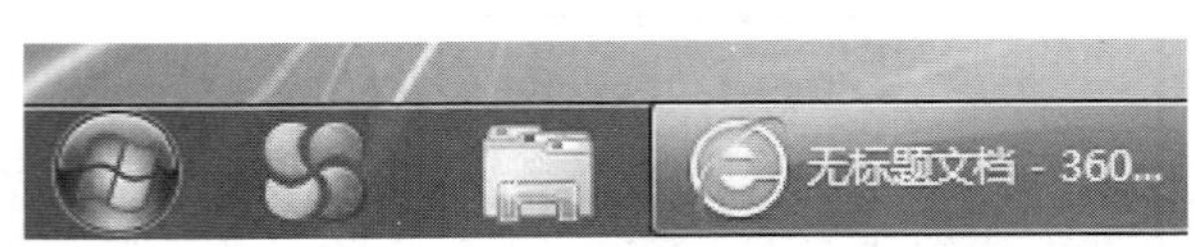

图 3-5　Windows 7 的任务栏

在布局上，从左到右分别为“开始”按钮、活动任务以及通知区域（系统托盘）。不过有一点不同的是，Windows 7 将快速启动按钮与活动任务结合在一起，它们之间没有明显的区域划分。

从左到右的顺序来看任务栏的每一部分的功能。Windows 7 默认会分组相似活动任务按钮，如已经打开了多个资源管理器窗口，那么在任务栏中只会显示一个活动任务按钮。将鼠标移动到任务栏上的活动任务按钮上稍微停留，就可以方便预览各个窗口内容，并进行窗口切换（见图 3-6）。

图 3-6　任务栏预览效果

在 Windows 7 中，快速启动按钮组与活动任务按钮合二为一。那么如何分辨同一区域内快速启动按钮和活动任务按钮呢？正在运行的活动任务窗口的图标是凸起的样子（见图 3-7），而普通的快速启动按钮则没有这样的凸起效果；而如果像上面的资源管理器那样同时打开多个窗口，那么活动任务按钮也会有所不同：按钮右侧会出现层叠的边框进行标识（见图 3-7）。

图 3-7　识别不同的任务按钮

Windows 7 的任务栏不只多了预览的窗格，还有更大的变化。使用 Windows Media Player 11 来播放一首歌或者一段视频（见图 3-8），然后将鼠标移动到它的任务栏图标上，在预览中就可以进行暂停、播放等操作（见图 3-9）；而如果在 Windows Media Player 11 的按钮上单击鼠标右键，同样也会显示这些功能。事实上，这正是 Windows 7 的特色，任何程序都可以专门针对 Windows 7 进行开发后，拥有这样的功能。

图 3-8　Windows Media Player 11 在任务栏中的新体验

图 3-9　在 Windows Media Player 11 任务按钮上单击鼠标右键的效果

Windows 7 任务栏的通知区域（即系统托盘区域）有一个小的改变：默认状态下，大部分的图表都是隐藏的（见图 3-10），如果要让某个图标始终显示，只要单击通知区域的“倒三角”▼按钮，然后选择“自定义”；接着在弹出的窗口中找到要设置的图标，选择“显示图标和通知”即可（见图 3-11）。

在 Windows 7 中，用户没有再见到过去所熟悉的“显示桌面”按钮，因为它已“进化”成 Windows 7 任务栏最右侧的那一小块半透明的区域（见图 3-12）。对于“进化”一词来描述，它的作用不仅仅是单击后即可显示桌面、最小化所有窗口，而且当鼠标移动到上面后，即可透视桌面上的所有东西，查看桌面的情况，而鼠标离开后即恢复原状。

在任务栏的最后是时钟区域，它延续了 Windows 7 Vista 的多时钟功能，用户可以附加时钟，来添加另外两个不同时区的时钟（见图 3-13）。

图 3-10　Windows 7 的通知区域

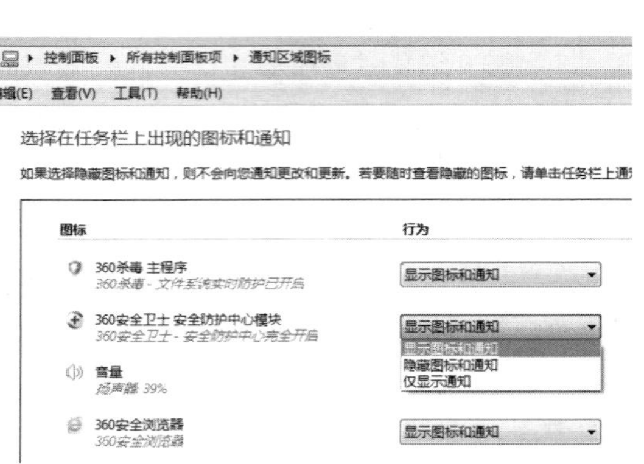

图 3-11　自定义 Windows 7 的通知区域图标

图 3-12　Windows 7 的显示桌面

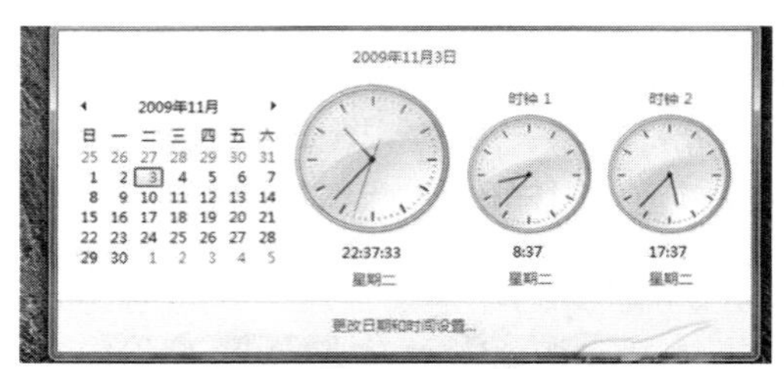

图 3-13　Windows 7 支持多时区时钟功能

3.2.3　开始菜单

事实上，在桌面的初体验中用户就已经可以感受到开始菜单的变化——开始菜单从过去简单的按钮，变成晶莹剔透且带有动画效果的 Windows 7 徽标圆球。而如果打开开始菜单，用户会发现更多的是外观上的变化：梦幻的 Aero 效果、晶莹的关机按钮、美观的个人头像，当然还有协调的配色风格（见图 3-14）。

不仅仅是外观方面，在易用性、功能等许多方面，Windows 7 开始菜单也不断地变化，有许多新的使用方式、新的功能被融入其中。

在 Windows 7 中，开始菜单中有一个“最近打开的文档”菜单项中，系统会将这个功能融入每一个程序中，变得更加方便。单击“开始”按钮，可以看到这里记录着最近运行的程序，而将鼠标移动到程序上，即可在右侧显示使用该程序最近打开的文档列表，单击其中的项目即可用该程序快速打开文件了。

在“开始”菜单中，最近运行的程序列表是会变化的，而如果有一些经常使用的程序，我们也可以将其固定在开始菜单上。方法：在程序上单击鼠标右键，然后选择“附到「开始」菜单（U）”菜单项即可。完成之后，这个程序的图标就会显示在“开始”菜单的顶端区域（见图 3-15）。

单击“所有程序”命令，会发现 Windows 7 开始菜单的程序列表直接将所有内容置放到开始菜单中，通过单击下方的“所有程序”来进行切换。这样的变化虽然看似并不起眼，但是在长期的使用中会感到它的确非常方便。

图3-14　Windows 7 的开始菜单

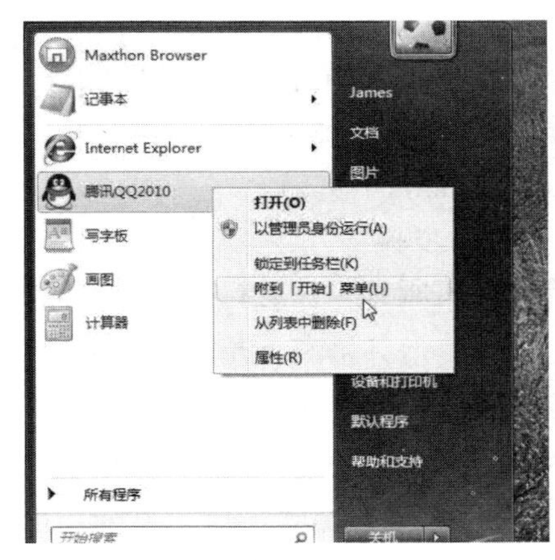

图3-15　将程序快捷方式附加到开始菜单上

在整个“开始”菜单显示中，关机按钮设计得非常精致，且通过右侧的扩展按钮，用户可以快速让计算机重启、注销、进入睡眠状态，同时也可以进入到 Windows 7 的“锁定”状态，以便在临时离开计算机时，保护个人的信息。

在“开始”菜单下方的搜索框，可谓是 Windows 7 功能的一大“精华”，在其中依次输入“i”“n”“t”…这时你会发现“开始”面板中会显示出相关的程序、控制面板项以及文件，且搜索的速度非常快。

当然，Windows 7 的开始菜单也可以进行一些自定义的设置。用户可以在“开始”菜单上单击鼠标右键，进入设置界面后，取消显示最近打开程序和文件列表；在这个界面上单击“自定义”按钮，用户还可以看到一系列的开始菜单项显示方式的设置，如将“计算机”设置为“显示为菜单”后，回到开始菜单中，就可以看到（见图3-16）显示效果——“计算机”选项后多了二级菜单，可以直接进入各个分区。

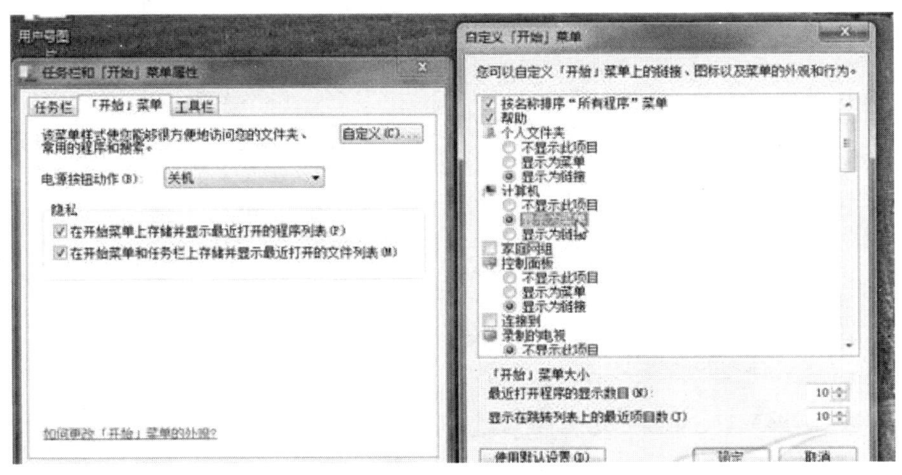

图3-16　自定义开始菜单

在开始菜单中还有开机和关机操作，下面也一起来了解一下。

（1）开机的步骤

1）首先检查显示器的电源指示灯是否已亮，若电源指示灯已亮，表示显示器已通电，不要再按下显示器开关。

2）按下主机的电源开关，计算机进行系统自检，自检无误后，即开始引导操作系统。启动过程中，如果屏幕提示输入用户名和密码，则需要按要求输入。Windows 7 系统启动完成后，进入 Windows 7 桌面。

（2）关机的步骤

1）首先关闭所有正在运行的文件（打开的文件）。

2）用鼠标单击屏幕左下角的“”按钮，系统会弹出“开始”菜单。

3）选择菜单中的“关机”命令，即可关闭主机。

4）关闭显示器电源。

如果需要重新启动系统，在“开始”菜单中，用鼠标单击“关机 ▷”中的“▷”按钮，选择“重新启动”命令即可。

3.2.4 鼠标的基本操作

鼠标是 Windows 7 环境下常用的输入设备，所以一定要熟练掌握它的各种使用方法。

1. 单击

移动鼠标，将指针对准某个对象，然后按下鼠标左键，选中鼠标指针所指的内容，所选的内容将反色显示（见图 3-17）。

单击鼠标右键，会出现一个快捷菜单（见图 3-18）。注意：在不同的位置按下鼠标右键，出现的菜单会不一样。

图 3-17　鼠标单击

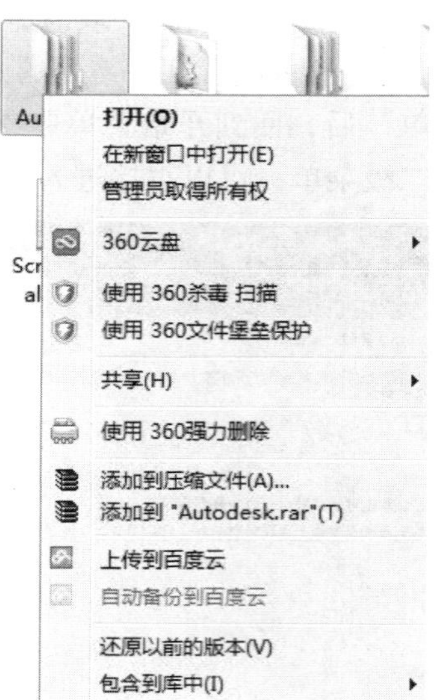

图 3-18　鼠标右键单击

在一般情况下，鼠标单击指的是左键单击，右键单击必须做出说明。

2. 双击

鼠标指针对准某个目标，快速连续两次单击，称为双击。双击一般可打开相应的对象。

3. 拖动

鼠标指针指向某个对象，按下鼠标左键不松手，并同时移动鼠标到目的地，再松开鼠标左键，此时被移动的对象就被移到了新的位置。

4. 鼠标与键盘组合使用

（1）鼠标与〈Ctrl〉键组合使用

鼠标与〈Ctrl〉键组合使用用于选定不连续的多个对象。操作方法：按住〈Ctrl〉键不放，在要选定的文件名上进行单击，就可选中不连续的对象（见图3-19）。

（2）鼠标与〈Shift〉键组合使用

鼠标与〈Shift〉键组合使用可以用于选定连续的多个对象。

1）单击一个对象，然后按下〈Shift〉键，再单击另一个对象，就可以选中二者之间连续的多个对象（见图3-20）。

图3-19　选择不连续的对象

图3-20　选择连续的对象

2）若要选定的是一个矩形区域中的连续文件，可按住〈Shift〉键，然后移动鼠标，就可以选中一个矩形区域中的所有文件。

在 Windows 7 操作系统中，要对文件进行各种操作之前，必须先对其进行选定操作。

3.2.5　Windows 7 的窗口

每台计算机都必须配置操作系统，有的计算机甚至配置了多个操作系统。操作系统已经成为现代计算机系统不可缺少的重要组成部分。

Windows 7 操作系统界面友好、使用方便，是目前个人计算机中应用最广泛的操作系统。目前个人计算机中安装的多为 Windows 7 操作系统。

一般来说，只要安装了 Windows 7，打开计算机后，Windows 7 就会自动启动。启动完成后将会出现桌面。用户在此桌面上进行各种操作，控制计算机完成自己需要的功能。

1. 窗口的组成

Windows 7 操作系统的窗口就是图形用户界面的基本元素之一。Windows 7 允许同时在屏幕上显示多个窗口，每一个窗口都有一些共同的组成元素（见图3-21）。

（1）标题栏

标题栏位于窗口的顶部，上面的一行文字显示了窗口的名称。其左端是控制菜单图标，其右端依次是窗口的最小化、最大化（或还原）和关闭按钮。一般情况下，如果标题栏呈蓝色，那么窗口是活动窗口，非活动窗口的标题栏是灰色的。

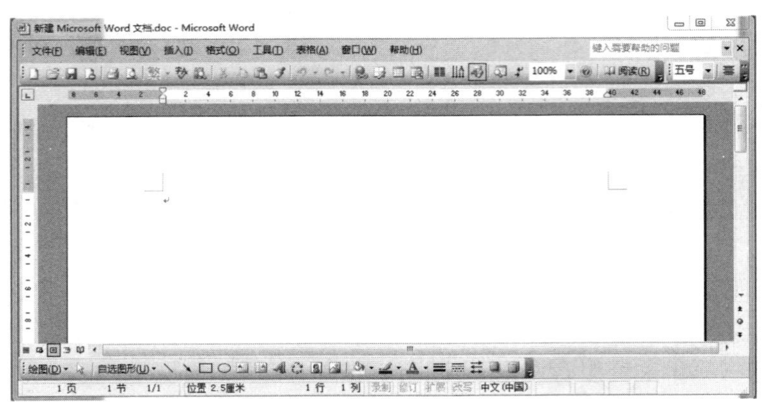

图 3-21　Windows 7 的窗口

（2）菜单栏

菜单栏位于标题栏下方，在菜单栏上列出了该窗口可用的菜单。每个菜单包含一系列命令，通过它们用户可以完成各种功能操作。不同应用程序窗口的菜单不尽相同。

（3）工具栏

工具栏上有一系列小图标，单击这些图标可完成某一特定功能，这些图标的功能都包含在菜单栏中。因此，工具栏为用户提供了更快捷的操作方式。

（4）地址栏

在“地址栏”下拉列表框中输入或选择驱动器名、文件夹名、局域网上计算机地址或 WWW 地址，就可以快速打开这些窗口。

（5）滚动条

当窗口内的信息在垂直方向长度超过窗口时，便出现垂直滚动条，通过单击滚动条箭头或拖动滚动块可以控制窗口内容的上下滚动；当窗口内的信息在水平方向宽度超过窗口时，便出现水平滚动条，通过单击滚动条箭头或拖动滚动块可以控制窗口内容的左右滚动。

（6）工作区

窗口的内部区域，应用程序将在这里显示各种信息。

（7）状态栏

它显示该窗口的状态，如对象个数、占用空间容量等信息。

2. 窗口的操作

（1）移动窗口

将鼠标指针移到窗口标题栏，按下左键不放，拖动鼠标到所需的位置，松开鼠标按钮，窗口就被移动了。

（2）改变窗口大小

把鼠标指针移到窗口边框或窗口角上，此时鼠标光标将变成双箭头，按下左键不放，拖动鼠标到所需的位置，当窗口大小满足所需时，松开鼠标即可。

（3）窗口最大化、最小化、还原和关闭窗口

双击标题栏或者单击最大化□按钮可使窗口最大化显示，即窗口放大到占满整个屏幕。

此时，最大化按钮变成还原按钮，若单击还原按钮，窗口则恢复原状。单击最小化按钮可使窗口最小化显示，即窗口收缩为任务栏中的按钮，单击任务栏中该按钮将还原成窗口。单击关闭按钮可以关闭应用程序窗口或关闭文档窗口。

（4）排列窗口

用鼠标右键单击任务栏空白处，从弹出的菜单中选择“层叠窗口”或“横向/纵向平铺窗口”，可以将窗口按不同方式排列。

（5）切换窗口

切换窗口的最简单方法是单击任务栏上的窗口按钮，也可以在所需窗口还没有被完全挡住时，单击该窗口。或者使用〈Alt + Tab〉组合键在当前打开的各窗口之间进行切换。

3.3 操作系统的设置

3.3.1 个性化的设置

1. 桌面图案的设置

打开控制面板，选择“个性化”选项，系统弹出“个性化”设置窗口（见图3-22）。

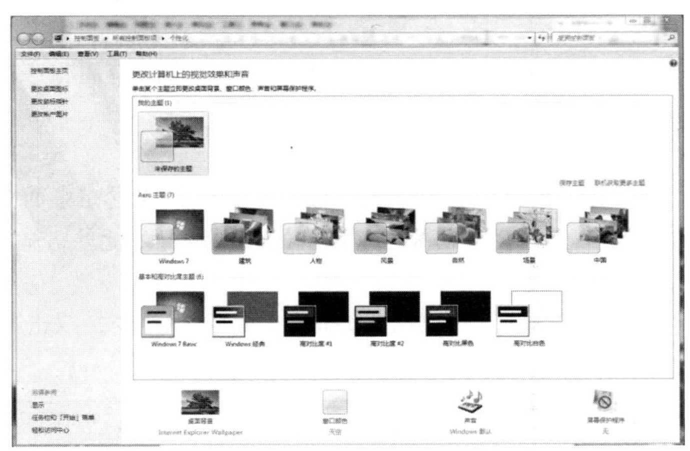

图3-22 “个性化”设置窗口

单击左下方的“桌面背景”图标，系统弹出“桌面背景设置”窗口。

在该窗口中，可以选择设为桌面背景的图片文件，以及图片文件的显示方式，确定后单击“保存修改”按钮即可。

2. 屏幕保护程序的设置

在“个性化”设置窗口中，单击右下方的“屏幕保护程序”图标，系统弹出“屏幕保护程序设置”对话框（见图3-23）。

在该窗口中，可以选择使用的屏幕保护程序，并对其运行状态作相关的设置。

3. 移动任务栏

任务栏通常默认放置在桌面的底部，它也可以被移动到桌面的任一个边角（见图3-24）。

图 3-23 “屏幕保护程序设置”对话框

图 3-24 移动任务栏

操作步骤：鼠标右键单击任务栏，选择“属性”菜单项，单击“任务栏”选项，在下拉列表框中选择所需的位置，单击“确定”按钮。

4. 添加应用程序和文档到任务栏

Windows 7 的任务栏中还可添加更多的应用程序快捷图表，几乎可以把“开始”菜单中的所有功能都移植到任务栏上。

操作步骤：单击“开始”→“资源管理器”命令，选择常用应用程序，鼠标右键单击导入到任务栏，再单击“保存”按钮。

5. 添加桌面小工具

Windows 7 用户可以在工具集中选择某项功能，然后将其放置在桌面的任何部位。时钟工具显示当前时间，天气工具则会自动报告本地区的气候情况。此外，微软还提供更多的在线支持服务。

操作步骤：鼠标右键单击桌面空白处，选择“工具包”命令，双击某个工具即可完成添加（见图 3-25）。

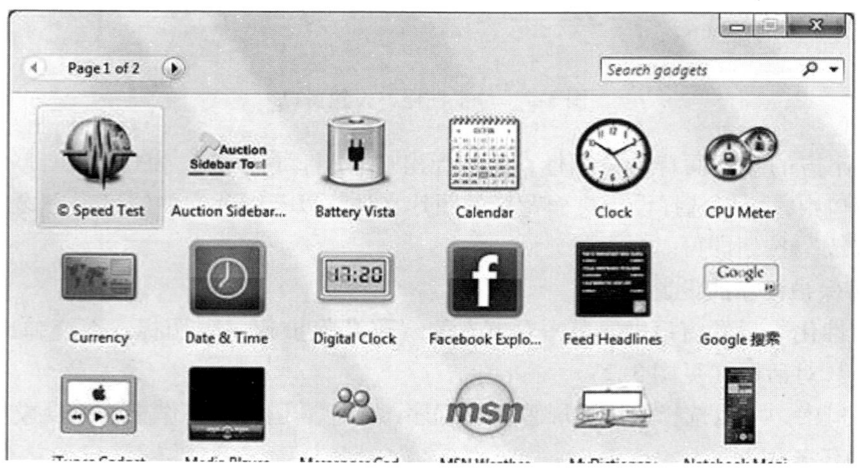

图 3-25 系统小工具

3.3.2 系统主题设置

在 Windows 7 系统中，用户都想让它变得更漂亮，更适合自己的喜好。

系统主题设置操作的方法如下。

第一步：找自己喜欢的壁纸，可以到网上下载。下面是电脑相册的图片（见图 3-26），放映幻灯片主题。

图 3-26 设置相册组

第二步：找到自己喜欢的图片后，要把它们放在“我的图片”文件夹（见图 3-27）里。

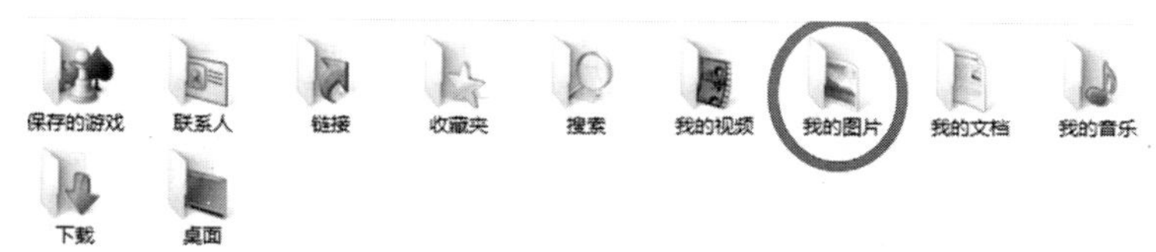

图 3-27 “我的图片”文件夹

第三步：把图片放进去后，在桌面单击鼠标右键，选择“个性化设置”命令。打开窗口后单击桌面背景（见图 3-28）。

第四步：在桌面背景中，单击图片位置，下拉列表框中选择“我的图片”命令（见图 3-29）。查看刚才保存的图片，选中需要显示的图片（见图 3-30），再设置图片切换的时间间隔。

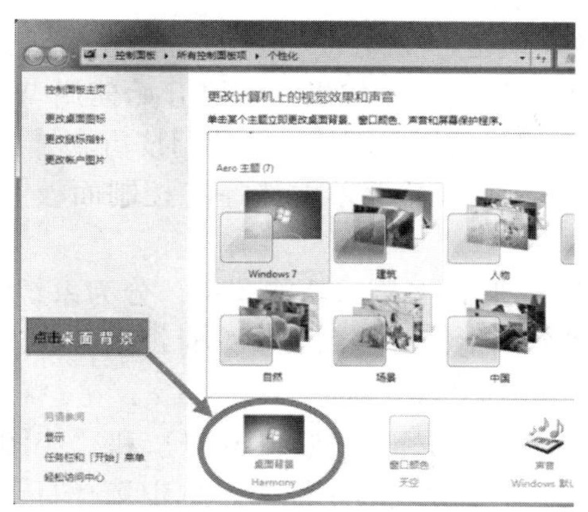

图 3-28 “桌面背景”对话框

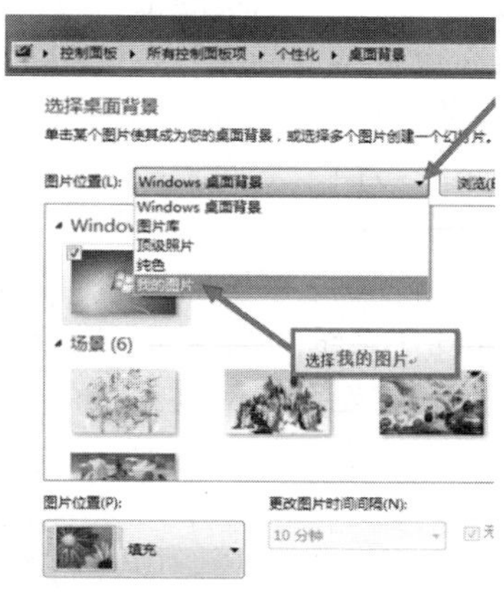

图 3-29 图片位置的选择

第五步：设置好以后，单击“保存”按钮完成修改，在对话框中就出现未保存的主题，单击鼠标右键，选择保存主题（见图 3-31），并进行重命名，单击“保存”按钮就可以了，新的主题样式就设置好了。

3.3.3 字体、时钟和输入法的设置

控制面板是用户进行个性化设置、执行日常维护工作和解决系统故障的重要工具。在开

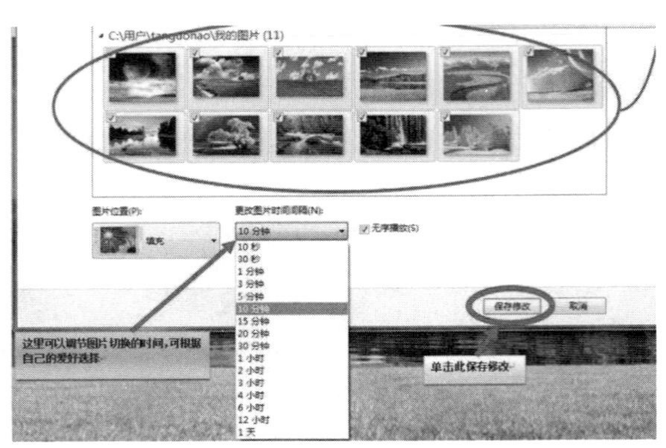

图 3-30　选中需要的图片

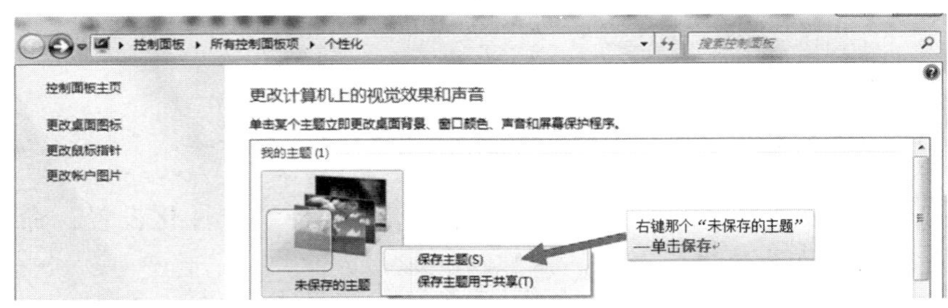

图 3-31　保存主题

始菜单中选择"控制面板"命令项，即可打开"控制面板"窗口，如图 3-32 所示。在该窗口中，可以对计算机系统的很多属性进行设置和调整。

控制面板是 Windows 7 系统中重要的设置工具之一，方便用户查看和设置系统状态。Windows 7 系统中的控制面板有一些操作方面的改进设计，如果一些刚开始使用 Windows 7 的用户还不太习惯，下面来一起了解 Windows 7 控制面板方面的一些使用技巧。

单击 Windows 7 桌面左下角的"开始"按钮，从开始菜单中选择"控制面板"命令就可以打开 Windows 7 系统的控制面板。

Windows 7 系统的控制面板默认以"类别"的形式来显示功能菜单，分为系统和安全、用户账户和家庭安全、网络和 Internet、外观和个性化、硬件和声音、时钟语言和区域、程序、轻松访问等类别，每个类别下会显示该类的具体功能选项。

除了"类别"，Windows 7 控制面板还提供了"大图标"（见图 3-33）和"小图标"两种查看方式，只需单击控制面板右上角"查看方式"旁边的小箭头，从中选择自己喜欢的形式就可以了。

图 3-32　"类别"查看方式

图 3-33　"大图标"查看方式

Windows 7 系统的搜索功能非常强大，控制面板中也提供了非常好用的搜索功能，只要在控制面板右上角的搜索文本框中输入关键词，按〈Enter〉键后即可看到控制面板功能中相应的搜索结果，这些功能按照类别做了分类显示，极大地方便用户快速查看功能选项。

还可以充分利用 Windows 7 控制面板中的地址栏导航，快速切换到相应的分类选项或者指定需要打开的程序。单击地址栏每类选项右侧向右的箭头，即可显示该类别下所有程序列表，从中单击需要的程序即可快速打开相应程序。

Windows 7 已收录 40 多种新字体。这些字体扩充了 Windows 7 所提供的语言和语系支持。在使用 Word、Excel、PPT、Photoshop 等办公软件时，经常能看到一长串的可选字体。而这些字体中有一部分是基本都用不上的，那么怎样删掉或者隐藏这些字体呢？下面就学习在 Windows 7 系统中设置字体的方法步骤。

步骤一： 进入 Windows 7 的控制面板，在最下端找到"字体"选项。

步骤二： 选择字体，再单击选中的菜单可以将其"预览""删除"（卸载）"显示"（或"隐藏"），或用鼠标右键单击要操作的字体，在下拉列表框中选择相应的命令（见图 3-34）。

图 3-34　字体选择方式

步骤三： 通过鼠标选多个字体（或按住〈Ctrl〉键单击要操作的字体），进行批量操作。

步骤四： 重启计算机后，办公软件的字体列表框就非常简单清晰了。

输入法是平常在用计算机时需要用到的一种输入方式，在 Windows 7 系统中有默认的几种输入法，但是有不少用户觉得自己用不惯计算机默认的输入法想要添加自己喜欢的，下面就来学习 Windows 7 中如何添加输入法。

1）首先依次单击"开始"→"控制面板"命令，在控制面板中选择单击时钟、语言和区域下的"更改键盘或其他输入法"选项（见图 3-35）。

图 3-35　时钟和区域

2）在弹出的“区域和语言”对话框中，在“键盘和语言”选项卡下，单击“更改键盘”按钮（见图3-36）。

3）接着在“文本服务和输入语言”对话框中的“常规”选项卡下，单击“添加”按钮（见图3-37）。

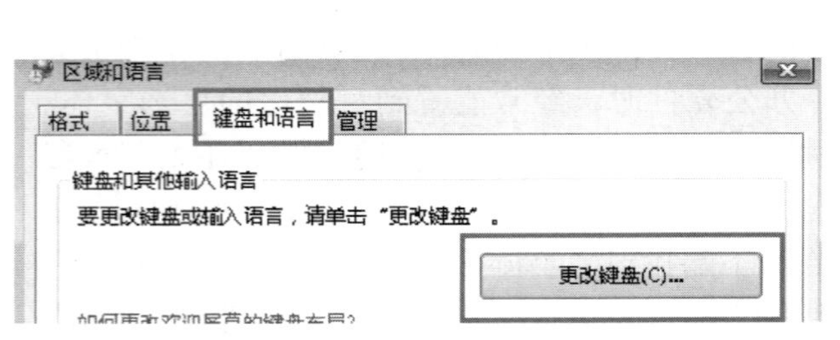

图3-36 “键盘和语言”选项卡

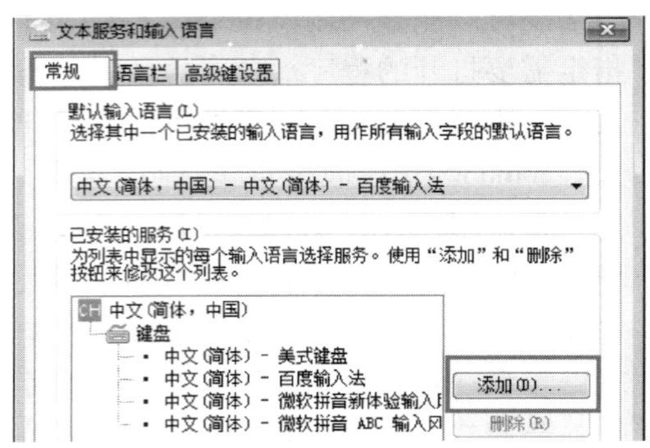

图3-37 键盘和语言下的“常规”选项卡

4）然后在列表中选择需要添加的输入法进行添加，单击“确定”按钮就可以了。反之如要删除时就直接选中并单击“删除”按钮即可。

3.3.4 用户账户的设置

在使用计算机的过程中，为了保护用户的隐私以及保证计算机安全，会给计算机设置开机密码。设置密码对于保护自己的隐私是很有帮助的，下面来看看设置开机密码的详细操作方法。

1）首先从Windows 7桌面左下角的“开始”里找到“控制面板”，然后单击“控制面板”选项进入操作界面。另外，控制面板也可以在“计算机”界面中找到（见图3-38）。

2）进入控制面板后，首先单击“用户账户”命令项（见图3-39）。

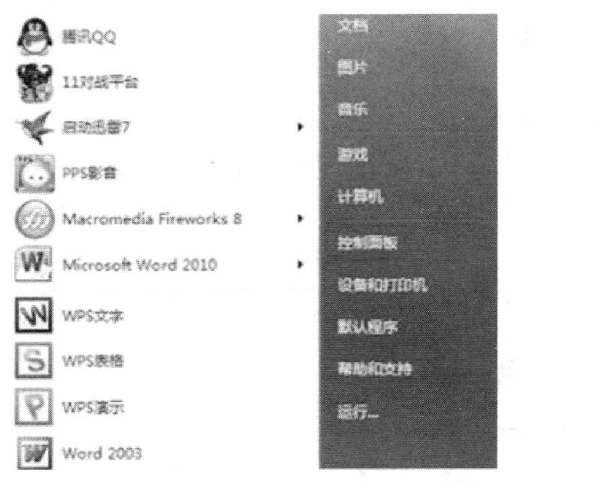

图3-38 进入Windows 7控制面板

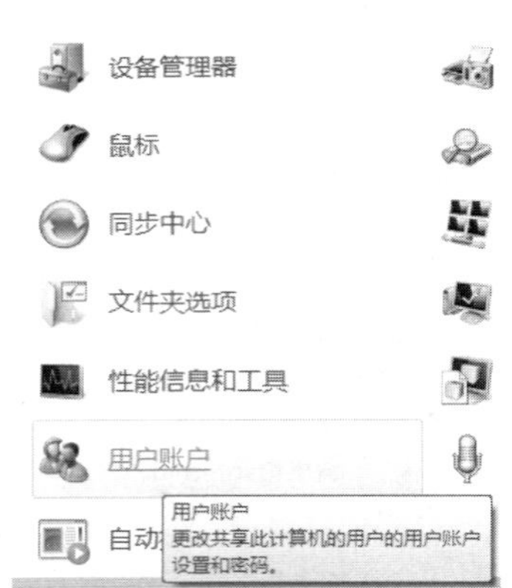

图3-39 进入用户账号

3）再单击更改用户账户下面的“为您的账户创建密码”命令项（见图3-40）。

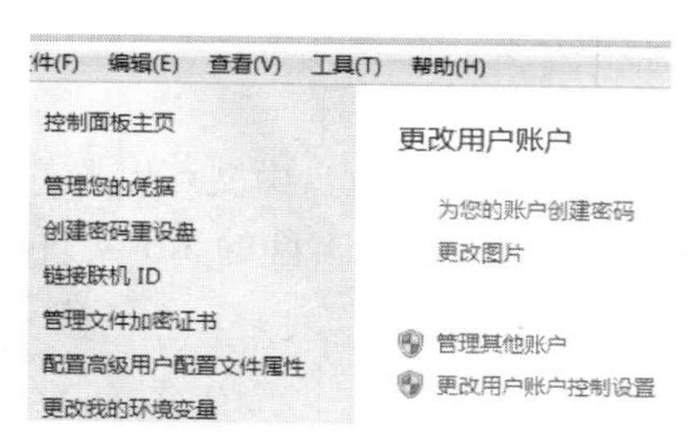

图 3-40　为用户的账户创建密码

图 3-41　密码设置

4）接下来进入创建开机密码界面。按照提示，输入两次密码（两次输入的密码必须一样，另外尽量填写自己所熟悉的密码）。填写完密码后，单击右下角的“创建密码”按钮即可（见图 3-41），之后即完成了 Windows 7 开机密码的创建（见图 3-42）。

图 3-42　Windows 7 设置开机密码完成

5）最后如果想看一下效果，重启计算机即可看到，需要输入密码才可以进入计算机。

3.3.5　文件及文件夹的操作

在计算机系统中程序和数据是以文件的形式存储在存储器上的，如何有效、快速地对这些信息进行管理是操作系统的重要功能之一。Windows 7 通常用“计算机”或“资源管理器”来完成对文件资源的管理。

1. Windows 7 系统中的文件

文件是一组相关信息的集合，集合的名称就是文件名。任何程序和数据都以文件的形式存放在计算机的外存储器中。文件使得系统能够区分不同的信息集合，每个文件都有自己的文件名。Windows 7 正是通过文件名来识别和访问文件的。

（1）文件和文件夹的命名规则

Windows 7 文件和文件夹的命名有一定的规则：

1）文件和文件夹的命名最长可达 255 个西文字符，其中可以包含空格。

2）文件名由主文件名和扩展名两部分组成。主文件名简称文件名，可以使用大写字母 A ~ Z、小写字母 a ~ z、数字 0 ~ 9、汉字和一些特殊符号，但不能包括\ \ 、/、:、?、 *、“、<、>、| 字符。

3）文件可以有扩展名，扩展名通常用来表示文件的类型。不同类型的文件，在 Windows 7 窗口中用不同的图标显示，相同类型文件图标形式相同。文件的扩展名通常由创建该文件的软件自动生成。

4）英文字母不区分大小写。例如，abc. dat 和 ABC. DAT 是同一个文件。

5）查找和显示文件、文件夹时，可以使用通配符“ * ”和“?”。其中，“ * ”表示一串字符，“?”表示一个字符。

6）在 Windows 7 中，文件夹和文件的命名规则相同，要注意在同一个文件夹中的文件或子文件夹不能同名。

（2）文件的路径

文件的路径用来指明文件在树形目录中的位置。完整路径表示方法如下：

<盘符：>\文件夹1\文件夹2\…文件名

一台计算机中可以有多个磁盘，如“C：”“D：”“E：”等。一个磁盘中又可以有若干个不同的文件夹，每个文件夹可以有多个文件。如001.txt文件位于D盘的KS文件夹的Student子文件夹中，完整路径表示为D：KS\\Student\\001.txt。

2. Windows 7 系统中文件的基本操作

（1）快速查找文件或文件夹

Windows 7系统为用户提供多种查找文件或文件夹的途径，分别是以下几种。

1）使用“开始”菜单的搜索文本框可以查找存储在计算机上的文件、文件夹、应用程序以及电子邮件。

2）如果知道要查找文件所在的文件夹或库，可以使用打开窗口的搜索文本框查找文件或文件夹。

3）如果要按照一个或多个属性搜索文件，如基于文件上次修改日期进行查找，则可以通过搜索筛选器指定该文件的属性。

4）如果在指定的库或文件夹中无法找到要查找的文件或文件夹，则可以扩展搜索范围，以便从可能存储要查找的文件或文件夹的其他位置进行搜索。

下面分别介绍查找文件或文件夹的方法。

1）使用“开始”菜单的搜索文本框查找文件或文件夹。单击“开始”按钮，打开“开始”菜单，在搜索文本框中输入要查找文件或文件夹的名称或该名称包含的关键字，与所输入内容相匹配的搜索结果将出现在“开始”菜单搜索文本框的上方。例如，此处输入“我的文件夹”，出现的搜索结果。

提示：使用“开始”菜单的搜索文本框查找文件或文件夹时，在搜索结果中只会显示已经建立索引的文件和文件夹。在Windows 7系统中，大多数文件会自动建立索引。例如，包含在库中的所有内容都会自动建立索引。

2）在打开的文件夹或库窗口中使用搜索文本框查找文件或文件夹。打开要在其中查找文件夹或文件的文件夹或库窗口，在窗口右上角的搜索文本框中输入要查找文件或文件夹的名称或该名称包含的关键字，以筛选文件夹或库窗口中的内容。例如，搜索之前的文件夹窗口，现在要查找名为Sleep Away的文件，在搜索文本框中输入Sleep Away，将看到筛选后文件夹窗口。

3）使用搜索筛选器搜索文件或文件夹。在打开的库窗口中，单击搜索框以显示相应的搜索筛选器。单击要使用的搜索筛选器，然后为其选择一个值，此时会将相关字词自动添加到搜索框中。例如，单击“唱片集”搜索筛选器，然后选择值为“Fine Music，Vol.1”，将看到搜索结果。

提示：在打开的文件夹窗口中，单击搜索框可以显示“修改日期”和“大小”搜索筛选器。单击“修改日期”搜索筛选器，可以选择要查找文件或文件夹的日期或日期范围，单击“大小”搜索筛选器，可以指定要查找文件或文件夹的大小范围。

如果在指定的文件夹或库窗口中没有找到要查找的文件或文件夹，Windows 7会提示

“没有与搜索条件匹配的项”，此时在“在以下内容中再次搜索”的选项下，选择下列之一进行操作。

1）库：单击“库”可以在计算机的所有库中查找文件或文件夹。

2）家庭组：单击“家庭组”可以在家庭组的所有库中查找文件或文件夹。

3）计算机：单击“计算机”可以搜索计算机中所有建立索引的、未建立索引的、隐藏的以及系统文件，值得注意的是，搜索会变得比较慢。

4）自定义：单击“自定义”命令，打开“选择搜索位置”对话框，在“更改所选位置”列表框选择要搜索的位置，然后单击“确定”按钮，查找文件或文件夹。

5）Internet：单击“Internet”可以使用默认的Web浏览器以及默认的搜索引擎联机搜索文件或文件夹。

（2）Windows 7系统显示隐藏文件夹

很多时候因为一些原因把计算机上的某些“文件夹”隐藏了，当现在需要查找时，忘记了怎么来把“它们”显示出来，下面来看看如何让隐藏的文件显示出来。

步骤一，鼠标双击“计算机”的图标，或是鼠标右键单击选择“打开”命令（见图3-43）。

步骤二，在屏幕上方看到“工具”选项卡，按〈T〉键弹出提示框，在框中的文字中单击“文件夹选项”（见图3-44）。

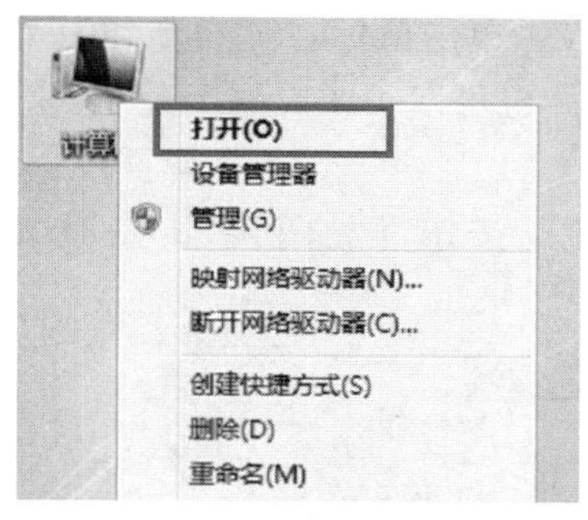

图3-43　鼠标右键打开计算机

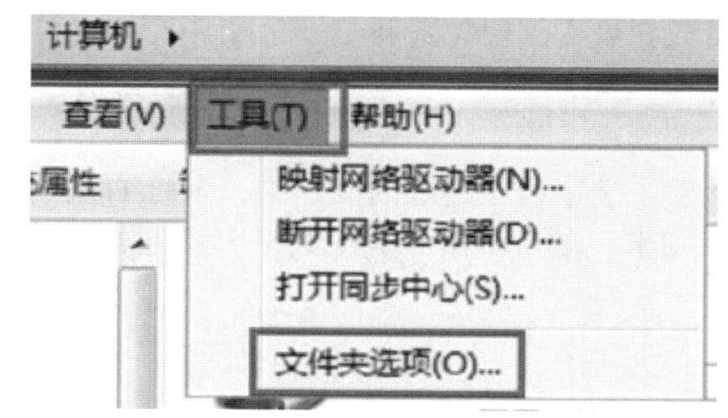

图3-44　选择“文件夹选项”

步骤三，在“组织”下拉列表框中同样能打开相同的内容，单击“文件夹和搜索选项”命令（见图3-45）。

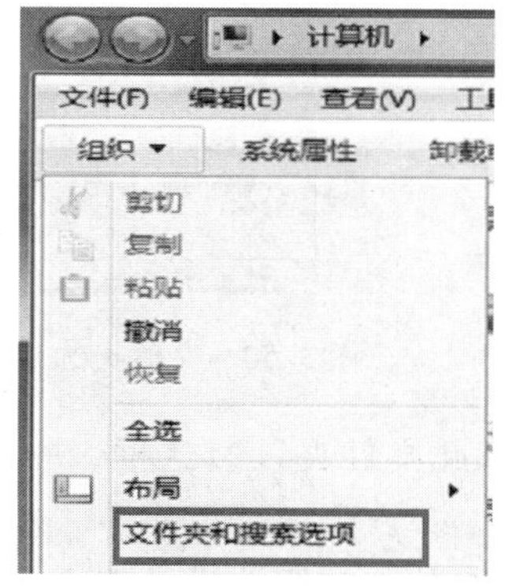

图3-45　文件夹和搜索选项

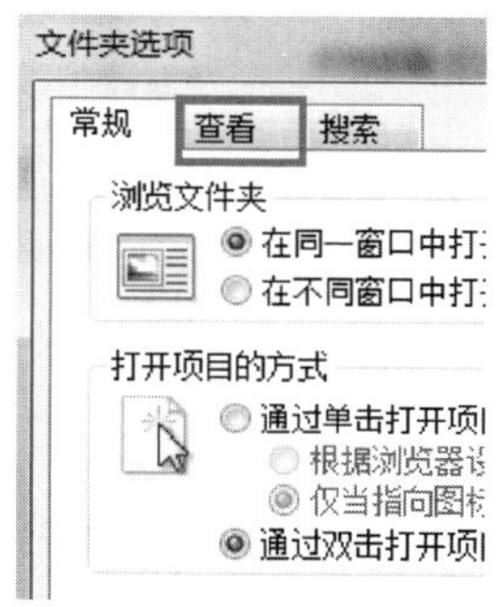

图3-46　文件夹中的查看

步骤四，打开后出现“文件夹选项”对话框，打开“查看”选项卡（见图3-46）。把“高级设置”列表框里的“隐藏受保护的操作系统文件（推荐）”复选框去掉选取，改为选取“显示隐藏的文件、文件夹和驱动器”复选框（见图3-47），之后单击“应用”按钮，再单击“确定”按钮。

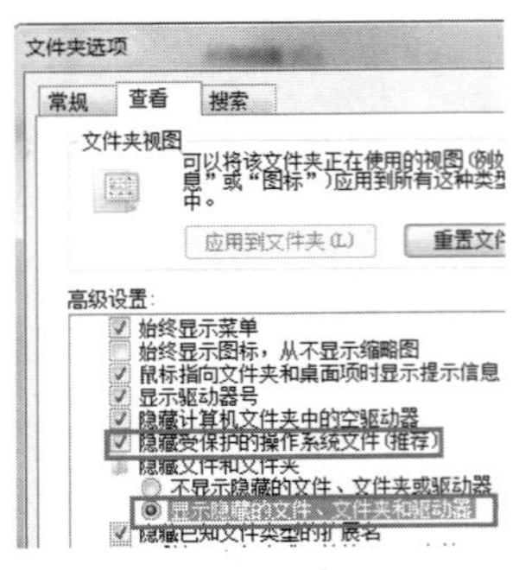

图3-47　修改隐藏属性

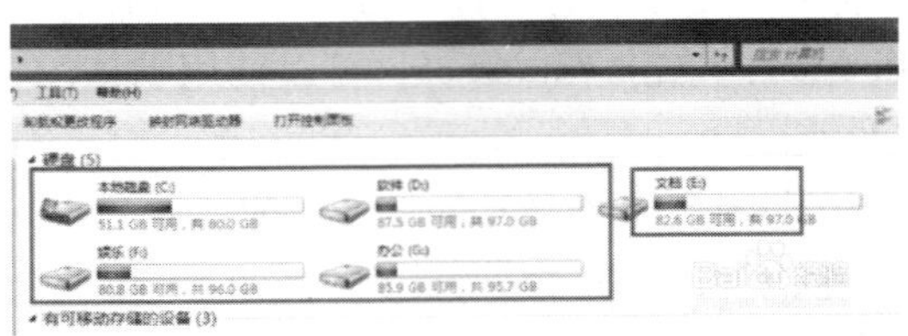

图3-48　查找隐藏文件

最后，再去以前隐藏文件的磁盘找到那些文件（见图3-48）。

（3）Windows 7 创建共享文件夹

首先在硬盘任何位置新建一个文件夹（也可以是桌面），单击鼠标右键“新建”→“文件夹”命令（见图3-49），建好以后根据自己需求命名，当然也可以不改。这新建了一个文件夹名字叫共享。

接着，选中已经建好的文件夹，鼠标右键单击“属性”按钮（见图3-50）。选择“共享”选项卡，然后单击“高级共享”按钮（见图3-51）。

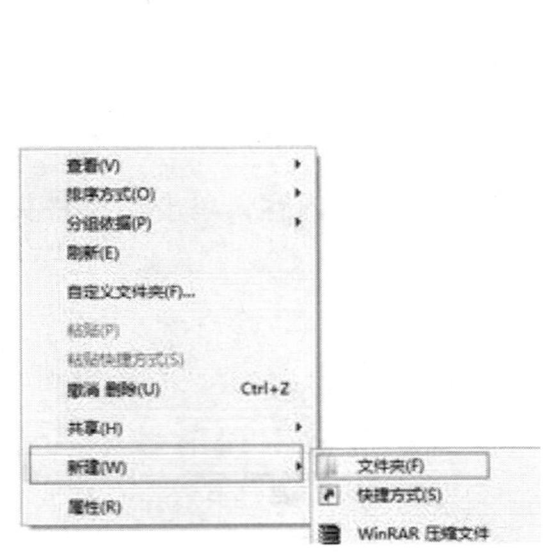

图3-49　新建文件夹

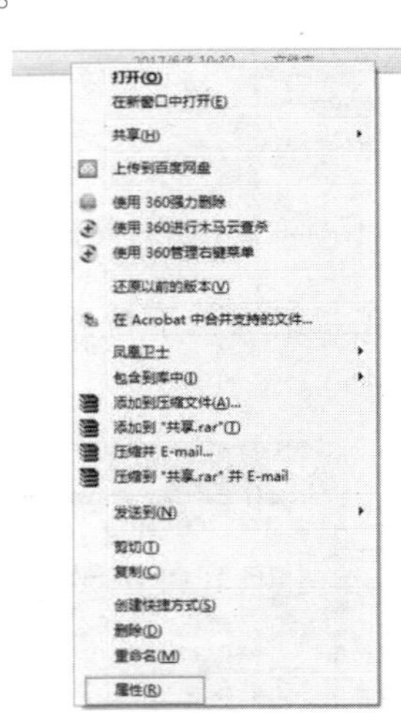

图3-50　文件夹的属性

在弹出的“高级共享”对话框中，选中“共享此文件夹”复选框，中间可以限制用户数，也就是允许多少人可以访问（见图3-52）。

接下来要看权限，可以设置哪些人可以访问，有什么权限，默认Everyone是读取权限，只能读，不能做其他任何操作。

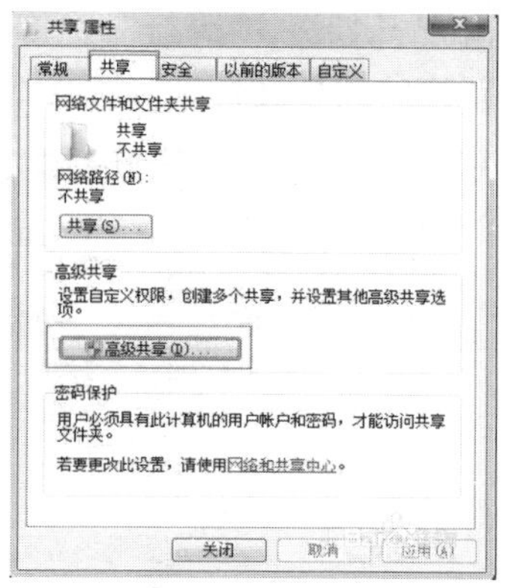

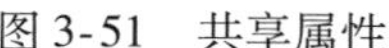

图 3-51　共享属性

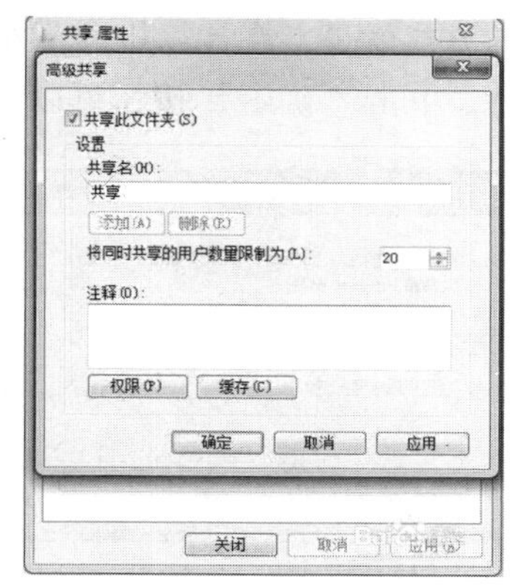

图 3-52　选中“共享此文件夹”

如果需求可以让用户复制下来或者对文件进行修改，那么要添加相应权限，局域网可以添加相应用户（见图 3-53）。当然，如果不是特别重要的文件，也可以给 Everyone 所有权限，将“完全控制”复选框选中（见图 3-54）。

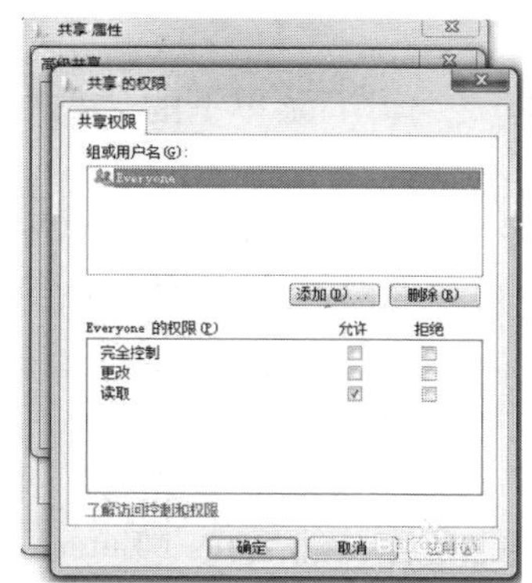

图 3-53　“共享的权限”对话框

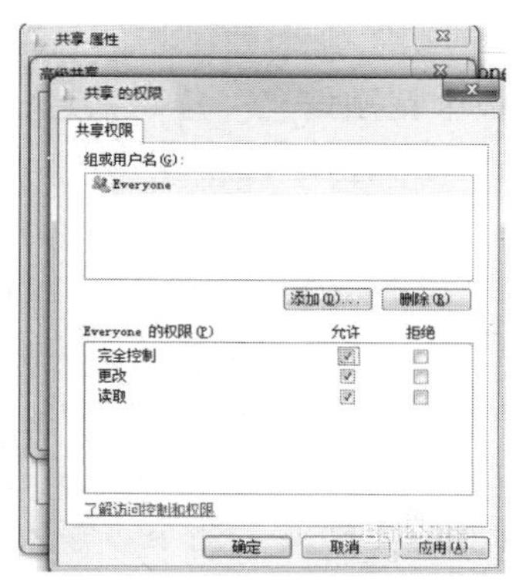

图 3-54　选取“完全控制”

设置好以后单击“确定”按钮，如果查看自己计算机 IP 地址，可以在计算机名字上鼠标右键选中“我的电脑”（见图 3-55），可以看到计算机名和其他信息（见图 3-56）。

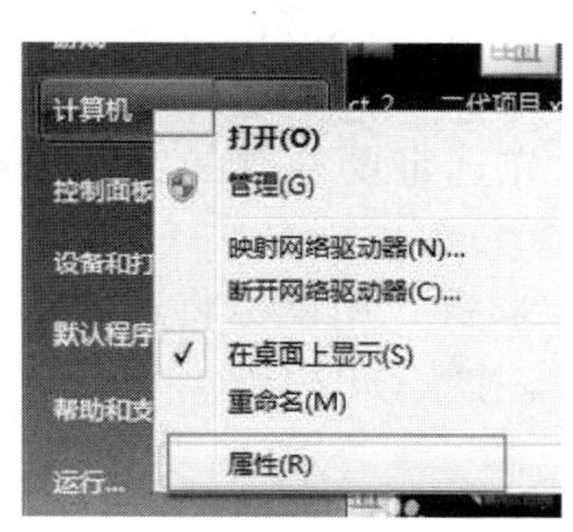

图 3-55　单击计算机属性

图 3-56　计算机的相关属性

那么访问的方式就是，在计算机屏幕左下角单击“开始”→“运行”命令，输入计算机名（见图3-57），单击“确定”按钮可以看到刚才新建的共享文件夹（见图3-58）。

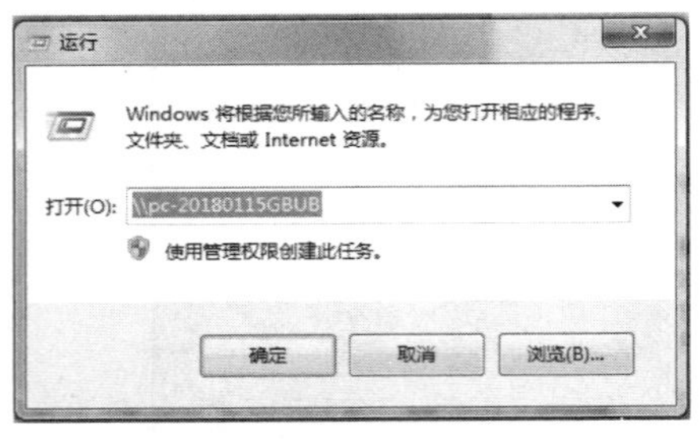

图3-57　运行计算机名

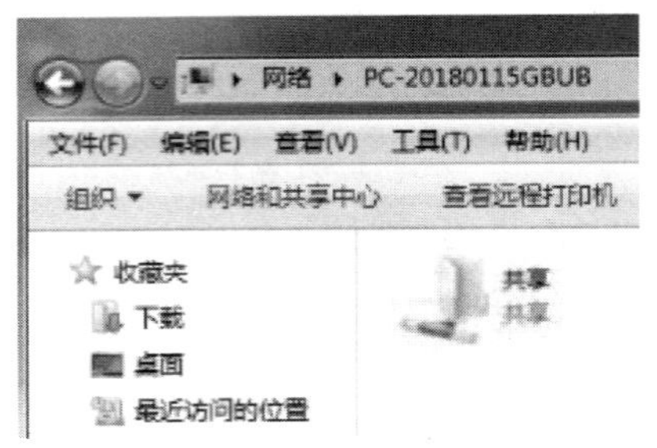

图3-58　查找共享文件夹

（4）Windows 7 剪贴板

剪贴板是 Windows 7 的程序之间互相传递信息的临时存储区。剪贴板的使用原理：先将信息复制到临时存储区，然后再把临时存储区的信息插入到指定位置。

1）将信息存入剪贴板。选定要存入的信息，使它突出显示，然后选择“编辑”菜单下的“复制”或“剪切”命令即可将信息存入剪贴板。

2）从剪贴板中粘贴信息。选定信息，然后选择“编辑”菜单下的“粘贴”命令，可将剪贴板中的信息粘贴到指定位置。

“剪切”和“复制”操作的区别：“剪切”命令将选定的信息复制到剪贴板上，待“粘贴”命令执行后，该信息将被删除；“复制”命令可以将选定的信息复制到剪贴板上，待“粘贴”命令执行后，该信息保持不变。

（5）创建新文件夹或新的空文件

1）创建新文件夹。选定新文件夹所在的位置，选择“文件”→“新建”菜单命令，在弹出的子菜单中单击“文件夹”命令。输入新文件夹的名称，然后按〈Enter〉键或单击其他任何地方。

2）创建新的空文件。与创建新文件夹类似，选择“文件”→“新建”菜单命令，选择子菜单中相应文件类型可建立新的空文件。

（6）文件和文件夹的复制及粘贴

复制文件和文件夹的方法有以下几种。

1）菜单方法。选定要复制的文件或文件夹，选择“编辑”菜单中的“复制”命令，打开目标文件夹或驱动器，选择“编辑”菜单中的“粘贴”命令。或者使用组合键，即“复制”（〈Ctrl + C〉）；“粘贴”（〈Ctrl + V〉）来实现。

2）使用发送命令。若要将文件复制到移动磁盘上，先选定要复制的文件，再从“文件”菜单中选择“发送到”命令。

3）鼠标方法。在同一驱动器中复制文件，按下〈Ctrl〉键，用鼠标将选定的文件拖动到目标位置即可。在不同驱动器中复制文件，直接拖动不需按〈Ctrl〉键。

（7）文件和文件夹的移动

文件或文件夹移动方法有以下几种。

1）菜单方法。移动文件和文件夹的方法与复制操作类似，只要将“复制”改为“剪切”即可。使用〈Ctrl + X〉组合键可实现“剪切”操作。

2）鼠标方法。在同一驱动器中移动文件，用鼠标将选定的文件拖动到目标位置。在不同驱动器中移动文件，按下〈Shift〉键，然后用鼠标将选定的文件拖动到目标位置。

（8）重新命名文件或文件夹

重新命名文件或文件夹的方法有以下几种。

1）选定要重命名的文件或文件夹，选择“文件”菜单中的“重命名”命令，或鼠标右键单击，在弹出的快捷菜单中选择“重命名”命令，然后在文件名文本框中输入新的文件名。

2）选定要重命名的文件，在要修改的文件名上再次单击，这两次单击不能用双击代替，在文件名文本框中输入新的文件名。不要随意修改文件的扩展名，因为这可能使其他用户或机器造成误操作。

（9）文件的删除

1）选定要删除的文件，在“文件”菜单中选择“删除”命令，或鼠标右键单击，在弹出的快捷菜单中选择“删除”命令。

2）先选定要删除的文件，然后直接按下〈Del〉键。

删除无用的文件可以释放更多的磁盘空间，对于误删除的文件可以在回收站中恢复。打开回收站，然后在回收站中选定要恢复的文件，鼠标右键单击选择“还原”命令，就可以将文件恢复到原来所在位置。如果选择“清空回收站”命令，则可以真正删除文件。

（10）文件的其他操作

可以利用窗口中“查看”菜单下的“大图标”“小图标”“列表”“详细资料”和“缩略图”等命令设置文件或文件夹的显示方式。利用“查看”→“排列图标”下的子菜单“按名称”“按类型”“按大小”“按日期”“自动排列”等五种方式对文件进行排序整理。还可以通过选定要显示或修改的文件或文件夹，在“文件”菜单中选择“属性”命令，打开“属性”对话框。文件的常规属性包括文件的大小、位置、类型等。更多的文件设置，可以利用窗口中“工具”菜单下的“文件夹选项”进行设置。

3.3.6 Windows 10 的优势

Windows 10 和 Windows 7 这两款系统占据了市场很大份额。下面简单介绍下 Windows 10 的优势。

1. 免费

Windows 10 首次开启了免费模式，正版 Windows 7 和 Windows 8 用户都可以通过推送的方式，免费升级到 Windows 10。对于拥有 OEM 版本 Windows 7 笔记本式计算机、台式计算机，就可以轻松免费的升级到最新 Windows 10 正式版系统。

Windows 7 上市已经有较长一段时间了，已经停止更新，后期 Windows 7 的安全性势必会降低。而全新 Windows 10 才刚刚上市，微软至少会支持到 2020 年，并且微软官方宣称，Windows 10 更新支持会比 Windows 7 更长。

2. 软件兼容全平台

Windows 10 的一大特色是全平台覆盖，这意味着很多应用程序在不同平台将是通用的。比如在 Windows 7 商店中下载了一款游戏，它可以同时在 Windows 10 台式计算机、笔记本式计算机、平板电脑、手机等多种设备上运行。另外，跨平台的交互体验提升，有助于用户在不同设备上获得更好的效果，数据备份也更为方便。

3. 游戏性能更出色

Windows 10 内置了最新的 DirectX 12 技术，其性能相比 DX 11 拥有 10%~20% 的提升。而 Windows 7 内置的依旧上一版本的 DirectX 11，不支持 DX 12。这意味着，Windows 10 系统的游戏体验会比 Windows 7 更为出色一些。

4. Windows 10 新增不少全新功能

Windows 10 内置了一些新应用，如搜索、Cortana 语音助手、Edge 浏览器、虚拟桌面等，这些新功能在使用上具备更好的体验。

5. 安全性提升

Windows 10 在安全性方面做出了更多尝试，比如支持面部、虹膜、指纹解锁，另外由于它会不断获得更新支持，安全性方面自然要比 Windows 7 更出色。

3.4 常用工具软件

1. Windows 7 截图技巧

1）主要是截全屏，笔记本式计算机的截图快捷键，就是 F12 键边上的〈PrtSc〉键（见图 3-59）。

图 3-59 〈PrtSc〉键的位置

2）平时截图全屏时，直接按住〈PrtSc〉键就可以了。

3）然后，因为系统截图是没有一个保存路径的，而且一次只能截取一张全屏。为了查看截取的图片，单击“开始”菜单，选择“所有程序”中的“附件”命令，在“附件”中选择“画图”程序，打开“画图”程序后，单击“粘贴”按钮（或者使用〈Ctrl + V〉快捷键），把截图粘贴上去再查看。等比例的全屏截图是很清晰的。

4）也可以随便打开一个 Word 文件，按〈Ctrl + V〉组合键，把截图粘贴上去再查看。

2. 百度网盘

百度网盘是百度推出的一项云存储服务，目前有 Web 版、Windows 7 客户端、Android 手机客户端，用户将可以轻松把自己的文件上传到网盘上，并可以跨终端随时随地查看和分享。

打开百度网页，单击右上方的“登录”按钮，系统弹出一个提示对话框（见图3-60）。用户可以注册一个百度账号，这个账号通用于百度旗下的很多产品。

图3-60　登录百度账号界面

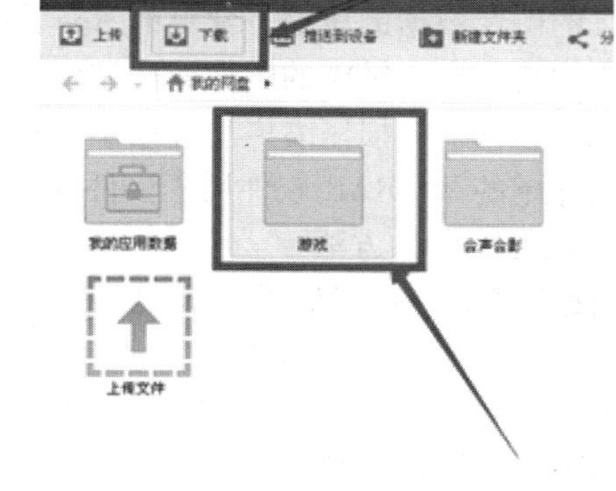

图3-61　从百度网盘下载资料

注册完成百度账号后，可以在搜索引擎处输入“百度网盘”，单击进入百度网盘的网页，就可以使用百度网盘了。在这里用户可以将别人网盘的资料转存到自己的百度网盘中，也可以下载到自己计算机中。如果是视频资料，必须转存到自己网盘才能在线观看。

没有百度账号或者百度网盘账号的，按提示注册一个（也可直接用QQ号或微信登录）：http://pan.baidu.com。

保存到网盘的资料如何下载到自己的计算机中呢？下面一起来学习以下步骤。

打开百度云管家，选择用户保存过的视频课程，单击百度网盘菜单栏中的“下载”按钮（见图3-61），就会出现设置下载文件保存的路径（见图3-62）。这个路径是指用户希望把资料存放在计算机的位置，在百度网盘右边可以看到下载列表（见图3-63）。等待下载完成后，单击下载文件的路径，就可以看到视频了。

图3-62　下载资料保存路径

图3-63　下载列表

3. 压缩解压工具 WinRAR

文件压缩是指利用工具软件，将一个容量较大的文件或文件夹经过压缩，生成另一个较小容量的文件。这个较小容量的文件，就是这个较大容量的文件或文件夹的压缩文件。

压缩技术可分为无损压缩与有损压缩两大类。无损压缩是在压缩过程中利用数据的统计冗余进行压缩，可完全恢复原始数据而不引起任何失真。广泛用于文本数据、程序和某些不允许失真的图像数据的压缩。常见的 Ape、zip 和 rar 等文件都采用无损压缩。有损压缩是在压缩过程中将人类不敏感的图像或声波中的某些频率成分的信息压缩掉。数据解压后不能完全恢复原始数据。有损压缩广泛应用于音频、图像和视频数据的压缩。

这里介绍的 WinRAR 软件用于文件的无损压缩。

(1) 压缩文件的方法

1) 使用 WinRAR 图形界面压缩文件。启动 WinRAR，程序运行窗口（见图 3-64）。将位置选择到含有要进行压缩的文件夹，选择要压缩的文件和文件夹（见图 3-65）。在 WinRAR 程序工具栏单击“添加”按钮，系统弹出“压缩文件名和参数”对话框，在此对话框中可对压缩的参数作详细设置。

图 3-64 WinRAR 程序窗口

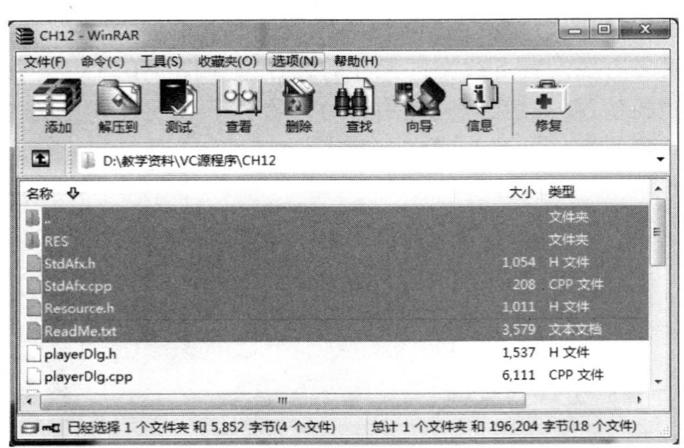

图 3-65 选中要压缩的文件和文件夹

将参数设置好以后，单击“确定”按钮就可以进行文件压缩。

在压缩过程中，有一个对话框会显示当前操作的状态。在此对话框中单击“取消”按钮，可以停止压缩操作。单击“后台运行”按钮，可以将 WinRAR 最小化到通知区域。当压缩完成后，WinRAR 窗口会将创建的压缩文件作为当前文件选定。

2）使用鼠标右键弹出菜单压缩文件。在 Windows 7 资源管理器窗口中，选择需要压缩的文件或文件夹，单击鼠标右键，在弹出菜单中选择“添加到压缩文件”命令，同样弹出“压缩文件名和参数”对话框。

若按照软件默认方式创建压缩包文件，可直接在弹出的菜单中选择“添加到‘压缩文件名.rar’”命令。

3）向压缩包添加文件。使用鼠标拖动的方式，可以在 WinRAR 程序窗口或资源管理器中将需要添加的文件添加到压缩包。

4）创建自解压文件。自解压文件是压缩文件的一种，它结合了可执行文件模块，这样的压缩文件在解压时可不需要 WinRAR 程序。同时，WinRAR 仍然可将自解压文件当成是普通压缩文件处理。

创建自解压文件的方法与创建普通压缩文件类似，只是在“压缩文件名和参数”对话框中，选择“创建自解压格式压缩文件”选项即可。

（2）解压文件的方法

1）使用 WinRAR 图形界面解压文件。在需要解压的文件上双击鼠标左键或按下〈Enter〉键，压缩文件将会在 WinRAR 程序中打开。在 WinRAR 窗口中选择一个或多个文件后，在 WinRAR 窗口中单击“解压到”按钮（见图 3-66）。然后，输入目标文件夹，并单击“确定”按钮。

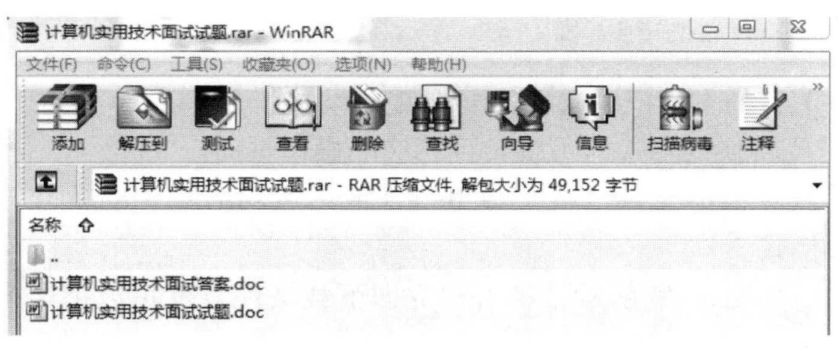

图 3-66 “解压路径和选项”对话框

2）使用鼠标右键弹出菜单解压文件。在压缩文件图标上单击鼠标右键，在弹出菜单中选择“解压文件”命令，然后输入目标文件夹，并单击“确定”按钮。如果不需要设置相关的选项，也可以选择“解压到当前文件夹”或“解压到‘文件夹名’”命令来解压文件到指定的文件夹。

4. 下载工具——迅雷

先到网站上下载迅雷安装包，安装好后从桌面迅雷 7 图标打开迅雷，就可以在左边的页面上看到最近更新的电影和热播的电视剧，这些在线看都是非常方便的。

如果要下载视频，可在右上角文本框中直接输入电影名称，然后单击资源搜索，就可以看到所找的影片信息了，然后单击进去，系统直接弹出一个新的网页，左上角绿色的地方“下载地址 1”会直接给用户下载链接的。

如果要下载文件，打开 IE 浏览器，连入 Internet，找到需要下载文件的链接。在链接上单击鼠标右键，从弹出的快捷菜单中选择“使用迅雷下载”命令。迅雷随之启动，系统同时弹出“建立新的下载任务”对话框。如果需要改变保存路径、重命名文件或者进行其他设置，可在相应的文本框中进行修改，然后单击“确定”按钮。迅雷开始下载指定文件，新建的任务出现在目录栏的“正在下载”文件夹中。

5. PDF 转换软件——small pdf 网站

small pdf 是一家专门做在线文件转换的网站，由于默认采用英语显示界面，所以会让部分用户产生在线转换怎么用的疑问。下面就一起来学习 small pdf 的使用方法。

small pdf 在线转换中文网站使用方法：

首先，单击打开 small pdf 在线转换官网，由于是国外的网站，所以加载速度会慢一些。

在线转换界面如图 3-67 所示。该网站是支持中文界面的，用户只需单击最下方的语言栏，找到“简体中文”并单击即可切换（见图 3-68）。

图 3-67　small pdf 在线转换界面

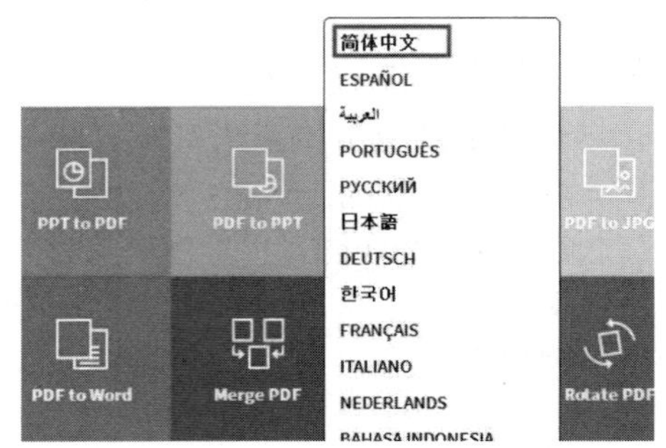

图 3-68　small pdf 在线转换中文选择

然后，可以在上方的文本框中选择需要实现的功能，如 PPT 转 PDF、PDF 转 PPT、JPG 转 PDF 等，单击需要转换的格式即可跳转到相应的操作页面。

选择需要上传被转换的文件（见图 3-69），传输成功后单击右侧“现在就创建 × ×”按钮开始转换文件格式。

文件转换成功后如图 3-70 所示，单击“立即下载文件”就可以把转换后的格式文件直接下载到计算机。

图 3-69　上次被转换的文件

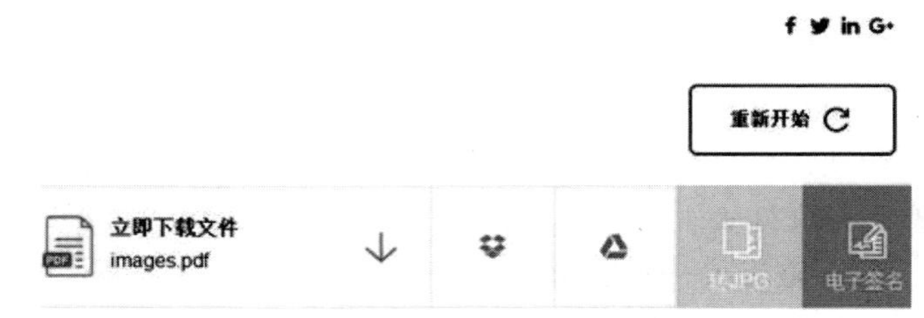

图 3-70　small pdf 转换成功

6. 常用软件的安装与卸载

（1）软件安装

软件安装一般有两种方法：在线安装和离线安装。这里将以离线安装 360 安全卫士为例，介绍一台计算机要安装 360 安全卫士的详细操作步骤。

步骤一：打开 360 官网，在 360 安全卫士界面，单击“离线安装包”，下载完整离线安装包（见图 3-71）。

步骤二：由于离线安装包文件较大，建议采用迅雷等下载工具下载，如本案例单击“迅雷下载”（见图 3-72）；建议修改保存到数据盘（建议 E 盘）相关目录下，单击“立即下载”按钮（见图 3-73），开始下载离线安装包直至完成（见图 3-74）。

图 3-71　360 安全卫士下载官网

图 3-72　使用迅雷下载

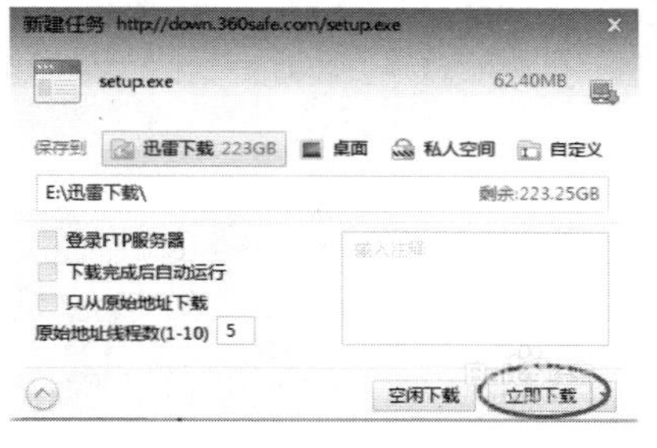

图 3-73　迅雷下载路径设置

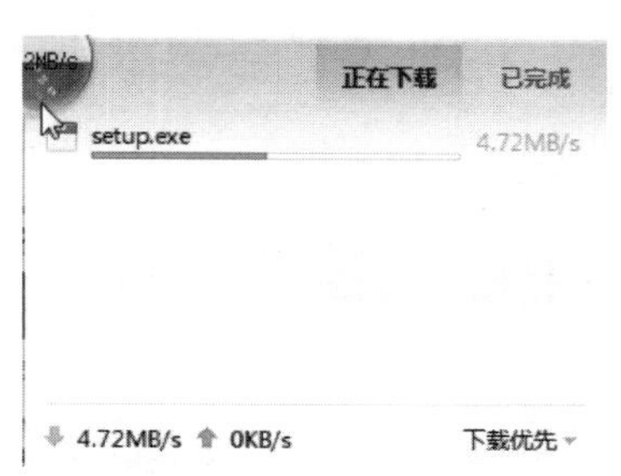

图 3-74　迅雷下载中

步骤三：离线安装包下载完成后，选择迅雷已完成列表里“setup. exe”，单击“运行”按钮，可立即开始给本机安装（见图 3-75）；若要给其他计算机安装，可单击“目录”命令；打开离线安装包的保存目录（见图 3-76）。

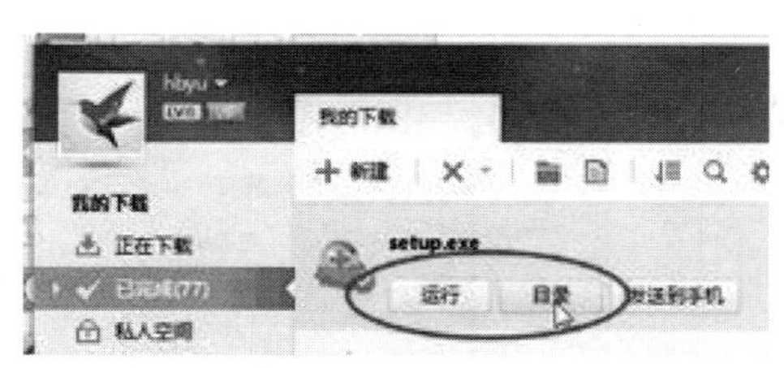

图 3-75　运行迅雷下载文件

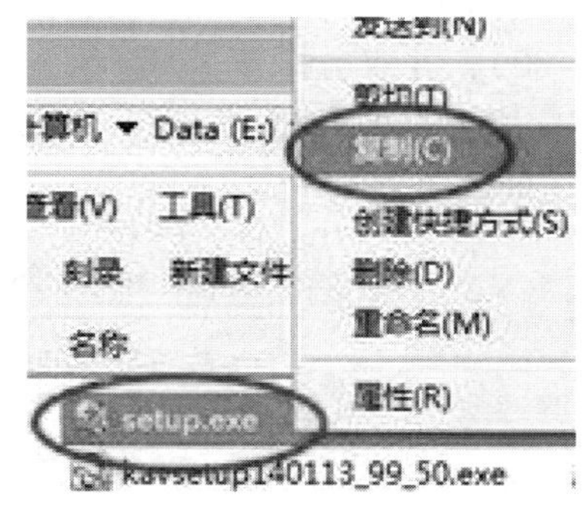

图 3-76　复制迅雷安装文件

步骤四：复制相应“setup. exe”文件，粘贴至 U 盘、移动硬盘或局域网网盘等，在想要安装的计算机上正常连接相应存储盘，找到“setup. exe”，直接双击即可开始离线安装；无须再联网下载数据；若已经安装过 360 安全卫士，可单击“是”按钮，覆盖安装；单击“立即升级”按钮（见图 3-77），开始覆盖升级。

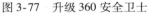

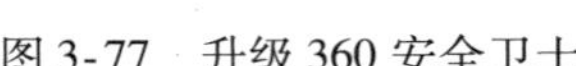
图 3-77　升级 360 安全卫士

图 3-78　升级过程中

步骤五：开始自动安装（见图 3-78），直至完成；自动打开 360 安全卫士（见图 3-79）。

图 3-79　360 安全卫士打开界面

（2）软件卸载

单击“开始”→“设置”→“控制面板”命令，在弹出的窗口中找到“程序和功能”命令（见图 3-80），并双击打开。

打开“程序和功能”界面，可以看到计算机里面安装的所有程序，右键单击需要卸载的程序（见图 3-81）。

图 3-80　控制面板

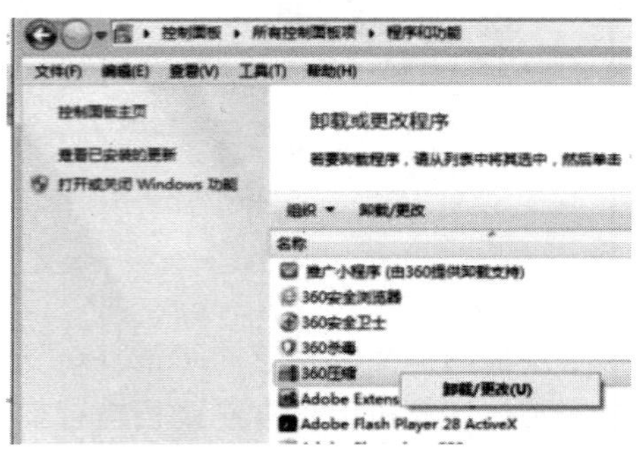

图 3-81　右键删除程序

下面以360压缩程序为例，选择“我要直接卸载360压缩”单选按钮，单击“立即卸载”按钮（见图3-82），当出现“完成”界面（见图3-83），表示已经卸载成功。

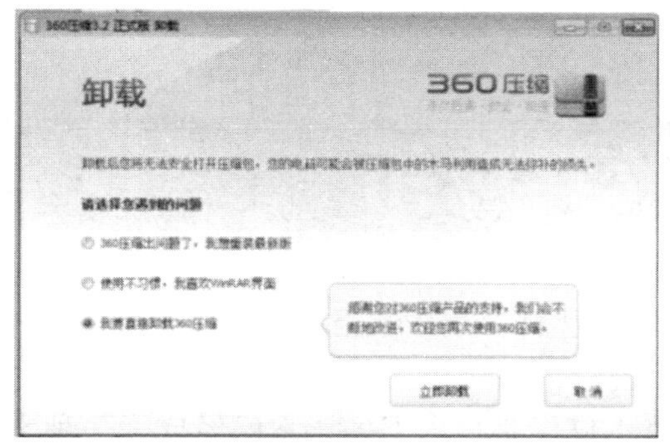

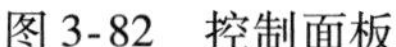
图3-82　控制面板

图3-83　程序删除完成

本章小结

本章主要介绍计算机的使用基础、Windows操作系统应用基础。首先以Windows 7为例，介绍Windows 7桌面组成以及基本设置操作；然后介绍常用应用软件的基本操作。通过本章学习，可以使读者尽快熟悉和掌握常用软件的基本使用方法。

习　　题

1. 结合自己的专业，谈谈你对软件的认识。
2. 结合自己的专业，对于一台刚买回来的计算机，想想需要安装哪些软件。

第 4 章 计算机网络及其应用

信息技术革命从根本上改变了人类的学习、工作、生活、娱乐甚至思维方式，因特网则是这场革命的核心力量。今天，因特网已经覆盖了全世界的每个角落，其联网对象从传统的计算机扩展到了现实世界中的各种物体，其影响也不仅仅是技术上的，它已经成了一种文化、一种思维。影响如此巨大的网络最初也仅仅连接了几台计算机，其基本组成单元则是一个个相对独立的局域网络。计算机网络为什么会有如此巨大的影响？它究竟是什么？又是怎么样演变为覆盖全球的网络？

在当今高度信息化的社会中，网络安全问题正面临着严峻的挑战，各种病毒和木马层出不穷，每一个计算机用户可能面临着各式各样影响其系统安全或稳定的问题。然而，这些问题也许不会直接造成物质上的伤害，但一样会带来巨大的经济与社会损失。

本章将重点介绍计算机网络的基础知识、网络安全的基础知识。学习本章应了解网络基本概念和网络体系结构的基础，理解网络安全的基本概念和常用技术。重点掌握简单局域网的组建、Internet 的接入方式、IE 浏览器的设置与使用、Internet 提供的基本服务的应用。

4.1 计算机网络基础

4.1.1 计算机网络及其功能

1. 计算机网络的产生和发展

20 世纪 60 年代第一个远程分组交换网 ARPANET 在美国问世，20 世纪 70 年代中期出现了局域网，80 年代局域网得到快速发展。进入 90 年代，Internet 热潮席卷全球。计算机网络的发展经历了从简单到复杂、由终端与计算机之间的通信到计算机之间的通信的演变过程。它的形成和发展大致分为四个阶段：面向终端的计算机通信网络、计算机到计算机的网络、开放式的标准化计算机网络和综合性智能化宽带高速网络。计算机网络是以资源共享为目的的多计算机系统，它将若干地理位置不同的并具有独立功能的计算机系统及其他智能外设通过高速通信线路连接起来，在网络软件的支持下实现资源共享和信息交换的系统。进入 20 世纪 90 年代，计算机网络的规模和应用技术发展非常迅速，一些传统的模拟传输改为数字传输，宽带网迅速发展。网络的访问、服务、管理、安全和保密进一步改善，网络的可靠性和可用性进一步提高，网络的服务功能不断拓宽，能同时传输数据、音频、图形、图像和文字的综合业务数字网迅速发展。计算机网络越来越大地影响着社会经济的发展，成为未来社会发展的重要保障。

2. 计算机网络的定义

从计算机网络的产生和发展来看，无论是简单网络还是复杂网络，其目的都是为了实现数据传输、资源共享和协同工作。因此，可以对计算机网络定义如下：将地理位置不同的多台功能独立的计算机，通过通信设备和传输线路连接起来，并由功能完善的网络软件（网络操作系统、通信协议等）管理，以实现数据传输、资源共享和协同工作的计算机复合系统称为计算机网络。从这个简单定义来看，计算机网络具有以下特点：①计算机网络中的各计算机具有相对独立性；②计算机网络中的各计算机之间能直接进行数据交换；③易于进行分布式处理和协同工作。

3. 计算机网络的功能

目前，计算机网络提供的主要功能有以下三个。

（1）资源共享

1）硬件资源的共享。共享其他计算机的硬件设备，如大容量硬盘、高速打印机、绘图仪、扫描仪等。

2）软件资源的共享。通过远程登录使用网络上其他计算机的软件；通过网络服务器使用一些公用的软件；通过网络下载使用网络上的一些公用程序等。

3）数据信息资源的共享。网络上各计算机上的数据库和文件中的大量信息资源，如科技动态、医药信息、股票行情、图书资料、新闻、政府法令、人才需求信息等，可以被网上用户查询和利用。

（2）数据通信

计算机网络可以高速地在计算机之间和计算机用户之间传送信息，并根据需要对信息进行分散或集中处理。

（3）分布式协同处理

对于较大的综合性问题，用户可以将任务分散到网络上的多台计算机进行分布式协同处理。

4. 计算机网络的基本组成

计算机网络由计算机系统、通信系统和网络软件组成。从逻辑上，可以将计算机网络分为资源子网和通信子网。图4-1所示为计算机网络系统的逻辑结构。

（1）资源子网

资源子网由提供资源的主机系统、请求资源的用户终端、连接通信子网的接口设备以及软件资源、硬件资源和数据资源等组成。资源子网提供访问网络和处理数据的能力。

（2）通信子网

通信子网由节点路由器、交换机、通信线路和其他通信设备组成，主要完成数据的传输、交换和通信控制。

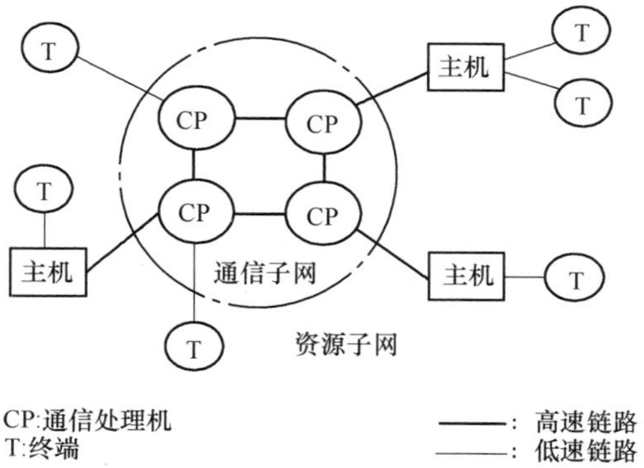

CP:通信处理机
T:终端
——: 高速链路
——: 低速链路

图4-1　计算机网络逻辑结构示意

4.1.2　计算机网络的分类

计算机网络的分类标准多种多样，分类标准不同得到的计算机网络类型也不同。按数据交换方式可分为电路交换、报文交换和分组交换；按网络拓扑结构可分为总线型网络、星形网络、环形网络和树形网络；按分布距离可分为局域网、城域网和广域网。

1. 局域网

局域网（LAN）是在小范围内部署的计算机网络，一般属于一个单位或部门组建的网络。其特点是传输速率高，误码率低，易于安装、组建和维护，适应于单位或部门的办公自动化和数据处理。但局域网传输距离有限，接入的站点数目有限。局域网的种类繁多，主要类型有粗缆以太网（10BASE5）、细缆以太网（10BASE2）、双绞线以太网（10BASET）和高速局域网等。

（1）局域网拓扑结构

网络拓扑结构是指计算机网络中各节点的连接形式，将计算机网络中各节点抽象为点，通信线路抽象为线，将点、线连接而成的几何图形称为网络拓扑结构。网络拓扑结构的设计是网络设计中的重要步骤，它直接关系到网络的性能、系统可靠性及投资费用等。常见的典型网络拓扑有总线型、星形、环形和树形结构等，如图 4-2 ~ 图 4-5 所示。

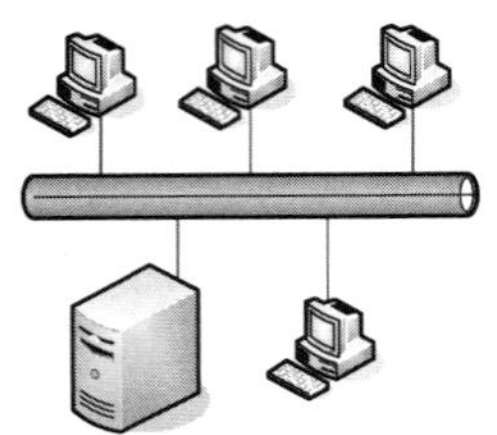

图 4-2　总线型拓扑结构

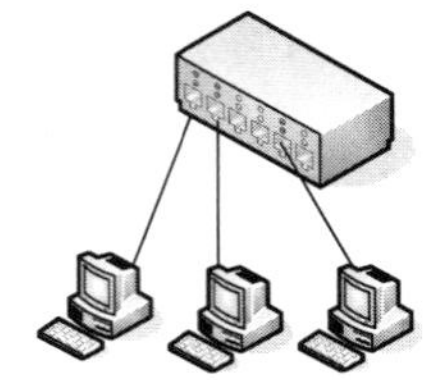

图 4-3　星形拓扑结构

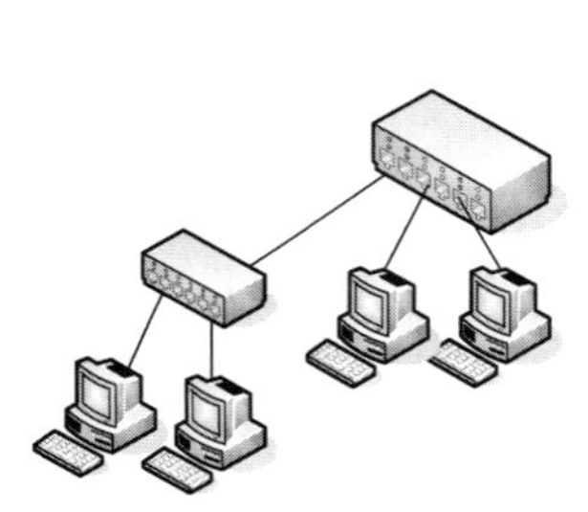

图 4-4　树形拓扑结构

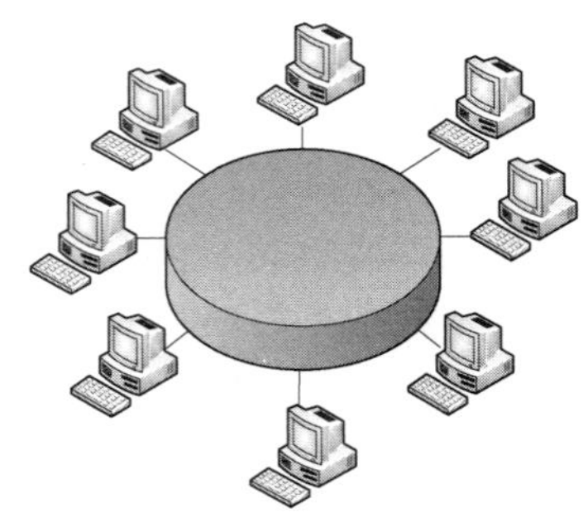

图 4-5　环形拓扑结构

（2）常见局域网标准及主要参数

由于局域网的种类繁多，其组网方法也各不相同，因此，本章对常见局域网的标准和一些主要技术参数进行总结，以便在实际组网中参考，见表 4-1。

表 4-1　常见局域网标准及主要参数

以太网标准	传输介质	物理拓扑结构	区段最多工作站（个）	最大区段长度/m	标准接头	速度/(Mbit/s)	应用
10BASE5	50 粗同轴电缆	总线型	100	500	AUI	10	局域网
10BASE2	50 细同轴电缆	总线型	30	185	BNC	10	局域网

（续）

以太网标准	传输介质	物理拓扑结构	区段最多工作站（个）	最大区段长度/m	标准接头	速度/(Mbit/s)	应用
10BASET	3 类双绞线	星形	1	100	RJ-45	10	桌面
100BASETX	5 类双绞线	星形	1	100	RJ-45	100	桌面
100BASET4	3 类双绞线	星形	1	100	RJ-45	100	桌面
100BASEFX	2 芯多模或单模光纤	星形	1	400 ~ 2000	MIC、ST、SC	100	桌面
1000BASET	5 类双绞线	星形	1	100	RJ-45	1000	桌面、局域网、主干网
1000BASESX	2 芯多模光纤	星形	1	260 或 525	MIC、ST、SC	1000	桌面、局域网、主干网

2. 城域网

城域网（MAN）是一种大范围的高速网络，通常采用类似于局域网的技术，作用范围在广域网和局域网之间，覆盖范围在几十千米到几百千米。随着局域网的广泛应用，需要将一个城市内的局域网互联起来，从而形成较大规模的城市范围内的网络。

3. 广域网

广域网（WAN）是跨越几个区域的大型网络，通常包含一个省、国家乃至全球范围的计算机网络。广域网由通信子网和资源子网组成。通信子网属于电信部门，资源子网归属大型单位所有。

4.1.3 计算机网络的体系结构

1. 网络协议

在计算机网络中，为了使不同类型的计算机系统间能正确地通信和进行数据交换，针对通信过程中的各种问题，制定了通信双方必须共同遵守的规则、标准和约定。例如，通信过程中的同步方式、数据格式、编码方式等。这些规则、标准和约定称为网络系统的通信协议。

通信协议具有层次性。为了减少协议设计的复杂性，大多数网络都按层的方式来组织，各层之间是独立的，某一层并不需要知道它的下一层是如何实现的，只需要知道它的下层接口所提供的服务，这种设计使得整个问题的复杂程度下降，灵活性好。当任何一层发生变化时（如由于技术的变化），只要层间接口关系保持不变，则在这层以上或以下的各层均不受影响，各层都可以采用最合适的技术来实现。它也易于维护，因为整个系统已被分解为若干个相对独立的子系统。它也能促进标准化工作，因为每一层的功能及其所提供的服务都已有了通信协议。

2. 计算机网络体系结构

网络体系结构是指计算机网络的各层及其协议的集合。它从功能上描述计算机网络的结构，是对计算机网络通信所要完成的功能的精确定义。目前最著名的网络体系结构有国际标准化组织（ISO）提出的开放系统互连（Open System Interconnection，OSI）参考模型和 Internet 中使用的 TCP/IP（Transfer Control Protocol/Internet Protocol）。

3. OSI 体系结构与 TCP/IP 体系结构

国际标准化组织（ISO）提出的开放系统互联 OSI/M 参考模型将所有互联的开放系统划分为功能上相对独立的 7 层，其体系结构既复杂又不实用，但其概念清晰。由于 Internet 已经得到了全世界的承认，其采用的 TCP/IP 已经成为事实上的国际标准。下面对 OSI/M 和 TCP/IP 的功能层次进行对比。

开放系统互连参考模型将网络分为 7 层，其各层的主要功能如下。

第 7 层：应用层。为用户的应用进程提供服务。

第 6 层：表示层。主要进行数据格式的转换。

第 5 层：会话层。在两个相互通信的进程之间建立会话连接，并组织和协商双方的对话。

第 4 层：传输层。端到端透明地传送报文。

第 3 层：网络层。分组传送、路由选择和流量控制。

第 2 层：数据链路层。在两个相邻节点的链路上无差错地传送数据帧。

第 1 层：物理层。在物理介质上透明地传送比特流。

TCP/IP 体系结构将网络分为 4 层，分别是应用层、传输层、网际层和网络接口层。其各层间的功能对应见表 4-2。

表 4-2　OSI 体系结构与 TCP/IP 体系结构的层次功能对应

OSI 体系结构	TCP/IP 体系结构
应用层	应用层（各种应用层协议，如 FTP、Telnet、SMTP 等）
表示层	
会话层	
传输层	传输层（TCP、UDP）
网络层	网际层（IP）
数据链路层	网络接口层
物理层	

4.1.4　常用网络设备

常用的网络设备有网卡、集线器、交换机、路由器、调制解调器、打印服务器和光纤设备等。由于各种设备的功能和作用不同，下面参考 OSI 七层模型分层次介绍各种常用网络设备的功能和作用。

1. 工作在物理层的网络设备

（1）中继器

中继器的功能是对通过物理传输介质受到干扰或衰减的信号进行再生和放大。其主要作用是延长网络的传输距离，因为不同的传输介质其传输的最大距离不同，如同轴电缆的最大传输距离是 500m，双绞线的传输距离是 100m，为了延长网络的传输距离，就需要安装中继器。

（2）集线器

集线器的工作原理与中继器基本相同，其实质上是一种多端口的中继器。二者的主要区别是，中继器一般只有两个端口：一个数据输入端口，一个放大转发端口；而集线器有多个端口，数据到达一个端口后被转发到其他端口。利用集线器可以组建物理上为星形结构逻辑上为总线型结构的网络。在使用中继器和集线器组网时，要遵循“5-4-3”规则。

（3）调制解调器

调制解调器工作在物理层，其主要功能是实现计算机和电话线之间的数-模转换。计算机内的信息是由“0”和“1”组成数字信号，而在电话线上传递的只能是模拟信号。当两台计算机要通过电话线进行数据传输时，就需要一个设备负责数-模转换，这个设备就是调制解调器。目前比较流行的个人计算机接入设备就是非对称数字用户线（ADSL）调制解调器。

2. 工作在数据链路层的网络设备

（1）网卡

网卡又称网络适配器，是网络通信的主要部件。它的质量的好坏直接影响到网络的性能。网卡的基本功能是提供与站点主机的接口电路、数据缓存的管理、数据链路的管理、编码和译码工作以及网络信息的收发工作。网卡主要工作在OSI七层参考模型的第二层（数据链路层）。网卡的种类很多，在网卡选购中要特别注意两个技术指标：通信速率和接口类型。

（2）网桥

网桥是一种基于MAC地址过滤、存储和转发数据帧的网络设备。它具有自主学习功能，当一个节点传送的数据通过网桥时，如果它的MAC地址不在交换表中，网桥通过自主学习记录节点的MAC地址和对应端口号，从而建立一张完整的转发表。网桥可以实现网络分段，改善网络性能，提高网络系统的安全性和保密性。随着网络技术的发展，网桥已经逐渐被交换机所取代。

（3）交换机

传统的交换机工作在数据链路层（OSI模型的第二层），目前也有交换机可以工作在网络层（OSI模型的第三层）。交换机的种类很多，有普通的以太网交换机、路由交换机、FDDI交换机和ATM交换机等。以太网交换机具有集线器的所有特性，它还具有自动寻址、交换和处理数据等功能。以太网交换机和集线器的最大不同在于集线器是按广播模式进行工作的，而交换机在工作时，只在发出请求的端口和目的端口之间进行通信，这样可以减少信号在网络上发生冲突的机会，从而改善网络性能，提高网络带宽。随着以太网交换机价格的降低和用户对网络性能的要求不断提高，以太网交换机已经逐渐取代集线器成为组建局域网的主流产品。

3. 工作在网络层的网络设备

路由器是网络互联的核心设备，在进行网间互联时，一般要通过路由器进行接入。路由器主要完成数据包的选路和存储转发工作。

4. 工作在高层的网络设备

这里的“高层”是指传输层以上各层。工作在高层的代表设备是网关，网关工作在OSI参考模型的高三层，即会话层、表示层和应用层。它的主要功能是实现不同网络传输协议的翻译和转换，因此又叫网间协议转换器。

4.2 Internet 基础及应用

4.2.1 Internet 概述

Internet 是通过网络互联设备把多个不同的网络或网络群体互联起来形成的世界范围内的计算机网络。Internet 是在美国国防部 1969 年研制成功的 ARPANET 网的基础上发展起来的。随着局域网和广域网的迅速发展，人们希望在更大范围内互通信息、共享资源，从而将自己的计算机连接到 ARPANET 网上，由此推动了 Internet 的迅速发展。Internet 分布于全球 100 多个国家和地区，除非洲中北部外，绝大部分国家和地区都已连入 Internet。1987 年9 月 20 日，钱天白教授发出我国第一封电子邮件——“越过长城，通向世界”，揭开了中国人使用 Internet 的序幕。钱天白教授发出的这封电子邮件是通过意大利公用分组网 ITAPAC 设在北京的 PAD 机，经由意大利 ITAPAC 和德国 DATEX P 分组网，实现了和德国卡尔斯鲁厄大学的连接，通信速率最初为 300bit/s。1989 年中国利用世界银行贷款，由北京大学、清华大学和中国科学院的三个子网互联构成了北京中关村地区的计算机网络，1994 年 5 月它作为我国第一个互联网与 Internet 联通，我国成为第 81 个国家级 Internet 成员。

目前，我国已建成中国电信、中国联通、中国移动、中国教育和科研计算机网、中国科技网几大主要骨干网络（见中国互联网络信息中心 2017 年《中国互联网络发展状况统计报告》）。

中国教育和科研计算机网（CERNET）是由国家投资建设，教育部负责管理，面向教育和科研单位的全国最大的互联网络。CERNET 分四级管理，分别是全国网络中心、地区网络中心和地区主节点、省教育科研网、校园网。CERNET 全国网络中心设在清华大学，负责全国主干网的运行管理。地区网络中心和地区主节点分别设在清华大学、北京大学、北京邮电大学、上海交通大学、西安交通大学、华中科技大学、华南理工大学、电子科技大学、东南大学、东北大学 10 所高校，负责地区网的运行管理和规划建设。省级节点设在 36 个城市的 38 所大学，分布于全国除台湾省外的所有省、市、自治区。

CERNET 主干网的传输速率已达到 2.5Gbit/s，已经有 28 条国际和地区性信道，国际出口总带宽达 258Mbit/s。CERNET 建成了总容量达 800GB 的全世界主要大学和著名国际学术组织的 10 个信息资源镜像系统和 12 个重点学科的资源镜像系统。其中，有一批国内知名的学术网站，还建成了系统容量为 150 万页的中英文检索系统和涵盖 100 万个文件的文件检索系统。

中国科技网（CSTNET）是在北京中关村地区教育与科研示范网（NCFC）和中国科学院网（CASNET）的基础上建设和发展起来的覆盖全国范围的大型计算机网络。CSTNET 主要为科技界、科技管理部门、政府部门和高新技术企业服务，信息资源有科学数据库、中国科普博览、科技成果、科技管理、技术资料、农业资源和文献情报等。

中国公用计算机互联网（ChinaNET）是由邮电部门经营管理的中国公用计算机互联网，ChinaNET 由骨干网、接入网组成，并设立全国网管中心和各接入网网管中心。骨干网由直辖市和各省会城市的网络节点构成，接入网是由各省（自治区）内建设的网络节点形成的网络。ChinaNET 除提供现有的 Internet 全部功能外，已经实现全国范围的用户漫游，使得 ChinaNET 用户可以在任何省份通过 ChinaNET 在当地的节点上网使用网络资源。

4.2.2 IP 地址和域名

1. TCP/IP

TCP/IP 即传输控制协议/网际协议，是 Internet 的基础协议，它提供了异种网络系统之间的连接技术。使用 TCP/IP 可以将完全不同类型的计算机和使用不同操作系统的计算机网络系统方便地互联起来，从而实现世界范围内的网络互联。在配置 TCP/IP 时，有 4 个重要的参数需要设置，如图 4-6 所示。这 4 个参数分别是 IP 地址、子网掩码、默认网关和 DNS 服务器。

2. IP 地址

基于 IPv4 的 IP 地址由 32 位二进制数组成，每 8 位为一段。为了方便记忆，将每段二进制数转换为对应的十进制数，这样每个 IP 地址由四部分十进制数组成，相邻部分间用“.”号分隔，这就是所谓的“点分十进制”表示，如 202.103.46.213。

（1）IP 地址的结构

IP 地址的结构如图 4-7 所示。每个 IP 地址由两部分组成，即网络地址和主机地址。网络地址也称为网络编号或网络 ID，网络地址用于标示计算机所处的网络；主机地址又称为主机编号或主机 ID，主机地址用于标示网络中的主机，同一网络中的主机，其网络地址是相同的，但主机地址不同。

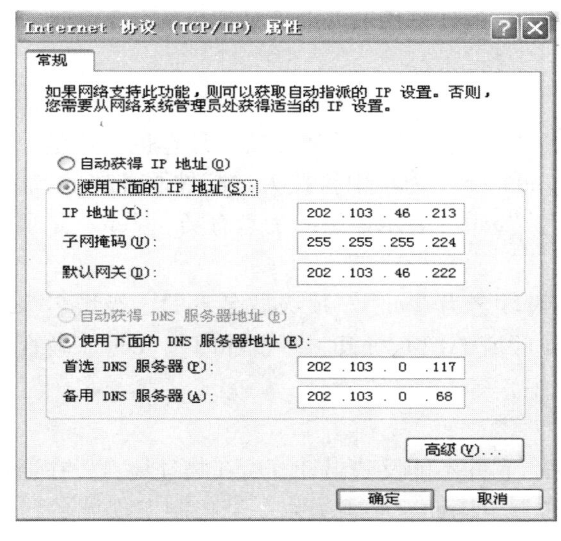

图 4-6 TCP/IP 属性设置窗口

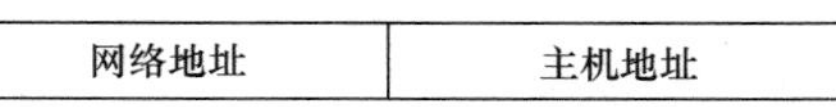

图 4-7 TCP/IP 网络中 IP 地址的结构

（2）IP 地址的分类

TCP/IP 网络的 IP 地址分为 A、B、C、D、E 五类。IP 地址的类型定义了网络地址的位数和主机地址的位数，同时也定义了每类网络包含的网络数目和每类网络中可能包含的主机数目。在配置和使用 IP 地址时应注意 IP 地址必须是唯一的，不能用全“1”和全“0”作为网络地址和主机地址。表 4-3 显示了 A、B、C 三类 IP 地址的取值范围。

表 4-3 A、B、C 三类 IP 地址的取值范围

地址类型	二进制网络地址范围	十进制网络地址范围	网络个数	主机个数
A	00000001 ~ 01111110	1 ~ 126	126	1700 多万个
B	1000000000000000 ~ 1011111111111111	128. 0 ~ 191. 255	16384	65000
C	110000000000000000000000 ~ 110111111111111111111111	192. 0. 0 ~ 223. 255. 255	200 多万个	254

3. 子网掩码

为了区分主机的网络地址和主机地址，在配置 TCP/IP 时要设置子网掩码。利用子网掩码还可以将一个网络分为多个子网，从而达到节约 IP 地址的目的。不同类型的网络使用的子网掩码也不同，如 A 类网络的子网掩码是“255. 0. 0. 0”，B 类网络的子网掩码是“255. 255. 0. 0”，C 类网络的子网掩码是“255. 255. 255. 0”。设置子网掩码的规则是，将与网络地址部分对应的二进制位设置成“1”，与主机地址部分对应的二进制位设置成“0”。

4. 默认网关

默认网关是通向远程网络的接口。为了和远程网络上的目的主机进行通信，本地网络必须有一个接口，该接口可以将发送到远程网络的数据包发送出去，也可以将发往本地网络的数据包接收进来，这个接口称为默认网关或路由器。如果在配置 TCP/IP 时没有配置默认网关，则该主机只能在本地网络范围内进行通信。

5. 域名系统

IP 地址的二进制表示和点分十进制表示很难记忆，为了便于记忆主机的 IP 地址，Internet 采用了域名系统（DNS）。域名就是为每台上网的计算机取一个容易记忆的名字，这个名字和 IP 地址一一对应，域名具有唯一性。

（1）域名的结构

域名由若干个分量组成，各分量之间也用“.”号隔开，具体形式：计算机名 . 组织名 . 组织类型名 . 顶级域名。例如，“smail. hust. edu. cn”为华中科技大学邮件服务器的域名，其中“smail”为主机名，“hust”表示组织名，“edu”表示该组织为教育类，“cn”是顶级域名，表示中国。

顶级域名由 Internet 统一管理，我国的顶级域名为“cn”。顶级域名下的二级域名为组织域名，组织域名有 com（商业机构）、gov（政府部门）、mil（军事部门）、edu（教育机构）、net（国际服务机构）、org（非营业性组织）等。

（2）域名解析

域名是一个逻辑名称，一般为了方便记忆，它并不能反映出计算所在物理地点，在通信过程中，还是要通过 IP 地址来识别计算机的位置。因此，必须提供一套机制实现域名到 IP 地址的转换。实现域名到 IP 地址转换的计算机称为域名服务器，实现域名到 IP 地址转换的过程称为域名解析。域名解析的过程如下：当一个应用进程需要将域名转换为 IP 地址时，该进程就会向本地域名服务器发送请求报文，本地域名服务器在找到域名对应的 IP 地址后，将 IP 地址放到应答报文中返回，应用进程获得目的主机的 IP 地址后就可以通信了。

4.2.3 Internet 接入方法

主机接入 Internet 的方式有很多，主要方式有拨号接入、局域网接入、宽带接入和 DDN

专线接入等。下面主要介绍拨号接入、局域网接入和宽带接入三种常用接入方式。

1. 拨号接入

拨号接入主要用于家庭用户接入 Internet。在采用拨号接入时，首先要购买调制解调器（Modem），然后要选择 ISP（Internet 服务商）。通过 Modem 拨通 ISP 的远程服务器，远程服务器监听到用户请求后，提示用户输入用户名和密码，然后检查输入的用户名和密码是否合法。检查通过后，如果用户选用的是动态 IP 地址，服务器就会从未分配的 IP 地址中选择一个分配给用户的本地主机，这时用户的计算机就可以接入到 Internet 了。拨号上网的配置过程如下。

（1）硬件连接

根据 Modem 的接口类型，将 Modem 连接到计算机上。如果购买的是内置 Modem，要将 Modem 安装在计算机的 PCI 插槽上；如果购买的是外置 Modem，则通过 COM 端口连接到计算机上，然后把电话线连接到 Modem 的 Line 接口上。计算机启动后会发现新硬件，这时可以安装 Modem 的驱动程序。

（2）软件设置

安装好 Modem 驱动程序后，要进行网络连接设置。在 Windows 7 中进行网络连接设置的具体步骤如下：

1）右键单击桌面“网络”图标，在弹出的快捷菜单中选择“属性”命令，打开“网络和共享中心”窗口，单击“设置新的连接或网络”命令，在弹出的对话框中选择“设置拨号连接”，单击“下一步”按钮，打开“创建拨号连接”对话框（此时要确保 Modem 已经打开，否则 Windows 无法检测到）。

2）单击“仍然设置连接”，在弹出的对话框中，依次输入“拨打电话号码”“用户名”“密码”和“连接名称”，输入完成后，单击“创建”按钮。

3）在“网络和共享中心”中单击左侧菜单项“更改适配器设置”命令，在弹出的“网络连接”窗口中，会出现一个“拨号连接”的图标，双击该图标，输入用户名和密码，单击“连接”按钮就可以拨号上网了。

2. 局域网接入

通过局域网接入方式可将公司或部门的多台计算机同时接入 Internet。在 Windows 7 操作系统和网卡正确安装的情况下，下面介绍如何设置 TCP/IP 的属性。

1）鼠标右键单击“网络”图标，选择“属性”选项，在弹出的“网络和共享中心”窗口单击“更改适配器设置”，打开“网络连接”窗口，单击“本地连接”图标，选择“属性”选项，弹出如图 4-8 所示对话框。

2）双击“Internet 协议版本 4（TCP/IPv4）”选项，打开“Internet 协议版本 4（TCP/IPv4）属性”对话框，然后设置主机的 IP 地址、子网掩码、默认网关和 DNS 服务器，如图 4-9所示。

3. 宽带接入

宽带接入方式是近年来发展特别快的一种 Internet 接入方式。其中，非对称数字用户线（Asymmetric Digital Subscriber Line，ADSL）接入是宽带接入的一种主要形式。ADSL 可直接利用用户的电话线接入，适合于集中或分散的用户。

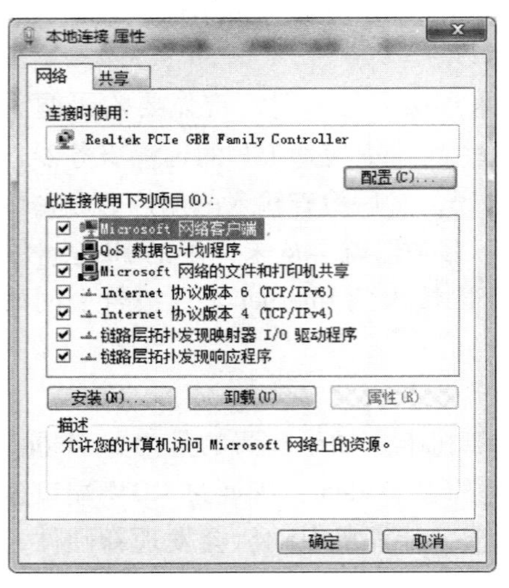

图 4-8　本地连接属性对话框

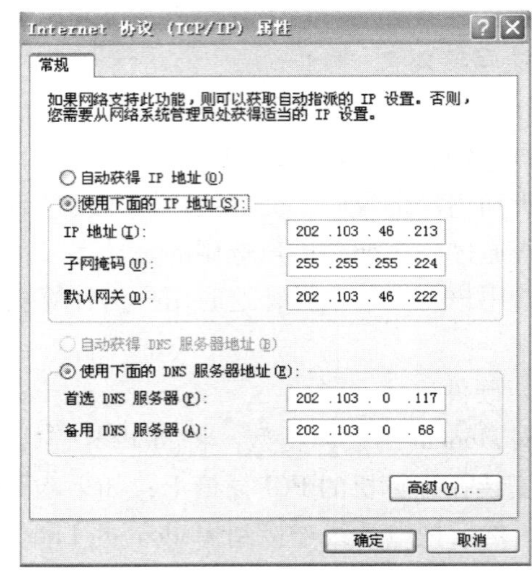

图 4-9　“Internet 协议版本 4（TCP/IPv4）属性”对话框

ADSL 采用数字传输和数字交换技术，其上行传输速度可达 512Kbit/s，下行传输速度可达 8Mbit/s，可用于视频业务和高速 Internet 的接入。使用 ADSL 专用 Modem 上网的同时可以打电话，互不影响，上网时不需要另交电话费。

安装 ADSL 时需向电信部门报装，申请成功后，电信部门派工程师上门安装设备。当工程师调试好 ADSL 设备后，安装好拨号软件就可以上网了。

除了 ADSL 接入外，还有“视讯宽带”和“长城宽带”等宽带接入方式在我国发展也很快，这里就不再一一介绍了。

4.2.4　IE 的设置与使用

在 WWW 服务器上检索信息时使用的客户端程序就是浏览器。目前市场上的浏览器种类很多，最常见的有微软的 Internet Explorer（IE）、网景公司的 Navigator 和 360 安全浏览器等。下面以 IE 10.0 为例介绍浏览器的设置和使用。

1. IE 的基本界面

图 4-10 显示的是 IE 10.0 的基本窗口。

IE 10.0 的基本窗口包括如下几个部分。

1）标题栏：显示当前打开的网页标题。

2）地址栏：显示当前 Web 页的 URL，也可以在文本框中输入 URL 访问 WWW 的页面。

3）菜单栏：包含控制和操作 IE 10.0 的命令，主要包括“文件”“编辑”“查看”

图 4-10　IE 10.0 基本窗口

"收藏夹""工具""帮助"菜单。

4）工具栏：包含一些常用的命令，用户可以单击工具栏上的按钮就可以方便地使用这些命令。

5）浏览区：显示所查站点的页面内容。

6）状态栏：显示系统所处的状态。

在 IE 10.0 的工具栏中用图标按钮代替一些常用的菜单命令，这些按钮的功能见表 4-4。

表 4-4 部分工具按钮的功能

按钮	功能
	转到前一个浏览过的页面
	转到后一个浏览过的页面
	刷新页面
	关闭页面
	提供搜索服务
	转到用户设置的主页
页面(P) ▾	对当前页面进行操作
安全(S) ▾	安全操作，如删除浏览的历史记录、隐私策略等
	调用 Microsoft Outlook Express
	打印当前页面

2. IE 的使用

(1) 启动 IE

双击桌面上的 IE 图标，或者单击任务栏中的 IE 图标，就可以启动 IE。

(2) 登录到指定站点

如果需要登录到某一指定网站，而且已经知道网站的域名或 IP 地址，在网络已经连接的情况下，可以直接在 IE 工作窗口的地址栏输入该网站的域名或 IP 地址，按〈Enter〉键确定后就可以登录到该网站。例如，要登录搜狐网网站，可以直接在地址栏中输入 www.sohu.com，或者输入 http://www.sohu.com/。

如果要登录 FTP 服务器，如要登录清华大学的 FTP 服务器，则只能输入 ftp://ftp.tsinghua.edu.cn，域名前面的协议名 ftp 不能省略。

(3) 保存网页上的文字信息

在浏览网页过程中，有时希望将网页上的某一段文字保存到本地计算机上。常用的方法是用鼠标指向这段文字的起点处，接着在网页上拖动鼠标，鼠标拖动过的区域将会反色显示。当所需信息被包括到所选区域中，用鼠标单击 IE 窗口顶部的菜单"编辑"→"复制"命令，把选中的文字送到剪贴板中。然后打开记事本或文字处理工具 Word，使用其菜单“编辑”→“粘贴”，就可以把信息粘贴到记事本或 Word 中。

如果需要保存整个网页，则可以利用系统提供的文件保存功能。最常见的方法是登录某个网站后，如果希望保存当前网页，则单击 IE 系统菜单“文件”→“另存为”命令，随后系统弹出“保存网页”对话框。

在“保存网页”对话框中，输入要保存网页的文件名称，并在“保存类型”栏目选择以什么样的类型来保存网页。

在保存类型中，有四个选项，其名称和含义如下：

1）“网页，全部”：其含义是把当前网页全部以网页形式保存下来。

2）“Web 档案，单一文件”：其含义是把当前网页存储为 Web 档案形式，它也能把网页全部内容保存下来。这种形式下，IE 把网页的所有内容压缩到一个单一的、扩展名为“. mht”的文件中。

3）“网页，仅 HTML”：其含义是仅存储当前网页的 HTML 代码。在存储文件夹中生成一个单独的 HTML 文件，以浏览器打开该文件会发现，文件仍能作为网页展示，但其中的图片等信息都显示为红色的小叉号。

4）“文本文件”：其含义是把当前网页保存为一个纯文本文件。采用这种方式保存网页，仅保存网页中的文字信息，HTML 代码和多媒体信息全部丢弃。因此这种方式保存的文件最小，信息也最少。

（4）查看网页源文件

在浏览网页的过程中，有时需要查看网页的源代码，即查看其 HTML 代码。常用的方法有如下两种。

1）使用系统菜单，单击“查看”→“查看源文件”命令。

2）鼠标右键单击网页上的某一空白区，在弹出的快捷菜单中选择“查看源文件”命令。

执行上述操作后，系统将把当前页面所使用的 HTML 代码显示在打开的记事本中。

比较上面的两个方法，在当前页面没有使用框架，页面由一个 HTML 文档组成的情况下，两种方法的功能相同。如果当前页面使用了框架，当前页面由多个 HTML 文档组成，则方法 1）显示的是框架文件的源代码，方法 2）显示的是鼠标右键单击位置对应的 HTML 文档的源代码。

本功能常被用于学习别人网页设计上的技巧，有时也被用在一个禁止复制和存储的页面上实现页面内容的本地存储。

（5）使用个人收藏夹

1）把当前页面的 URL 添加到个人收藏夹。在浏览网页过程中，如果对某一站点感兴趣，希望下次能够快速登录这个站点。那么可以把这个站点添加到“个人收藏夹”中。具体的操作步骤：当 IE 浏览器正在显示当前网页时，单击 IE 系统菜单“收藏”→“添加到收藏夹”命令。

用户可以给这个页面命名成自己容易理解的名称，然后单击“确定”按钮就把这个站点添加到“个人收藏夹”了。

2）使用个人收藏夹快速登录网站。打开 IE 浏览器后，如果想登录已经存储在收藏夹中的网站，直接单击 IE 浏览器的系统菜单“收藏”，在收藏的下拉式菜单中单击需要登录的站点名称就可以了。

3）整理“个人收藏夹”。随着对 Internet 的频繁使用，个人收藏夹中的内容越来越多。为了管理收藏夹中的这些项目，系统提供了整理个人收藏夹的功能。其具体操作：单击 IE 系统菜单“收藏”→“整理收藏夹”命令。

利用整理收藏夹对话框可以实现对个人收藏夹的管理，甚至可以利用收藏夹中的文件夹实现信息的分层、分级管理。

3. IE 的设置

(1) 主页设置

主页是指启动浏览器时自动连接显示的页面。用户可以将常用的页面设置为主页，也可以同时创建多个主页。设置主页的步骤如下：

1）鼠标右键单击 IE 图标，选择“属性”选项，打开“Internet 属性”对话框，如图 4-11 所示。

2）在地址栏中输入用户主页面的 URL 地址，单击“确定”或“应用”按钮，然后重启 IE，就可以连接到自己设置的页面了。

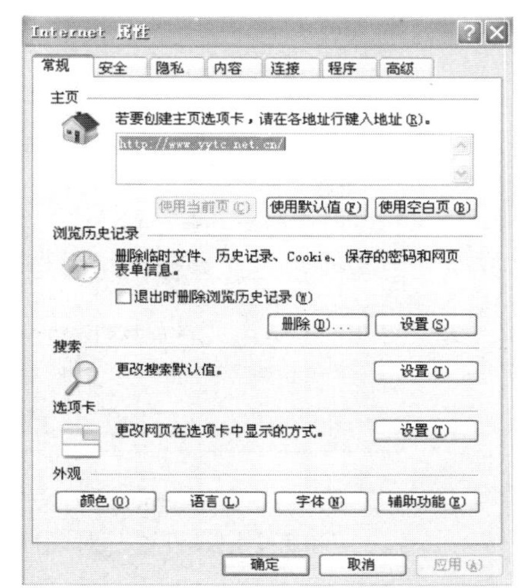

图 4-11 “Internet 属性”对话框

(2) 设置临时文件和历史记录

为提高浏览速度，降低网络负担，在访问远程服务器上的页面时都会自动把页面的内容保存在本地的特定位置，同时在地址栏中保留网站的 URL 信息。当用户下次需要访问同一页面时可通过地址栏的历史记录快速登录网站并检测远程服务器上的页面是否被更新，如果远程服务器上的页面没有更新，则不再传送整个页面信息，而是直接显示上次访问时保留在本地磁盘上的内容。

上述方法确实使 IE 性能有了很大提高并减轻了网络传输负担。但随着频繁使用 Internet 上的不同资源，会造成 IE 保存的临时文件太多，造成磁盘空间的浪费和网络性能的下降。为此，IE 提供了临时文件管理和历史记录管理功能。

在“Internet 属性”对话框（见图 4-11）的“常规”选项卡中，第二个选项组是临时文件，可以利用“删除”按钮删除浏览过程中在本地计算机上建立的 Cookie、临时文件、历史记录等。单击“设置”按钮打开如图 4-12 所示的“Internet 临时文件和历史记录设置”对话框，设置 IE 的临时文件存放的位置和可以使用的存储空间的大小。还可以通过“Internet 临时文件和历史记录设置”对话框中的“查看文件”按钮查看 IE 的临时文件到底有哪些，通过“Internet 临时文件和历史记录设置”对话框中的“查看对象”按钮查看 IE 浏览器下载和安装了哪些对象。

(3) 设置 IE 的安全级别

随着 IE 的发展，为了达到某种特殊效果，有些网站在自己的网页中使用了各种各样的程序代码，这些代码能够协助网站实现一些特定的功能。当用户访问这些网站时，这些网站上的特殊程序代码就会在用户的浏览器上运行，实现一些如保存信息、修改文件、以特殊效果显示页面的特殊功能。目前，使用比较多的技术有 ActiveX 控件、Java 小程序等。

当这些技术被某些不怀好意的人利用时，就会出现安全问题。一些人利用这些技术建立网站，在网页中包含特殊木马等代码，使访问这种网站的用户的 IE 被强行修改、数据被强行删除、甚至留下木马程序盗窃用户的个人资料。为了避免恶意网页对 IE 的修改，同时也为了保证用户使用正常网页的 ActiveX 功能或 Java 小程序，IE 提供了“安全”选项卡，如图 4-13 所示。

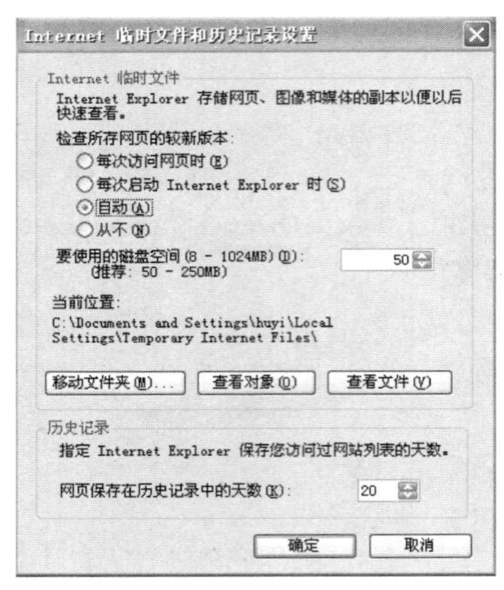

图 4-12 “Internet 临时文件和历史记录设置”对话框

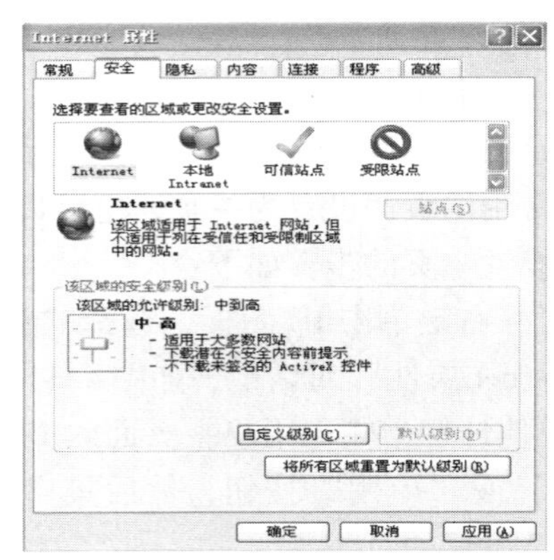

图 4-13 “安全”选项卡

通过“安全”选项卡，用户可以定义 IE 访问 Internet 站点的规则。例如，用户可以定义 IE 访问 Internet 站点的安全级别为“中”，访问本地 Intranet 的安全级别为“低”，把确认没有问题的站点添加到受信任站点中，把已明确的恶意站点添加到受限制站点中。这样就可以避免访问过程中不知不觉地被恶意网页修改了自己的系统。

最后，需要特别强调的是，为避免恶意网页对当前 IE 浏览器或 Windows 系统的破坏，轻易不要安装和执行网站上的程序，也不要随意下载未签名的 ActiveX 控件。特别是系统询问是否下载安装 ActiveX 控件提示时，如果该控件不是特别可靠，而且来源于一个不知名的网站，则要慎重，一般选择“否”。

(4) 设置 IE 的分级审查

Internet 在为人们提供便利的同时，也不可避免地出现一些负面问题。例如，色情网站、暴力宣传网站都对青少年的健康成长有很大危害。为了避免青少年访问这些不该访问的站点，其监护人可以通过 IE 浏览器的分级审查功能限制青少年对这类网站的访问。启用“Internet 属性”的“内容”选项卡，如图 4-14 所示。其中，“内容审查程序”选项组就是设置分级审查的栏目。单击

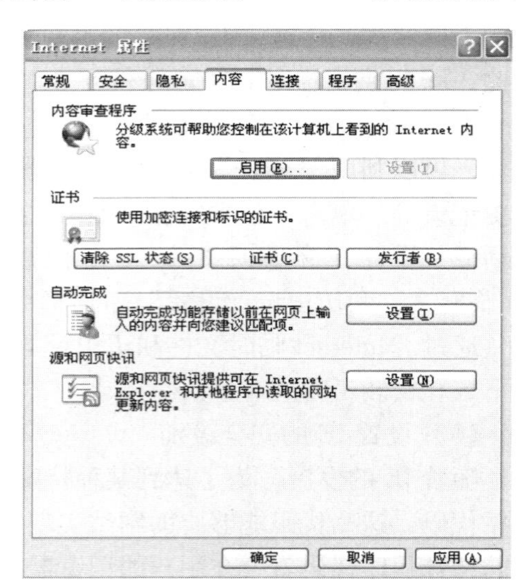

图 4-14 “内容”选项卡

“启用”按钮，可以启动分级审查功能。

在“内容审查”对话框中，可以用“级别”选项卡设置可以查看的级别，在对话框的“常规”选项卡下设置监护人密码。

(5) 设置代理服务器

在使用 Internet 的过程中，有时需要使用代理服务器来完成某些特殊的任务。例如，本机 IP 不具有出国访问的权限，但单位提供了一台出国访问的代理服务器。再如单位的核心服务器不允许远程计算机随便访问，但允许通过某指定的代理服务器访问单位的核心服务器，这样单位内部职工在远程可以通过该代理服务器访问单位内部的核心服务器。因此，代理服务器就是一台能够代理用户的 Internet 请求的服务器。当为了完成某个任务需要设置代理服务器时，需要先知道代理服务器的 IP 地址和网络端口，然后进行下面设置：在“Internet 属性”对话框中的“连接”选项卡的底部，选择“局域网设置”按钮，打开“局域网设置”对话框，如图4-15 所示。然后在“代理服务器”选项组中，选中“为 LAN 使用代理服务器”复选框，然后在它下面的“地址”文本框中输入代理服务器的 IP 地址，“端口”文本框中输入代理服务器的可用端口。由于为提高计算机访问本地服务器的速度，一般对本地连接不使用代理服务器，所以通常把“对于本地地址不使用代理服务器”复选框选中。

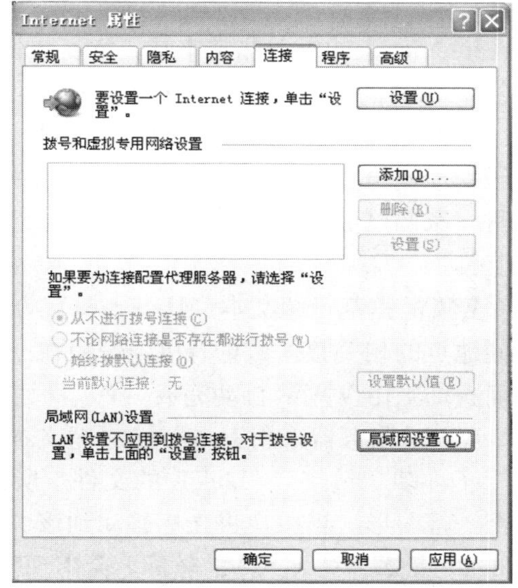

图4-15 “Internet 属性”对话框中的“连接”选项卡

需要注意的是，虽然有的用户设置了代理服务器，但过了一段时间代理服务器已经不提供服务了，那么代理服务器的设置将影响网络连接。为了解决这种问题，则需要取消代理服务器设置，取消对“为 LAN 使用代理服务器”的选择。

(6) 设置网页显示方式

有时用户上网的主要目的是查找资料，主要是查找文字材料，那么网页上的图片、音频和多媒体信息对用户就没有多大意义。这种情况下，可以让 IE 浏览器不显示图片，也不播放音频和视频文件，减轻网络传输负担，提高浏览速率。

在“Internet 属性”对话框的“高级”选项卡中，有许多可以用复选框形式设置的项目。利用它们可帮助用户设置网页的显示形式。

取消对“播放网页中的动画”“播放网页中的声音”“播放网页中的视频”“显示图片”复选框的选取，然后单击“应用”按钮，再打开新的网页时将不会显示网页中的动画、视频和图片。

(7) 调整窗口工具栏

和 Windows 的其他软件一样，可以通过菜单调整 IE 工具栏中的工具按钮的个数和排列形式。

单击系统菜单“查看”→“工具栏”命令，可以设置在工具栏中显示哪些工具按钮。在没有“锁定工具栏”的情况下，以鼠标指向每组工具的最左侧边缘处，拖动鼠标，可以把这组工具拖到其他位置。

4.2.5 Internet 提供的服务

Internet 上的资源非常丰富，它所提供的服务也是多种多样，常见的主要有以下几种。

1. 信息浏览服务（WWW 服务）

Web（或 WWW）是万维网（World Wide Web）的简称。最早于 1989 年出现于欧洲的粒子物理实验室（CERN），该实验室是由欧洲 12 国共同出资兴办的。WWW 的初衷是为了让科学家们以更方便的方式彼此交流思想和研究成果。但现在它正成为一种非常受欢迎的游览工具。

WWW 是基于超文本（Hypertext）方式的信息查询工具。通过将位于全世界 Internet 上不同地点的相关数据信息有机地编织在一起，用户仅需提出查询要求，而到什么地方查询及如何查询则由 WWW 自动完成。

WWW 服务器采用 Hypertext（超文本）方式来存储文件。超文本文件是在文本上“镶嵌”了许多“链接”（Link）的文件。所谓“链接”可以是一个词、一段文本、一个图标，甚至一幅图形。当用户将光标移动到该“链接”上并将其“激活”时（激活方式通常是按〈Enter〉键或单击鼠标），屏幕上会出现窗口或者其他新的内容。这新的内容就是 WWW 客户程序从本地的或异地的 WWW 服务器取来的信息，它也可以来自 FTP 和 Gopher 等 Internet 上的其他服务器中相配合的图形、图像和音频等多媒体信息。

WWW 采用客户机/服务器工作方式。客户机就是连接到 Internet 上的计算机。在客户端使用的程序称为 Web 浏览器（如 IE、Netscape Navigator 等）。用统一资源定位器（Uniform Resource Locator，URL）描述资源的地址。WWW 浏览器只允许用户查询、复制信息，但不允许用户修改 WWW 服务器上的信息。

WWW 服务是目前 Internet 上应用最多的一类服务。目前，制作 WWW 信息的方式越来越多，像 Java、ActiveX、VB Script、JavaScript 等，这些程序的应用不仅大大增强了 WWW 页面的交互功能，而且也丰富了 WWW 信息，使之更加丰富多彩，更加引人入胜。

2. 远程登录服务（Telnet）

远程登录（Remote-login）是 Internet 提供的最基本的信息服务之一，远程登录是在网络通信协议 Telnet 的支持下使本地计算机暂时成为远程计算机仿真终端的过程。在远程计算机上登录，必须事先成为该计算机系统的合法用户并拥有相应的账号和口令。登录时要给出远程计算机的域名或 IP 地址，并按照系统提示，输入用户名及口令。登录成功后，用户便可以实时使用该系统对外开放的功能和资源。例如，共享它的软硬件资源和数据库，使用其提供的 Internet 的信息服务，如 E-mail、FTP、Gopher、WWW 等。

Telnet 是一个强有力的资源共享工具。许多大学图书馆都通过 Telnet 对外提供联机检索服务，一些政府部门、研究机构也将他们的数据库对外开放，使用户能够通过 Telnet 进行查询。

3. 文件传输服务（FTP）

文件传输协议（File Transfer Protocol，FTP）是 Internet 上使用非常广泛的一种通信协议。它是由支持 Internet 文件传输的各种规则所组成的集合，这些规则使 Internet 用户可以把文件从一个主机复制到另一个主机上，因而为用户提供了极大的方便。FTP 通常也表示用户执行这个协议所使用的应用程序。

FTP 和其他 Internet 服务一样，也是采用客户机/服务器方式。使用方法很简单，启动 FTP 客户端程序先与远程主机建立连接，然后向远程主机发出传输命令，远程主机在收到命令后就给予响应，并执行正确的命令。目前，Windows 操作系统环境中最常用的 FTP 软件有 CUTEFTP。

FTP 用来在计算机之间传输文件，从远程计算机上将所需文件传送到本地计算机称为下载，将文件从本地计算机传送到远程计算机称为上载。它是一种实时的联机服务，在工作时先要登录到对方的计算机上，然后进行与文件搜索和文件传输有关的操作。使用 FTP 可以传输文本文件和二进制文件（如图像、音频、压缩文件、可执行文件、电子表格等）。当用户无法确定远程计算机上的文件类型时，一般选择二进制传输方式。

FTP 服务器是指在 Internet 上存储有大量文件和数据的计算机主机，它设有公共的账号，有公开的资源供用户使用。Internet 上有许多公用的 FTP 服务器，支持以"FTP"或"anonymous"为账号，并用自己的电子邮件地址为口令注册到匿名 FTP 服务器上，访问该服务器所提供的文件信息资源。对于一般用户来说，FTP 服务器上的 pub 和 incoming 两个目录比较有用，pub 是 FTP 服务器发布的共享软件，而 incoming 则是用户上载的软件。

4. 电子邮件服务（E-mail）

电子邮件是一种用电子手段提供信息交换的通信方式，是 Internet 应用最广的服务之一。通过网络的电子邮件系统，用户可以用非常低廉的价格（不管发送到哪里，都只需负担电话费和网费即可），以非常快速的方式（几秒之内可以发送到世界上任何指定的目的地）与世界上任何一个角落的网络用户联系，这些电子邮件可以是文字、图像、音频等各种方式。同时，用户可以得到大量免费的新闻、专题邮件，并实现轻松的信息搜索。

使用电子邮件的首要条件是拥有一个电子邮件地址。电子邮件地址是提供电子邮件服务的机构为用户建立的，实际上是该机构在与 Internet 联网的计算机上为用户分配的一个专门用于存放邮件的磁盘存储区域。

5. 电子公告板服务（BBS）

电子公告板服务（Bulletin Board Service，BBS）是 Internet 上的一种电子信息服务系统，现在一般称为"论坛"。它提供一块公共电子白板，每个用户都可以在上面书写，可发布信息或提出看法。电子公告板按不同的主题分成很多个栏目，栏目设立的依据是大多数 BBS 使用者的要求和喜好，使用者可以阅读他人关于某个主题的看法，也可以将自己的想法贴到公告栏中，别人可以对你的观点进行回应。

BBS 具的一些共同的基本功能，如信件交流、文件传输、资讯交流、经验交流及资料查询等。如果需要私下的交流，也可以通过 BBS 上的功能按钮将想说的话直接发到某个人的电子信箱中。如果想与正在使用 BBS 的某个人聊天，可以启动聊天程序加入闲谈者的行列。在 BBS 里，人们之间的交流打破了空间、时间的限制。在与别人进行交往时，无须考虑自身的年龄、学历、知识、社会地位、财富、外貌，而这些条件往往是人们在其他交流形式中无法回避的。这样，参与 BBS 的用户可以处于一个平等的位置与其他人进行任何问题的探讨。

BBS 的登录十分方便，可以通过 Internet 登录，也可以通过拨号登录。BBS 站点往往是一些有志于此道的爱好者建立的，对所有人都免费开放。全球有许多 BBS 站点（如国内的“清华水木”“白云黄鹤”“小百合”等），不同的 BBS 站点其服务内容差异很大，但都兼顾娱乐性、知识性、教育性。

登录到 BBS 时，只需先登录到该站点主机，如 http://bbs. whnet. edu. cn，然后进入“论坛”。若是第一次浏览 BBS 时就要先进行注册，用户可以给自己起一个用户名和设置注册密码。启用用户名和注册密码登录成功后，会看到有许多讨论区，用户可以畅所欲言地发表自己的看法、意见，讨论各种问题，交流心得和体会。

4.3 常用网络工具软件

4.3.1 Internet 的搜索引擎

使用 Internet 就是为了方便搜索需要的信息。Internet 提供了海量信息，为了寻找需要的信息，就需要借助搜索工具进行搜索。所谓搜索引擎，就是大型网站制作的供 Internet 用户进行信息分类检索的一个索引表。搜索引擎的出现，为日常生活、教育、科研等提供了巨大便利。

1. 常见的搜索引擎

目前，国内常用的搜索引擎有百度、搜狐、北大天网等。其对应的网址如下。

- 百度搜索：http://www. baidu. com/。
- 搜狐：http://www. sohu. com/。
- 北大天网：http://e. pku. edu. cn（适合于教育网用户）。
- 雅虎搜索：http://www. yahoo. com. cn。

另外，新浪网、263 等大型网站也都提供了自己的搜索引擎。如果进行网上购物，淘宝网、京东商城也是经常访问的站点。如果从事科研工作，国内的中国期刊网（http://www. cnki. net/）和国外的 IEEE 数据库是经常检索文献的站点。

2. 搜索引擎的基本检索方法

（1）布尔检索方法

用户在使用搜索引擎进行检索时可用不同的布尔逻辑运算符号把检索关键词连接起来，以较为准确地表达检索要求。主要的布尔逻辑运算符号（英文半角符号）有以下三种。

1）逻辑与运算符号。一般用“&”“+”“. and.”或空格表示。用“A&B”的形式搜索的结果是既包含关键词 A 又包含关键词 B 的文章。

2）逻辑非运算符。一般用“-”“. not.”表示。用“A-B”的形式搜索的结果是包含关键词 A 而不包含关键词 B 的文章。

3）逻辑或运算符。一般用“|”“. or.”表示。用“A|B”的形式搜索的结果是至少包含 A 和 B 中一个关键词的文章。

（2）多词汇查询法

使用分隔符“,”、连接符“+”和“-”的搜索表达式中可分隔多个条件。“+”表示必须，“-”表示去掉。例如，若要查询的资料应包含“武汉”，但不要“广州”，而“长沙”可有可无，可用“+武汉，-广州，长沙”作为关键词进行检索。

（3）模糊检索方法

模糊检索是通过输入需要检索的主题中的一部分字或词，利用各种模糊方式（前模糊、后模糊、前后模糊）进行的检索，并认为凡满足这个词特定位置的所有字符要求的记录，都为命中结果。实际上，模糊查询就是在输入的关键词前、后或前后位置加通配符“*”。

1）前模糊。例如，输入“*计算机”，可以检索到结尾是“计算机”的所有主题词。

2）后模糊。例如，输入“计算机*”，可以检索到开头是“计算机”的所有主题词。

3）前后模糊。例如，输入“*计算机*”，可以检索到所有包含“计算机”的关键词。

（4）限制检索方法

限制检索的目的是为了提高检索的准确率。例如，在Google中会自动忽略“http”“. com”“的”等字符以及数字和单字，这类字词不仅无助于缩小检索范围，而且会大大降低检索速度。使用英文双引号可将这些忽略的词强加于搜索项，如查询“蒸汽机的故事”时，给“的”加上英文双引号会使“的”强加于搜索项中。

1）字段检索。用户在检索网络信息时把检索范围限制在标题、URL或超级链接等部分。用户还可以对语种、日期、地理范围、域名范围、信息媒体类型等方面进行限制，指定要检索的词必须符合或出现在所要求的位置，从而检索到更确切的信息。这种检索的具体方法可参考天网搜索引擎FTP服务中的FTP复杂搜索功能。

2）在检索结果中再检索。大多数搜索引擎都提供在检索结果中输入新的关键词再次检索的功能。

（5）区分大小写检索

这一检索功能有助于对专有名词的查询，使用英文双引号可将这些专有名词强加于检索项。

3. 搜索引擎的高级检索方法

（1）自然语言检索

用户在检索时，可直接输入自然语言表达式的检索要求。如进入孙悟空智能搜索引擎（http://search. chinaren. com），用户可以在搜索文本框内填写“《西游记》的作者是谁?”“《大话西游》的导演是谁?”这样很快就能找到想要的网页。

（2）相似检索

在检索过程中，用户可以某个检索结果为根据，进一步检索与该结果类似的信息。如果用户对某一网站的内容很感兴趣，但资料不够时，有些搜索引擎会帮用户找到其他有类似资料的网站。

（3）概念检索

概念检索又称基于词义的检索，是指当用户输入一个检索关键词后，检索工具不仅能检索包含这个词的结果，还能检索与这个词汇同属一类概念的其他词汇的结果。如检索关键词“计算机”时，浏览器会将含有“计算机”和“电脑”的网页都显示出来。

需要注意的是，以上介绍的各种检索方法在不同的搜索引擎中实现的方法不尽相同，在使用搜索引擎时，用户应先浏览其帮助信息，掌握它的语法格式和使用方法，并多实践，做到有的放矢。

4.3.2 电子邮件的使用

1. 电子邮件简介

电子邮件是一种崭新的通信方式，它不但改变了传统的通信方式，还在一定程度上改变了人们的生活方式。使用电子邮件能够快速方便地实现全球范围的联机通信。

2. 电子邮件的组成

标准格式的电子邮件都是由邮件头（Header）和邮件体（Body）组成的。邮件头相当于电子邮件的“信封”，它像普通信件的信封一样，包括收件人的地址、投递日期、邮件主题、发信人的邮件地址以及有关信息。邮件体即电子邮件的实际内容，也就是邮件正文，邮件体就像装在信封里的信。

3. 电子邮件的地址

电子邮件和普通邮件一样，要有通信地址，即 E-mail 地址。E-mail 地址由两部分组成：用户名和域名，中间用“@”分隔，如 host@163.com，“host”为用户名，“163.com”是域名。字母“@”发音为英文单词“at”。

4. 电子邮件的格式

Outlook Express 6 邮件编辑器支持纯文本和超文本（HTML）两种格式。使用纯文本格式时，用户只能输入文本信息，也可附加文件，但不能在邮件正文中插入图片、设置背景和文本格式、应用信纸等。使用 HTML 格式，则可以在邮件正文中插入图片、设置背景和指向 Web 站点的链接等。

5. 电子邮件的传输协议

用户收发邮件时需要使用客户端上的电子邮件应用程序。电子邮件应用程序在向电子邮件服务器传送邮件时，使用简单邮件传输协议（Simple Mail Transfer Protocol，SMTP），从电子邮件服务器的邮箱中读取邮件时则使用 POP3（Post Office Protocol 3）或 IMAP（Internet Message Access Protocol）。

（1）SMTP

SMTP 是 Internet 上传输电子邮件的标准协议，用于提交和传送电子邮件，它规定了主机之间传输电子邮件的标准交换格式和邮件在链路层上的传输机制。SMTP 通常用于把电子邮件从客户机传输到服务器，以及从某一服务器传输到另一个服务器。SMTP 只限于传输 ASCII 码信息，许多非英语国家的文字无法传输，所以在 SMTP 的基础上增加了邮件主体结构，并定义了传输非 ASCII 码的编码规则，形成了通用的 Internet 邮件扩展协议 MIME（Multipurpos Internet Mail Extensions）。MIME 协议具有较强的功能，可传输各种非 ASCII 码的文字和各种结构的文本信息以及图片、音频和视频等多媒体信息。

（2）POP3

POP3 是邮局协议的第三个版本，它规定怎样将用户计算机连接到 Internet 的邮件服务器上并下载电子邮件。它允许用户从邮件服务器上把邮件下载到用户计算机上，同时删除保存在邮件服务器上的邮件。

(3) IMAP

IMAP 使用户可以远程操纵服务器上的邮件，就像在本地操纵一样，它是一个联机协议。用户计算机上的 IMAP 客户程序打开 IMAP 服务器上的接收邮箱时，用户就可以看到邮件的首部；当用户打开某个邮件时该邮件才传到用户计算机上；用户未删除的邮件，则一直保存在 IMAP 服务器的邮箱中。若用户没有将邮件复制到自己的计算机中，邮件也会一直保存在 IMAP 服务器的邮箱中。目前大多数网站，如搜狐、新浪等提供的基于 Web 方式的邮件系统就采用了 IMAP。

6. 设置电子邮箱账号

目前各大网站都提供了免费电子邮件服务，如搜狐、新浪和 163 等，还有一些大学和公司也建立自己的邮件服务器。下面以在搜狐网上申请邮件账号为例介绍如何申请自己的邮件账号。

1) 在浏览器的地址栏中输入 www. sohu. com，打开搜狐网站，如图 4-16 所示。

图 4-16 搜狐网首页

2) 单击“邮件”选项，打开如图 4-17 所示的邮箱登录页面。

3) 单击“现在注册”按钮，进入邮件账号注册页面，如图 4-18 所示。

4) 依次输入“用户账号”（如“join”）“密码”“密码确认”（“密码确认”输入的内容要和“密码”中输入的内容一致）“找回密码提示问题”“密码问题答案”“验证码”，最后单击“完成注册”按钮，邮件账号申请成功，如图 4-19 所示。

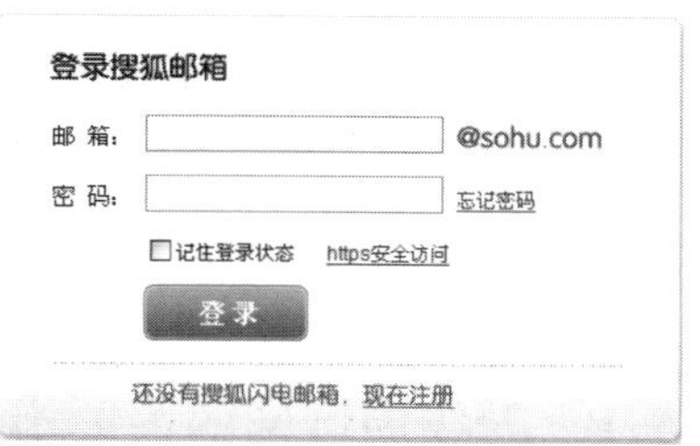

图 4-17 搜狐邮箱登录页面

搜狐闪电邮箱 - 中文最... 搜狐通行证-新用户注册

搜狐 通行证 | 上搜狐 知天下

注册搜狐通行证账号　　方便快捷，注册一步到位。

50M超大附件、1G网络U盘，还有环保低碳皮肤，注册后马上拥有！

用户账号：* @ sohu.com 用户名不能为空！

密码：*

安全强度：弱

密码确认：*

找回密码提示问题：* 我就读的幼儿园名称

密码问题答案：*

验证码：* 看不清楚，换个图片

同意《搜狐网络服务使用协议》

完成注册　　<< 返回通行证首页

图 4-18　邮件账号注册页面

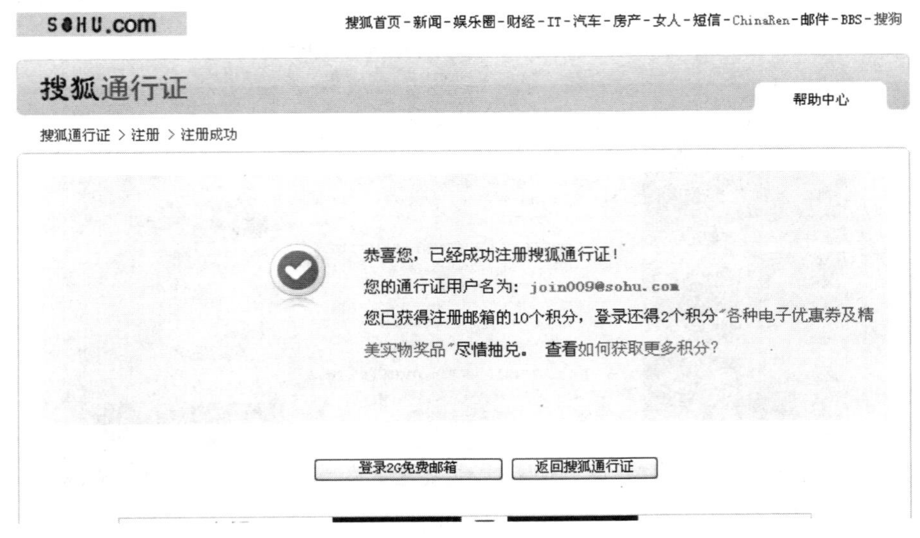

图 4-19　邮件账号申请成功页面

5）单击“登录 2G 免费邮箱”按钮进入邮箱。

4.4　无线网络

4.4.1　无线局域网的主要类型

无线局域网就是使用无线传输介质的局域网，按照其采用的传输技术可分为红外无线局域网、扩频无线局域网和窄带微波无线局域网。

1. 红外无线局域网

红外无线局域网采用小于1μm波长的红外线作为传输媒体，有较强的方向性。由于它采用低于可见光的部分频谱作为传输介质，使用不受无线电管理部门的限制。红外信号要求视距（直观可见距离）传输，并且窃听困难，对邻近区域的类似系统也不会产生干扰。在实际应用中，由于红外线具有很高的背景噪声，受日光、环境照明等影响较大，一般要求的发射功率较高，红外无线局域网是目前100Mbit/s以上、性能价格比高的网络的可行的选择。

2. 扩频无线局域网

扩展频谱技术是指发送信息带宽的一种技术。它是一种信息传输方式，其信号所占有的频带宽度远大于所传信息必需的最小带宽。频带的扩展是通过一个独立的码序列来完成的，通过编码和调制的方法来实现，与所传信息数据无关；在接收端也用同样的编码进行相关同步接收、解扩及恢复所传信息数据。

50年前，扩展频谱技术第一次被军方公开介绍，用来进行保密传输。一开始它就被设计成抗噪声、抗干扰、抗阻塞和抗未授权检测。在这种技术中，信号可以跨越很宽的频段，数据基带信号的频谱被扩展至几倍至几十倍，然后才放到射频发射器上发射出去。这一做法虽然牺牲了频带带宽，但由于其功率密度随频谱扩宽而降低，甚至可以将通信信号淹没在自然背景噪声中。因此，其保密性很强，要截获或窃听、侦察信号非常困难，除非采用与发送端相同的扩频码与之同步后再进行相关的检测，否则对扩频信号无能为力。目前，最普遍的无线局域网技术是扩展频谱（简称扩频）技术。扩频的第一种方法是跳频（Frequency Hopping），第二种方法是直接序列（Direct Sequence）扩频。这两种方法都被无线局域网所采用。

（1）跳频通信

在跳频方案中，发送信号频率按固定的间隔从一个频谱跳到另一个频谱。接收器与发送器同步跳动，从而正确地接收信息。而那些可能的入侵者只能得到一些无法理解的标记。发送器以固定的间隔一次变换一个发送频率。IEEE 802.11标准规定每300ms的间隔变换一次发送频率。发送频率变换的顺序由一个伪随机码决定，发送器和接收器使用相同变换的顺序序列。数据传输可以选用频移键控（Frequency-Shift Keying，FSK）或二进制相位键控（Phase-Shift Keying，PSK）方法。

（2）直接序列扩频

在直接序列扩频方案中，输入数据信号进入一个通道编码器（Channel Encoded）并产生一个接近某中央频谱的较窄带宽的模拟信号。这个信号将用一系列看似随机的数字（伪随机序列）来进行调制，调制的结果大大地拓宽了要传输信号的带宽，因此称为扩频通信。在接收端，使用同样的数字序列来恢复原信号，信号再进入通道解码器来还原传送的数据。

3. 窄带微波无线局域网

窄带微波（Narrowband Microwave）是指使用微波无线电频带来进行数据传输，其带宽刚好能容纳信号。以前所有的窄带微波无线网产品都使用申请执照的微波频带，直到最近至少有一个制造商提供了在工业、科学和医药（Industrial Scientific and Medicine，ISM）频带内的窄带微波无线网产品。

（1）申请执照的窄带 RF（Radio Frequency）

用于音频、数据和视频传输的微波无线电频率需要申请执照和进行协调，以确保在一个地理环境中的各个系统之间不会相互干扰。在美国，由 FCC 控制执照。每个地理区域的半径为 28km，并可以容纳 5 个执照，每个执照覆盖两个频率。在整个频带中，每个相邻的单元都避免使用互相重叠的频率。为了提供传输的安全性，所有的传输都经过加密。申请执照的窄带无线网的一个优点是，它保证了无干扰通信。与免申请执照的 ISM 频带相比，申请执照的频带执照拥有者，其无干扰数据通信的权利在法律上得到保护。

（2）免申请执照的窄带 RF

1995 年，Radio LAN 成为第一个使用免申请执照 ISM 的窄带无线局域网产品。Radio LAN 的数据传输速率为 10Mbit/s，使用 5.8GHz 的频率，在半开放的办公室有效范围是 50m，在开放的办公室是 100m。Radio LAN 采用了对等网络的结构方法。传统局域网（如 Ethernet）组网一般需要有集线器，而 Radio LAN 组网不需要有集线器，它可以根据位置、干扰和信号强度等参数来自动地选择一个结点作为动态主管。当联网的结点位置发生变化时，动态主管也会自动变化。这个网络还包括动态中继功能，它允许每个站点像转发器一样工作，以使不在传输范围内的站点之间也能进行数据传输。

4.4.2 无线局域网标准 IEEE 802.11

IEEE 802 委员会于 1990 年成立了 802.11 工作组。802.11 工作组专门从事无线局域网的研究与开发工作，开发出 MAC 子层协议和物理介质标准。802.11 是 IEEE 802.11 工作组推出的第一个无线局域网标准，主要用于解决办公室局域网和校园网中用户与用户终端的无线接入，业务主要限于数据存取，速率最高只能达到 2Mbit/s。由于它在速率和传输距离上都不能满足人们的需要。因此，IEEE 802.11 工作组又相继推出了 802.11b 和 802.11a 两个新标准，前者已经成为目前的主流标准，而后者也被很多厂商看好。

IEEE 802.11b 的载波频率为 2.4GHz，传输速度为 11Mbit/s。IEEE 802.11b 是所有无线局域网标准中最著名，也是普及最广的标准。IEEE 802.11b 的后继标准是 IEEE 802.11g，其传输速率为 54Mbit/s。目前 802.11 标准已经从 802.11、802.11a 发展到了 802.11s。新的标准均在现有的 802.11b 及 802.11a 的 MAC 层追加了 QoS 和安全功能。

4.4.3 无线局域网应用基础

随着无线局域网技术的发展，人们越来越深刻地认识到，无线局域网不仅能够满足移动和特殊应用领域网络的要求，还能覆盖有线网络难以涉及的范围。无线局域网作为传统局域网的补充，目前已成为局域网应用的一个热点。

无线局域网主要应用于以下几个方面。

1. 作为有线局域网的补充

有线局域网用非屏蔽双绞线实现 10Mbit/s 甚至更高的传输速率，很多建筑物在建设过程中已经预先布好了双绞线。但在建筑物群之间、工厂建筑物之间、股票交易场所的活动结点，以及不能布线的历史古建筑物、临时性小型办公室、大型展览会等环境下无线局域网却能发挥传统局域网起不了的作用。在这些环境中，无线局域网提供了一种更有效的联网方式。在大多数情况下，有线局域网用来连接服务器和一些固定的工作站，而移动和不易于布线的结点可以通过无线局域网接入。图4-20所示为典型无线局域网结构。

2. 特殊网络应用

在无线局域网中，移动终端通过无线访问点（AP）连接到固定网络，它需要基础设施的支持，一般采用集中控制方式。在特殊情况下，有中心的移动通信技术不能胜任。如发生地震等自然灾害后的搜索营救、临时会议、战场上部队的快速推进和展开等。这些情况下需要一种不依赖于固定设备，能够快速和灵活配置的移动通信技术，Ad Hoc（Ad hoc Network）就是为满足这种特殊需求而产生的。

Ad Hoc不需要固定的基础设施支持，通过移动结点的自由组网实现通信。网络中的移动结点同时具有多址接入和路由的能力，结点借助多址接入协议共享无线资源，通过路由协议存储和转发数据。每个移动结点都等效于一个无线路由器，数据在Ad Hoc网络中的传输可以通过直接连接方式发送（一跳连接），也可以通过多结点转发（多跳连接）。图4-21所示为典型Ad Hoc网络结构。

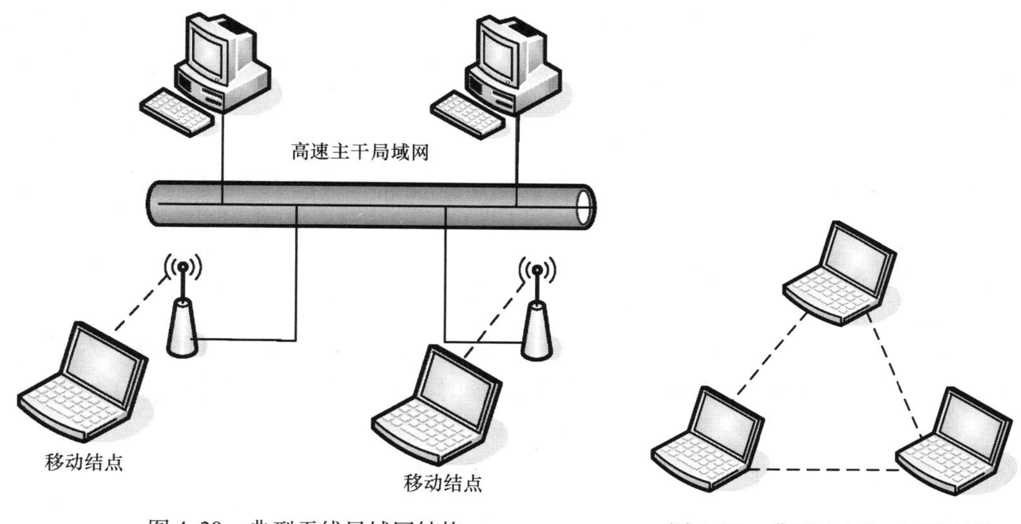

图4-20　典型无线局域网结构

图4-21　典型Ad Hoc网络结构

4.5　网络安全

4.5.1　网络安全问题

网络应用的快速发展以及网络系统设计和管理方面存在的问题导致了许多网络安全问题。Internet是一个全球性的公用网络，连接到Internet的主机在任何时候、任何地点都可能受到来自地球某个角落的黑客或蠕虫病毒的攻击，而银行、商业机构和政府部门又不断推出网上服务，如电子银行、电子商务、电子政务等，这使得网络安全问题显得更加突出。网络存在很大的安全威胁问题。因此了解网络安全知识，对每一个网络用户都是十分必要的。网络安全问题归纳起来有以下几个方面。

1. 网络攻击问题

在Internet上，对网络的攻击分为两种基本类型：服务攻击和非服务攻击。服务攻击是指对网络提供服务的服务器进行攻击，造成服务器“拒绝服务”，网络不能正常工作。非服务攻击是指使用各种方法对网络通信设备（如路由器、交换机等）进行攻击，使得网络通信设备严重阻塞或瘫痪，从而使网络不能正常工作或完全不能工作。目前的网络攻击技术多种多样，如“入侵攻击”“欺骗攻击”“缓冲区溢出攻击”等。下面简单介绍一些常用攻击手段。

（1）入侵攻击

1）拒绝服务攻击。严格来说，拒绝服务攻击并不是一种具体的攻击方式，而是攻击所表现出来的后果，它的目标是使系统遭受某种程度的破坏而不能继续提供正常的服务，甚至瘫痪或崩溃。

2）分布式拒绝服务攻击。高速广域网络为 DDoS 攻击创造了极为有利的条件。在低速网络时代时，黑客在占领攻击用的傀儡机时，总是会优先考虑离目标网络距离近的机器，因为经过路由器的跳数少，效果好。但在高速网络中，攻击距离不再是大的问题了。

3）口令攻击。攻击者攻击目标时常常把破译用户的口令作为攻击的开始。只要攻击者能猜测或者确定用户的口令，就能获得机器或者网络的访问权，并能访问到用户能够访问的任何资源。

（2）欺骗攻击

1）IP 欺骗。攻击者通过篡改 IP 数据包，使用其他计算机的 IP 地址来获得信息或者得到特权。

2）电子邮件欺骗。电子邮件的发送方利用地址的欺骗。比如说，电子邮件看上去是来自 TOM，但事实上 TOM 没有发信，是冒充 TOM 的用户发的信。

3）Web 欺骗。随着电子商务活动的广泛开展。为了利用网站做电子商务，人们不得不被鉴别并被授权得到信任。在任何实体必须被信任时，欺骗的机会就出现了。

（3）会话劫持攻击

会话劫持（Session Hijack）是一种结合“嗅探”和“欺骗技术”的攻击手段。广义上说，会话劫持就是在一次正常的通信过程中，黑客作为第三方参与其中，或者是在数据流（如基于 TCP 的会话）中注入额外的信息，或者是将双方的通信模式暗中改变。会话劫持利用 TCP/IP 的工作原理设计攻击，它可以对基于 TCP 的任何应用发起攻击。

（4）缓冲区溢出攻击

缓冲区溢出引起了许多严重的安全性问题。其中，最著名的例子是 1988 年因特网蠕虫程序在 finger 中利用缓冲区溢出感染了因特网中的数万台机器。引起缓冲区溢出的根本原因是当时 C 语言（与 C ++）本身就存在不安全性，没有边界来检查数组和指针的引用，程序设计人员必须进行边界检查，而这一工作常常会被忽视。并且，标准 C 库中还存在许多非安全字符串操作，如 strcpy（）、sprintf（）、gets（）等。

2. 网络漏洞问题

网络信息系统涉及硬件和软件，各种计算机的硬件和软件都会存在一定范围内的安全问题，特别是操作系统和网络通信软件 Windows 和 UNIX 都是 Internet 中应用最广泛的操作系统，但是它们中都存在能够被攻击者所利用的漏洞；TCP/IP 是 Internet 的核心协议，在 TCP/IP 中同样存在能够被攻击者利用的漏洞；还有用户开发的各种应用软件也存在大量能被攻击者利用的漏洞。网络攻击者在不断研究这些漏洞，并把它们作为网络攻击的主要目标。

3. 网络病毒问题

随着网络应用的快速发展，网络病毒的危害是十分明显的。据统计，70%的病毒发生在网络上。网络上病毒的传播速度是单机的20倍，而网络服务器的病毒处理时间是单机的40倍。

4. 网络信息安全问题

网络信息安全包括信息存储安全问题和信息传输安全问题。网络信息存储安全问题是指联网计算机上存储的信息被未授权的网络用户非法访问、使用、篡改和删除等问题。例如，非法用户通过窃取或破译其他用户计算机的口令，侵入其他网络计算机中访问、篡改或删除用户信息。网络信息传输安全问题是指信息在网上传输时被泄露、修改等问题。这种情况下，主要有两种表现形式：一是信息在传输中途被攻击者截获，而目的点没有收到应该接收的信息，造成信息的中途丢失；二是信息在传输途中被攻击者篡改后再发送给目标主机，这种情况下虽然表面上看信息没有丢失，但目的点收到的是错误信息。

5. 网络内部安全问题

随着电子商务和电子政务的广泛开展，可能会出现下面两种问题：信息源结点用户对所发送的信息事后不承认；信息目的结点用户收到信息之后未确认。电子商务中会涉及商业洽谈和签订商业合同，以及大量的资金在网上划拨等重大问题。因此，防抵赖问题是电子商务中必须解决的一个重要问题。

在网络内部，具有合法身份的用户也会有意无意地做出对网络信息安全有害的行为。例如，有意无意地泄露网络用户或网络管理员的口令；违反网络安全规定，绕过防火墙，私自与外部网络连接，造成系统安全漏洞；违反网络使用规定，越权查看、修改、删除系统文件和数据；违反网络使用规定，私自将带有病毒的个人磁盘拿到内部网络中使用等。

4.5.2 网络安全预防措施

针对上述五类网络安全问题，目前采用的主要网络安全预防措施有以下几种。

1. 入侵检测

入侵检测的方法较多，如基于专家系统的入侵检测方法、基于神经网络的入侵检测方法等。目前已有一些入侵检测系统在应用层中实现了入侵检测。

入侵检测系统（Intrusion Detection System，IDS）处于防火墙之后对网络活动进行实时检测。许多情况下，由于可以记录和禁止网络活动，所以入侵检测系统是防火墙的延续。它们可以和防火墙、路由器配合工作。入侵检测系统与系统扫描器（System Scanner）不同。系统扫描器是根据攻击特征数据库来扫描系统漏洞，它更关注配置上的漏洞而不是当前进出主机的流量。在遭受攻击的主机上，即使正在运行着扫描程序，也无法识别这种攻击。入侵检测系统扫描当前网络的活动，监视和记录网络的流量，根据定义好的规则过滤从主机网卡到网线上的流量，提供实时报警。网络扫描器检测主机上先前设置的漏洞，而入侵检测系统监视和记录网络流量。

2. 访问控制

访问控制是网络安全防范和保护的主要措施，它的主要目的是保证网络资源不被非法使用和访问。访问控制是保证网络安全最重要的核心策略之一。主要访问控制策略包括以下几种。

1）入网访问控制。它控制哪些用户能够登录到服务器并获取网络资源，控制准许用户入网的时间和准许他们在哪台工作站入网。用户的入网访问控制可分为三个步骤：用户名的识别与验证、用户口令的识别与验证、用户账号的默认限制检查。三个步骤中只要任何一步审查未过，该用户便不能进入网络。

2）网络权限控制。网络权限控制是针对网络非法操作所提出的一种安全保护措施。用户和用户组被赋予一定的权限。控制用户和用户组可以访问哪些目录、子目录、文件和其他资源。可以指定用户对这些文件、目录、设备能够执行哪些操作。受托者指派和继承权限屏蔽可作为其两种实现方式。受托者指派控制用户和用户组如何使用网络服务器的目录、文件和设备。继承权限屏蔽相当于一个过滤器，可以限制子目录从父目录那里继承哪些权限。

3）属性安全控制。使用文件、目录和网络设备时，网络系统管理员应给文件、目录等指定访问属性。属性安全控制可以将给定的属性与网络服务器的文件、目录和网络设备联系起来。属性安全在权限安全的基础上提供更进一步的安全性。属性往往能控制以下几个方面的权限：向某个文件写数据、复制一个文件、删除目录或文件、查看目录和文件、执行文件、隐含文件、共享、系统属性等。

4）网络监测和锁定控制。网络管理员应对网络实施监控，服务器应记录用户对网络资源的访问，对非法的网络访问，服务器应以图形或文字或音频等形式报警，以引起网络管理员的注意。如果不法之徒试图进入网络，网络服务器应会自动记录企图尝试进入网络的次数，如果非法访问的次数达到设定数值，那么该账户将被自动锁定。

3. 虚拟局域网（VLAN）技术

选择 VLAN 技术可较好地从链路层实施网络安全保障。VLAN 指通过交换设备在网络的物理拓扑结构基础上建立一个逻辑网络，将原来物理上互连的一个局域网划分为多个虚拟子网，划分的依据可以是设备所连端口、用户节点的 MAC 地址等。该技术能有效地控制网络流量、防止广播风暴，还可利用 MAC 层的数据包过滤技术，对安全性要求高的 VLAN 端口实施 MAC 帧过滤。而且，即使黑客攻破某一虚拟子网，也无法得到整个网络的信息。

4. 网络分段

企业网大多采用以广播为基础的以太网，任何两个节点之间的通信数据包，可以被处在同一以太网上的任何一个节点的网卡所截取。因此，黑客只要接入以太网上的任一节点进行侦听，就可以捕获发生在这个以太网上的所有数据包，对其进行解包分析，从而窃取关键信息。网络分段就是将非法用户与网络资源相互隔离，从而达到限制用户非法访问的目的。

5. 防火墙技术

网络安全策略的一个主要部分就是实现和维护防火墙，因此防火墙在网络安全的实现中扮演着重要的角色。防火墙通常位于企业网络的边缘，使得内部网络与 Internet 之间或与其他外部网络互相隔离，并限制网络互访从而保护企业内部网络。设置防火墙的目的是为了在内部网与外部网之间设立唯一的通道，简化网络的安全管理。

6. 数据加密技术

信息加密的目的是保护网内的数据、文件、口令和控制信息，保护网上传输的数据。网络加密常用的方法有链路加密、端点加密和节点加密三种。链路加密的目的是保护网络结点之间的链路信息安全；端—端加密的目的是对源端用户到目的端用户的数据提供保护；结点加密的目的是对源节点到目的节点之间的传输链路提供保护。用户可根据网络情况酌情选择上述加密方式。

信息加密过程是通过加密算法来具体实施的。比较著名的常规密码算法有美国的 DES 及其各种变形；欧洲的 IDEA；日本的 FEAL-N、LOKI-91、Skipjack、RC4、RC5 以及以代换密码和转轮密码为代表的古典密码等。在众多的常规密码中影响最大的是 DES 密码。

7. 用户自我保护措施

作为用户个人来讲，为了保护自己系统和信息的安全性，要注意以下几点：

1）经常下载最新的操作系统补丁软件，以减少系统的漏洞。

2）经常升级浏览器，以减少漏洞。

3）保证密码不易被他人猜中，尽量采用数字与字符相混的口令，多用特殊字符，至少一个月更换一次密码。这样即使有人破译了密码，也会在口令被他人利用之前将其改变。

4）如果用户访问的站点要求输入个人密码，不要使用与个人邮件账户相同的密码。

5）安装一种正版的杀病毒软件并需要经常升级，如瑞星、卡巴斯基、诺顿。

6）自觉遵守网络使用的法律法规。

4.5.3 网络防火墙技术简介

“防火墙”是一种将内部网和公众访问网络（Internet）分开的方法，实际上是一种隔离技术。防火墙是在两个网络通信时执行的一种访问控制尺度，它允许用户“同意”的人和数据进入网络，同时将用户“不同意”的人和数据拒之门外，最大限度地阻止黑客访问网络，防止他们更改、复制、毁坏重要信息。

防火墙技术的实现通常是基于“包过滤”技术，而进行包过滤的标准通常是根据安全策略制定的。在防火墙产品中，包过滤的标准一般是靠网络管理员在防火墙设备的访问控制清单中设定的。访问控制一般基于的标准有包的源地址、包的目的地址、连接请求的方向（连入或连出）、数据包协议（如 TCP/IP 等）以及服务请求的类型（如 ftp、www 等）等。

除了基于硬件的包过滤技术，防火墙还可以利用代理服务器软件实现。早期的防火墙主要起屏蔽主机和加强访问控制的作用，现在的防火墙则逐渐集成了信息安全技术中的最新研究成果，一般都具有加密、解密和压缩、解压等功能，这些技术增加了信息在互联网上的安全性。现在，防火墙技术的研究已经成为网络信息安全技术的主要研究方向。

4.6 计算机病毒与防护

计算机病毒是一种改变或破坏计算机系统及其存储的数据的程序。计算机病毒通常先将自己复制到硬盘上，然后再对计算机系统进行攻击或破坏。现在有成千上万种计算机病毒，而且每天有人制造出新的病毒，用户可以利用反病毒软件来检测和防止病毒的感染，也可以采取其他一些预防措施，如对重要的磁盘设置写保护等，防止计算机系统受病毒的破坏。

4.6.1 计算机病毒简介

计算机病毒是对生物学病毒名词的种借用，用以形象地刻画这些“特殊程序”的特征。1994 年 2 月 18 日出台的《中华人民共和国计算机信息系统安全保护条例》中对计算机病毒的定义如下：计算机病毒是指编制或者在计算机程序中插入的破坏计算机功能或者毁坏数据，影响计算机使用，并能自我复制的一组计算机指令或者程序代码。

1. 计算机病毒的危害

计算机病毒能在计算机系统中驻留、执行、繁殖和传播，它具有与生物学中病毒类似的传染性、潜伏性、破坏性、变种性（变异性）等特征。在使用计算机时，有时会碰到一些莫名其妙的现象，如计算机无缘无故地重新启动，运行某个应用程序时突然出现死机，屏幕显示异常，硬盘中的文件或数据丢失等。当然，这些现象有的也可能是因硬件故障或软件配置不当而引起的，但多数情况下是计算机病毒造成的。计算机病毒的危害是多方面的，归纳起来，大致有如下几方面。

1）破坏硬盘的主引导区，使计算机无法启动。

2）破坏文件中的数据，删除文件。

3）对磁盘或磁盘特定扇区进行格式化，使磁盘中信息丢失。

4）产生垃圾文件，不断占据磁盘空间，使磁盘空间减少。

5）占用 CPU 运行时间，使计算机的运行效率降低。

6）破坏屏幕正常显示，破坏键盘输入程序，干扰用户操作。

7）破坏计算机网络中的资源，使网络系统瘫痪。

8）破坏系统设置或对系统信息加密，使用户系统紊乱。

2. 计算机病毒的基本结构与分类

由于计算机病毒是一种特殊程序，因此病毒程序的结构决定了病毒的传染能力和破坏能力，计算机病毒程序主要包括三大部分：一是传染部分（传染模块），这是病毒程序的重要组成部分，它负责病毒的传染和扩散；二是表现和破坏部分（表现模块或破坏模块），这是病毒程序中最关键的部分，它负责病毒的破坏工作；三是触发部分（触发模块），病毒的触发条件是预先由病毒制造者设置的，触发程序判断触发条件是否满足，并根据判断结果来控制病毒的传染和破坏动作，触发条件一般由日期、时间、某个特定程序、传染次数等多种形式组成。例如，Jerusalem（黑色星期五）病毒是一种文件型病毒，它的触发条件之一：如果计算机系统日期是 13 日并且是星期五病毒就发作，在某台计算机上发作时，便删除该计算机上运行的“com”文件或“exe”文件。

目前，计算机病毒的种类很多，其破坏性的表现方式也很多。据资料介绍，全世界发现的计算机病毒已超过 15000 种，它的种类不一，分类方法很多。我们把计算机病毒大致归结为 7 种类型。

1）引导型病毒。主要通过感染软盘、硬盘上的引导扇区或改写磁盘分区表（FAT）来感染系统。早期的计算机病毒大多数属于这类病毒。

2）文件型病毒。它主要是以感染 com、exe 等可执行文件为主，被感染的可执行文件在执行的同时，病毒被加载并向其他正常的可执行文件传染或执行破坏操作。文件型病毒大多数也是常驻内存的。

3）宏病毒。宏病毒是一种寄存于微软 Office 的文档或模板的宏中的计算机病毒，是利用宏语言编写的。由于 Office 软件在全球存在着广泛的用户，所以宏病毒的传播十分迅速和广泛。

4）蠕虫病毒。蠕虫病毒与一般的计算机病毒不同，它不采用将自身复制附加到其他程序中的方式来复制自己。也就是说，蠕虫病毒不需要将其自身附着到宿主程序上。蠕虫病毒主要通过网络传播，具有极强的自我复制能力、传播性和破坏性。

5）特洛伊木马型病毒。特洛伊木马型病毒实际上就是黑客程序，一般不对计算机系统进行直接破坏，而是通过网络控制其他计算机，包括窃取秘密信息，占用计算机系统资源等现象。

6）网页病毒。网页病毒一般也是使用脚本语言将有害代码直接写在网页上，当浏览网页时会立即破坏本地计算机系统，轻者修改或锁定主页，重者格式化硬盘，使用户防不胜防。

7）混合型病毒。兼有上述计算机病毒特点的病毒统称为混合型病毒，所以它的破坏性更大，传染的机会也更多，杀毒也更加困难。

3. 计算机病毒发展的特点

随着互联网的发展，病毒在感染性、流行性、欺骗性、危害性、潜伏性和顽固性等几个方面也越来越强，互联网环境下的计算机病毒，主要有以下几个发展特点。

（1）传播网络化

利用网络技术，以网络为载体频频爆发的间谍程序、蠕虫病毒、游戏木马、邮件病毒、QQ病毒、MSN病毒、黑客程序等网络新病毒，已经颠覆了传统的病毒概念。与传统病毒相比，网络病毒呈现传播速度空前、数量与种类剧增、全球性爆发、攻击途径多样化，并且以利益获取为目的，造成损失具有灾难性等突出特点。例如，“爱虫”“红色代码”“尼姆达”无一例外都选择了网络作为主要传播途径。

（2）利用操作系统和应用程序的漏洞

此类病毒的代表是“红色代码”和“尼姆达”，由于浏览器的漏洞，使得感染了“尼姆达”病毒的邮件在不去手工打开附件的情况下就能激活病毒，而此前即便是很多防病毒专家也一直认为，带有病毒附件的邮件，只要不去打开附件病毒不会有危害，“红色代码”则是利用了微软IS服务器软件的漏洞来传播。

（3）传播方式多样

例如，“尼姆达”病毒，可利用的传播途径包括文件、电子邮件、Web服务器、网络共享等。

（4）病毒制作技术较新

许多新型病毒是利用当前最新的编程语言与编程技术实现的，易于修改以产生新的变种，从而避开反病毒软件的搜索。另外，新型病毒利用Java、ActiveX、VBScript等技术，可以潜伏在HTML页面里，在上网浏览时触发。Kakworm病毒虽然早已被发现，但它的感染率一直居高不下，就是由于它利用ActiveX控件中存在的缺陷传播，装有IE或Office的计算机都可能被感染。这个病毒的出现使原来采用的不打开带毒邮件附件而直接删除的防邮件病毒方法完全失效。更为令人担心的是，一旦这种病毒被赋予了其他计算机病毒的恶毒的特性，它所造成的危害很有可能超过任何现有的计算机病毒。

（5）诱惑性

现在的计算机病毒会充分利用人们的好奇心理。例如，曾经肆虐一时的“裸妻”病毒是一种叫W32. Nakedwife@ mm的蠕虫，邮件附件中携带一个可执行文件，用户执行该文件，病毒就被激活。

（6）病毒形式多样化

通过对病毒分析显示，虽然新病毒不断产生，但较早的病毒发作仍很普遍，并向卡通图片等方面发展。此外，新病毒更善于伪装，如主题会在传播中改变，许多病毒会伪装成常用程序，或者将病毒代码写入文件内部，用来麻痹计算机用户。主页病毒的附件并非一个HTML文档，而是一个恶意的VB脚本程序，一旦被执行，就会向用户地址簿中的所有电子邮件地址发送带毒的电子邮件副本。

（7）危害多样化

传统的病毒主要攻击单机，而“红色代码”和“尼姆达”都会造成网络拥堵甚至瘫痪，直接危害到了网络系统；另一个危害来自病毒在受害者的文件中开了后门，对某些部门而言，开启了后门所造成的危害（如泄密）可能会超过病毒本身。

4. 计算机病毒的预防措施

计算机病毒及反病毒是两种以软件编程技术为基础的技术，它们的发展是交替进行的。因此，对计算机病毒以预防为主，防止病毒的入侵要比病毒入侵后再去发现和排除要好得多。

（1）采用防杀病毒的软件

目前国内外商品化的防病毒软件已有很多种，大部分防毒软件采用识别病毒特征的方法进行工作，对已知病毒，使用网络作为更新病毒库的手段，能够及时发现并清除最新的病毒。各种类型的病毒防火墙能够有效抵御各类通过网络传播的病毒的入侵，及时更新病毒库，可以防御并杀除大多数流行的病毒。

（2）采用抗病毒的硬件

目前国内商品化的防病毒卡已有很多种，但是大部分病毒防护卡是采用识别病毒特征和监视中断向量的方法，因而不可避免存在两个缺点：一是只能防护已知的计算机病毒，面对新出现的病毒无能为力；二是发现可疑的操作，如修改中断向量时，频频出现突然中止用户程序的正常操作，在屏幕上显示出一些问题让用户回答的情况，这不但破坏了用户程序的正常显示画面，而且由于一般用户不熟悉系统内部操作的细节，这些问题往往很难回答且回答错误，不是放过了计算机病毒就是使自己的程序执行出现错误。

（3）社会措施

实践证明，计算机机房采用了严密的机房管理制度，可以有效地防止病毒入侵。机房采取安全措施的目的主要是切断外来计算机病毒的入侵途径。这些措施主要有：定期检查硬盘及所用到的光盘等，及时发现病毒，消除病毒；慎用公用软件和共享软件；对系统盘和文件加以写保护；不用外来盘引导机器；不在系统盘上存放用户的数据和程序；保存所有的重要软件的复制件，主要数据要经常备份；新引进的软件必须确认不带病毒后方可使用；培训机房工作人员严格遵守制度，不准留病毒样品，防止有意或无意扩散病毒。对于网络上的机器，除上述注意事项外，还要注意尽量限制网络中程序的交换；上机用户的移动硬盘、U盘成光盘，要确认无病毒方可使用；为了防止病毒传播，应教育软件人员、计算机专业学生以及计算机爱好者认识到病毒的危害性，加强自身的社会责任感，不从事制造和改造计算机病毒的犯罪行为；国家制定有关计算机病毒的法律法规，严厉打击制造或有意传播计算机病毒的犯罪行为。

4.6.2 常用杀毒软件简介

目前常用的杀毒软件以“特征值扫描法”作为理论基础，其核心是从病毒体中提取病毒特征值构成病毒特征库。杀毒软件将用户计算机中的文件与病毒特征库中的特征值逐一比对，判断该文件是否被病毒感染。杀毒软件厂商只有发现并捕获到新病毒后，才有可能从病毒体中提取其特征值，这种特征值扫描技术是在新病毒出现后，才以滞后的单个病毒人工捕获、滞后的人工分析、滞后的版本升级为防范机制，要应对每小时数种甚至数十种网络新病毒的威胁，显然力不从心。但一般而言，无论是国外还是国内的杀毒软件，只要合理使用，都能够不同程度地查杀许多计算机病毒。下面简单介绍几种国内外的杀毒软件。

（1）百度杀毒软件

百度杀毒是百度公司推出的专业杀毒软件，集合了百度强大的云端计算、海量数据学习能力与百度自主研发的反病毒引擎专业能力，提供轻巧不卡机的产品体验，并且永久免费。百度杀毒软件目前拥有三大引擎，分别是百度本地杀毒引擎、云安全引擎和小红伞（avira）杀毒引擎。百度杀毒软件默认使用百度杀毒引擎和云安全引擎进行实时监控，它会智能选择不同的引擎进行扫描，精确地检测和清理99%的威胁，完美兼容10多款主流安全软件。

（2）360杀毒

360杀毒是360安全中心研制的一款免费的云安全杀毒软件。它创新性地整合了五大领先查杀引擎，包括国际知名的BitDefender病毒查杀引擎、小红伞病毒查杀引擎、360云查杀引擎、360主动防御引擎以及360第二代QVM人工智能引擎。具有查杀率高、资源占用少、升级迅速等优点，其防杀病毒能力得到多个国际权威安全软件评测机构认可，荣获多项国际权威认证。

（3）金山毒霸

金山毒霸是金山公司推出的功能强大的杀毒软件。金山毒霸可查杀超过两万种病毒家族和近百种黑客程序，具备完善的实时监控（病毒防火墙）功能，支持ZIP、RAR、CAB、ARJ等多种压缩格式，支持E-mail查毒、网络查毒，具有功能强大的定时自动查杀功能以及硬盘数据备份等功能。它含有防杀病毒和间谍软件、隐私保护、防黑客和木马入侵、防网络钓鱼、文件粉碎器、抢先加载、垃圾邮件过滤，主动漏洞修复、安全助手等功能，还有主动实时升级技术和按月更新功能，每周至少17次免费升级病毒库（包括非工作日）。金山毒霸支持各类版本Windows系统，还能查杀智能手机病毒，当用户通过计算机下载应用程序及文件并传输至手机之前，可有效查杀手机病毒；可在Windows未完全启动时就启动防毒系统，抢先保护用户的计算机系统。

（4）腾讯电脑管家

腾讯电脑管家是腾讯公司推出的一款免费安全软件，能有效预防和解决计算机上常见的安全风险。拥有云查杀木马、系统加速、漏洞修复、实时防护、网速保护、电脑诊所、健康小助手等功能，首创“管理+杀毒”二合一的开创性功能，依托管家云查杀和第二代自研反病毒引擎“鹰眼”，拥有QQ账号全景防卫系统，在网络钓鱼欺诈及盗号打击方面，有更加出色的表现，在安全防护及病毒查杀方面的能力已达到国际一流杀毒软件水平，能够全面保障计算机安全，并获得CheckMark认证和VB100认证。

本章小结

本章介绍了网络基本概念和网络体系结构的基础，网络安全的基本概念和常用技术，读者应重点掌握简单局域网的组建、Internet 的接入方式、IE 浏览器的设置与使用、Internet 提供的基本服务的应用。

习　　题

1. 根据你对 Internet 的日常使用，列出 Internet 的主要应用并举例说明。

2. 如果你的宿舍可以使用计算机连接到互联网，请写出计算机联网的步骤。如果还没有网络，请设计一个宿舍计算机联网方案。

3. 网络病毒层出不穷，除了妥善使用计算机外，请说明用户自己应该如何避免计算机中毒的发生。

第 5 章 Word 文字处理操作

在日常工作、学习中，需要处理各式各样的文档，例如制作图文并茂的社团招新广告页、书写一篇格式要求严格的论文、设计一份简洁大方又吸引人的简历等，都需要用到文字处理软件。文字处理就是指利用计算机输入、存储、编辑及输出文档的过程。当前比较流行的文字处理软件是 Microsoft Word。

Microsoft Office 2010 是 Microsoft（微软）公司发布的新一代办公软件，主要包括 Word 2010、Excel 2010、PowerPoint 2010、Outlook 2010、Access 2010、OneNote 2010、Publisher 2010 等常用的办公组件。该版本采用了 Ribbon 新界面主题，界面更加简洁明快，同时也增加了很多新功能，特别是在线应用，可以让用户更加方便地去表达自己的想法、解决问题以及与他人联系。

5.1 Word 的基本操作

1. Word 2010 的启动与退出

Word 2010 的启动方法有很多。一般情况下，若桌面上有 Microsoft Word 2010 快捷图标则可直接双击该图标，即可打开 Word 2010 工作窗口。若在“开始”菜单中有 Word 2010 程序，也可以通过单击该程序项将其打开。由于文档与应用程序之间建立了“文档驱动”的关联，所以通过双击打开 Word 2010 文档，在打开文档的同时也启动了 Word 2010 应用程序。

退出 Word 2010 有以下四种方法：单击窗口右上角的“关闭“按钮；双击窗口左上角的控制菜单按钮；按〈Alt + F4〉组合键；单击“文件”菜单下的“退出”命令选项。

如果在 Word 2010 中已经输入了新的数据，则在退出之前系统将弹出一个提示框，询问是否要保存数据，可以根据需要，选择“保存”、“不保存”或“取消”。

2. Word 2010 窗口结构

Word 2010 取消了传统的菜单操作方式，取而代之的是各种功能区。在 Word 2010 窗口上方看起来像菜单的名称其实是功能区的名称，当单击这些名称时并不会打开菜单，而是切换到与之相对应的功能区面板。功能区共由 7 个功能选项卡组成，分别是开始、插入、页面布局、引用、邮件、审阅和视图。各选项卡收录相关的功能群组，只要切换到相应的功能选项卡，就能看到其中包含的功能按钮。例如，“开始”选项卡中包含基本的操作功能，主要用于文字格式、段落格式等的设置。开启 Word 2010 时，预设会显示“开始”选项卡下的工具按钮。当按下其他的功能选项卡时，便会显示该选项卡所包含的按钮。为便于操作，在同一个功能区中，又把具有不同性质的操作按钮划分为不同的一些按钮组，操作时可根据需要选择不同的组。

在功能区中按下“对话框启动按钮”，还可以开启专属的“对话框”或“工作窗格”来做更细致的设定。例如，想要设置更详细的数据格式，就可以切换到“开始”选项卡，按下“字体”选项组右下角的按钮，开启“字体”对话框来实现。单击“快速存取工具栏”旁边的按钮，还可改变工具栏的显示位置。单击按钮，可以显示或隐藏功能区。每个功能区根据功能的不同又分为若干个组，每个功能区所拥有的功能如下所述。

（1）“开始”功能区

“开始”功能区中包括剪贴板、字体、段落、样式和编辑 5 个组，对应 Word 2003 的“编辑”和“段落”菜单部分命令。该功能区主要用于帮助用户对 Word 2010 文档进行文字编辑和格式设置，是用户最常用的功能区，如图 5-1 所示。

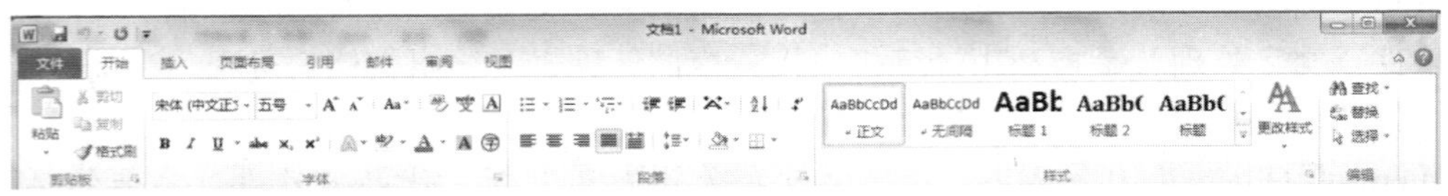

图 5-1 “开始”功能区

（2）“插入”功能区

“插入”功能区包括页、表格、插图、链接、页眉和页脚、文本、符号和特殊符号几个组，对应 Word 2003 中“插入”菜单的部分命令，主要用于在 Word 2010 文档中插入各种元素，如图 5-2 所示。

图 5-2 “插入”功能区

（3）“页面布局”功能区

“页面布局”功能区包括主题、页面设置、稿纸、页面背景、段落、排列几个组，对应 Word 2003 的“页面设置”菜单命令和“段落”菜单中的部分命令，用于帮助用户设置 Word 2010 文档页面样式，如图 5-3 所示。

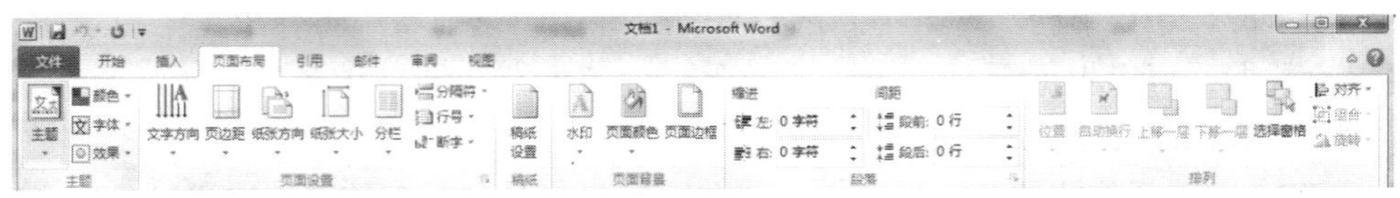

图 5-3 “页面布局”功能区

（4）“引用”功能区

“引用”功能区包括目录、脚注、引文与书目、题注、索引和引文目录几个组，用于实现在 Word 2010 文档中插入目录等比较高级的功能，如图 5-4 所示。

（5）“邮件”功能区

“邮件”功能区包括创建、开始邮件合并、编写和插入域、预览结果和完成几个组，该

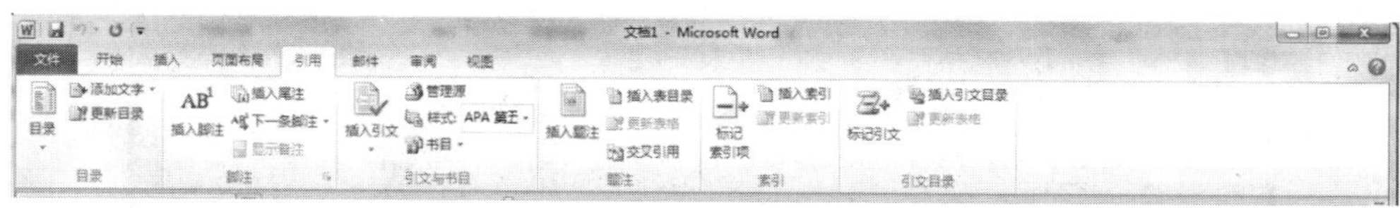

图 5-4 “引用”功能区

功能区的作用比较专一，专门用于在 Word 2010 文档中进行邮件合并方面的操作，如图 5-5 所示。

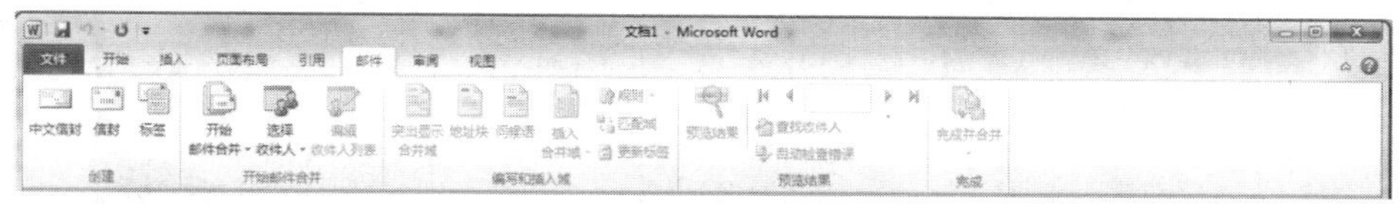

图 5-5 “邮件”功能区

（6）“审阅”功能区

“审阅”功能区包括校对、语言、中文简繁转换、批注、修订、更改、比较和保护几个组，主要用于对 Word 2010 文档进行校对和修订等操作，适用于多人协作处理 Word 2010 长文档，如图 5-6 所示。

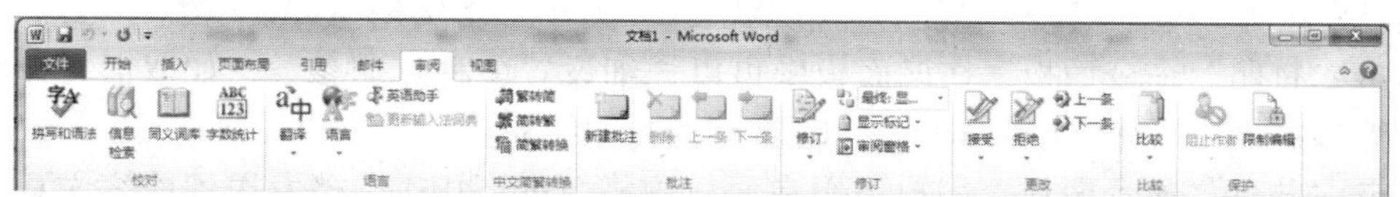

图 5-6 “审阅”功能区

（7）“视图”功能区

“视图”功能区包括文档视图、显示、显示比例、窗口和宏几个组，主要用于帮助用户设置 Word 2010 操作窗口的视图类型，以方便操作，如图 5-7 所示。

图 5-7 “视图”功能区

3. Word 2010 中的“文件”按钮

Word 2010 的“文件”按钮是一个类似于菜单的按钮，位于 Word 2010 窗口左上角。单击“文件”按钮可以打开“文件”面板，包含“信息”“最近”“新建”“打印”“共享”“打开”“关闭”“保存”等常用命令，如图 5-8 所示。

在默认打开的“信息”命令面板中，用户可以进行旧版本格式转换、保护文档（包含设置 Word 文档密码）、检查问题和管理自动保存的版本。

单击“最近”命令面板，在面板右侧可以查看最近使用的 Word 文档列表，用户可以通过该面板快速打开使用的 Word 文档。在每个历史 Word 文档名称的右侧含有一个固定按钮，

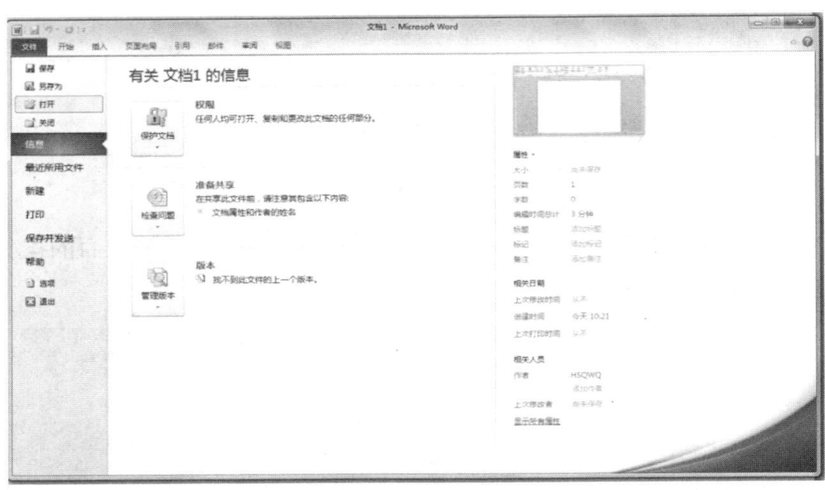

图 5-8 “文件”面板

单击该按钮可以将该记录固定在当前位置，而不会被后续历史 Word 文档名称替换。

单击“新建”命令面板，用户可以看到丰富的 Word 2010 文档类型，包括“空白文档”“博客文章”“书法字帖”等 Word 2010 内置的文档类型。用户还可以通过 Office. com 提供的模板新建诸如“会议日程”“证书”“奖状”“小册子”等实用 Word 文档。

单击“打印”命令面板，在该面板中可以详细设置多种打印参数，如双面打印、指定打印页等参数，从而有效控制 Word 2010 文档的打印结果。

单击“共享”命令面板，用户可以在面板中将 Word 2010 文档发送到博客文章、发送电子邮件或创建 PDF 文档。

选择“文件”面板中的“选项”命令，可以打开“Word 选项”对话框。在“Word 选项”对话框中可以开启或关闭 Word 2010 中的许多功能或设置参数。

4. 在 Word 2010 中设置 Word 文档属性信息

Word 文档属性包括作者、标题、主题、关键词、类别、状态和备注等项目，关键词属性属于 Word 文档属性之一。用户通过设置 Word 文档属性，将有助于管理 Word 文档。在 Word 2010 中设置 Word 文档属性的步骤如下所述：

第一步，打开 Word 2010 文档窗口，依次单击“文件”→“信息”按钮。在打开的“信息”面板中单击“属性”按钮，并在打开的下拉列表框中选择“高级属性”选项。

第二步，在打开的文档属性对话框中切换到“摘要”选项卡，分别输入作者、单位、类别、关键词等相关信息，并单击“确定”按钮即可。

5. 在 Word 2010 中显示或隐藏标尺、网格线和导航窗格

在 Word 2010 文档窗口中，用户可以根据需要显示或隐藏标尺、网格线和导航窗格。在“视图”功能区的“显示”分组中，选中或取消相应复选框可以显示或隐藏对应的项目，如图 5-9 所示。

（1）显示或隐藏标尺

“标尺”包括水平标尺和垂直标尺，用于显示 Word 2010 文档的页边距、段落缩进、制表符等。选中或取消“标尺”复选框可以显示或隐藏标尺。

（2）显示或隐藏网格线

“网格线”能够帮助用户将 Word 2010 文档中的图形、图像、文本框、艺术字等对象按网格线对齐，并且在打印时网格线不被打印出来。选中或取消“网格线”复选框可以显示或隐藏网格线。

（3）显示或隐藏导航窗格

“导航窗格”主要用于显示 Word 2010 文档的标题大纲，用户可以单击“文档结构图”中的标题展开或收缩下一级标题，并且可以快速定位到标题对应的正文内容，还可以显示 Word 2010 文档的缩略图。选中或取消“导航窗格”复选框可以显示或隐藏导航窗格。

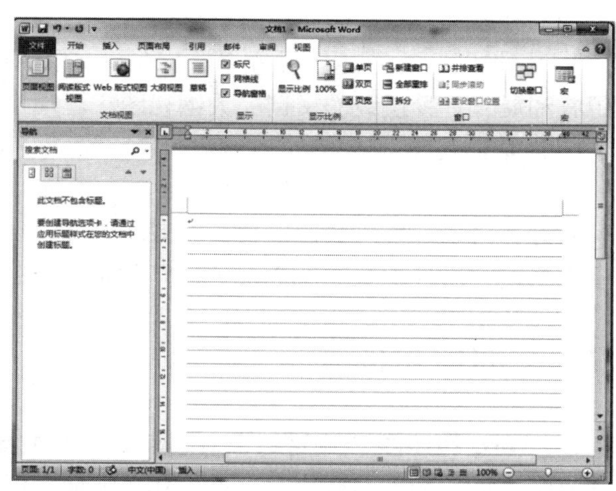

图 5-9　标尺、网格线和导航窗格

6. Word 2010 的视图模式

在 Word 2010 中提供了多种视图模式供用户选择，这些视图模式包括“页面视图”“阅读版式视图”“Web 版式视图”“大纲视图”“草稿视图”五种视图模式。用户可以在“视图”功能区中选择需要的文档视图模式，也可以在 Word 2010 文档窗口的右下方单击视图按钮选择视图，如图 5-10 所示。

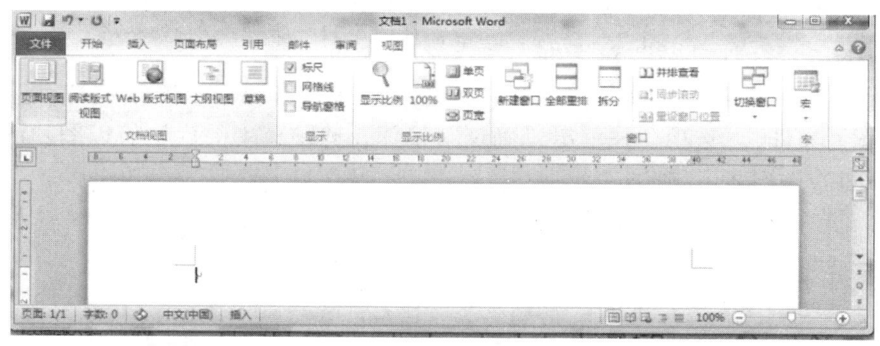

图 5-10　视图模式

（1）页面视图

“页面视图”可以显示 Word 2010 文档的打印结果外观，主要包括页眉、页脚、图形对象、分栏设置、页面边距等元素，是最接近打印结果的页面视图。

（2）阅读版式视图

“阅读版式视图”以图书的分栏样式显示 Word 2010 文档，此时“文件”按钮、功能区等窗口元素被隐藏起来。在阅读版式视图中，用户还可以单击“工具”按钮选择各种阅读工具。

（3）Web 版式视图

“Web 版式视图”以网页的形式显示 Word 2010 文档，Web 版式视图适用于发送电子邮件和创建网页。

(4) 大纲视图

"大纲视图"主要用于设置 Word 2010 文档的设置和显示标题的层级结构，并可以方便地折叠和展开各种层级的文档。大纲视图广泛用于 Word 2010 长文档的快速浏览和设置中。

(5) 草稿视图

"草稿视图"取消了页面边距、分栏、页眉页脚和图片等元素，仅显示标题和正文，是最节省计算机系统硬件资源的视图方式。当然，现在计算机系统的硬件配置都比较高，基本上不存在由于硬件配置偏低而使 Word 2010 运行遇到障碍的问题。

5.2 文档编辑部分

1. Word 2010 文档中进行复制、剪切和粘贴操作

复制、剪切和粘贴操作是 Word 2010 中最常用的文本操作，其中复制操作是在原有文本保持不变的基础上，将所选中文本放入剪贴板；而剪切操作则是在删除原有文本的基础上将所选中文本放入剪贴板；粘贴操作则是将剪贴板的内容放到目标位置。在 Word 2010 文档中还可以使用"选择性粘贴"功能，帮助用户有选择地粘贴剪贴板中的内容。例如，可以将剪贴板中的内容以图片的形式粘贴到目标位置，如图 5-11 所示。

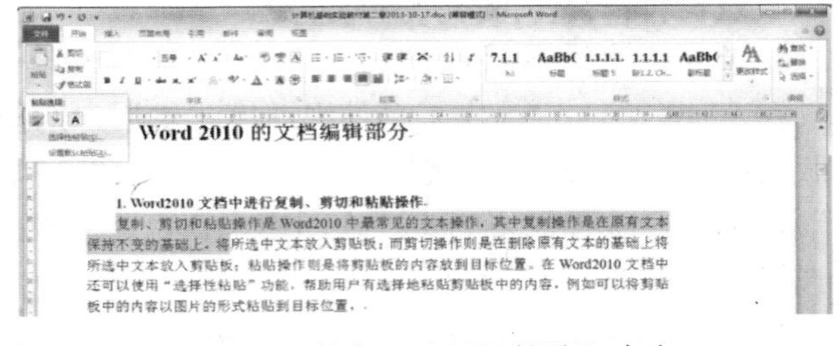

图 5-11　单击"选择性粘贴"命令

在打开的"选择性粘贴"对话框中选中"粘贴"单选框，然后在"形式"列表中选中一种粘贴格式。例如，选中"图片（Windows 图元文件）"选项，并单击"确定"按钮，剪贴板中的内容将以图片的形式被粘贴到目标位置，如图 5-12 所示。

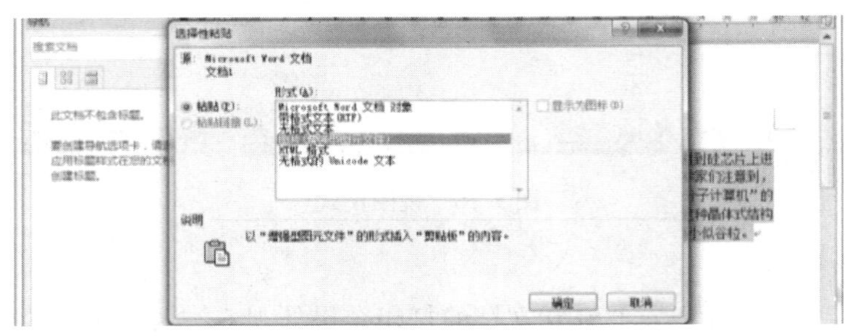

图 5-12　选中"图片（Windows 图元文件）"选项

在 Word 2010 文档中使用"粘贴选项"，当执行"复制"或"剪切"操作后，则可调用"粘贴选项"命令，其中包括"保留源格式""合并格式""仅保留文本"三个命令，如图 5-13 所示。

2. 在 Word 2010 中使用 Office 剪贴板

Office 剪贴板用于暂存 Office 2010 中的待粘贴项目，用户可以根据需要确定在任务栏中显示或不显示 Office 剪贴板。在"开始"功能区单击"剪贴板"分组右下角的"显示

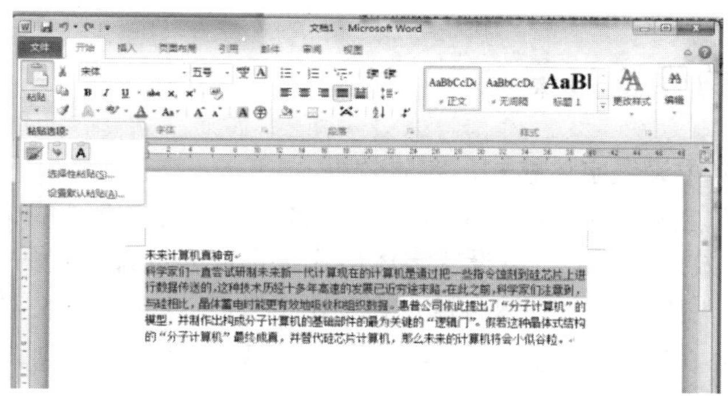

图 5-13 “粘贴选项”命令

‘Office剪贴板’任务窗格”按钮，如图 5-14 所示。

在打开的 Office 剪贴板任务窗格中，单击任务窗格底部的“选项”按钮。在打开的“选项”菜单中选中“在任务栏中显示 Office 剪贴板的图标”选项，如图 5-15 所示。

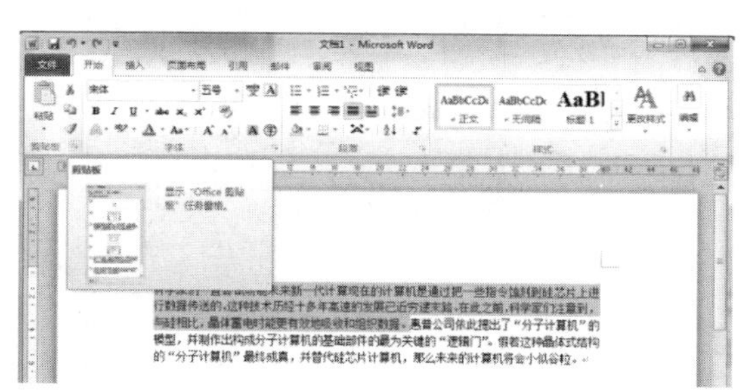

图 5-14 单击“显示‘Office 剪贴板’任务窗格”按钮

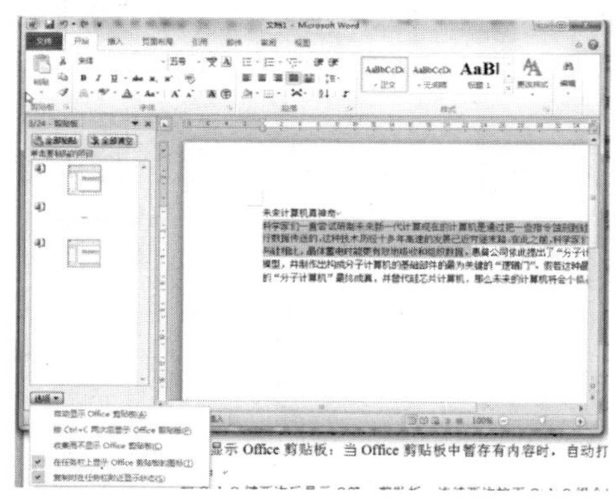

图 5-15 选中“在任务栏中显示 Office 剪贴板的图标”选项

在打开的 Word 2010“剪贴板”任务窗格中可以看到暂存在 Office 剪贴板中的项目列表，如果需要粘贴其中一项，只需单击该选项即可，如果需要删除 Office 剪贴板中的其中一项内容或几项内容，可以单击该项目右侧的下拉三角按钮，在打开的下拉菜单中执行“删除”命令，如果需要删除 Office 剪贴板中的所有内容，可以单击 Office 剪贴板内容窗格顶部的“全部清空”按钮，如图 5-16 所示。

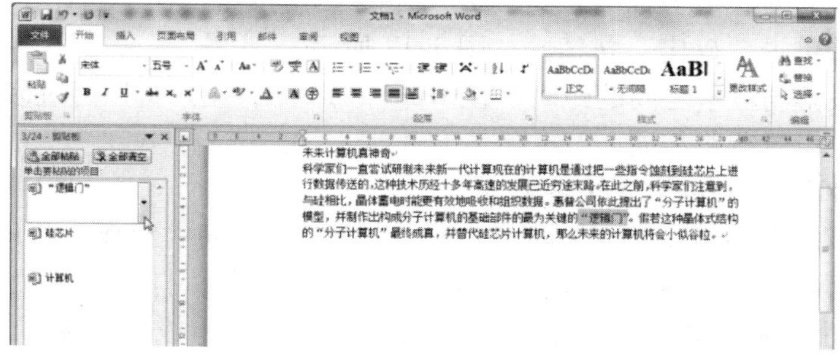

图 5-16 Office 剪贴板中的项目列表

5.3 文档格式的设置与美化

1. 在 Word 2010 中设置字体格式、字体效果

通过“字体”功能区中的字体、字号、文字加粗、倾斜、下画线、删除线、下标、上标、字体颜色、文本效果等功能，可设置字体格式。选取要设置格式的文本，单击“字体”功能区右下角的小箭头或者单击鼠标右键，在弹出的快捷菜单中选取“字体”命令，系统弹出“字体”对话框。根据要求设置字体、字形、字号、颜色、下画线等选项。单击“确定”按钮即可实现字符格式设置。

2. 在 Word 2010 中设置行距和段间距

通过设置行距可以使文档页面更适合打印和阅读，用户可以通过“行距”列表快速设置最常用的行距。打开 Word 2010 文档窗口，选中需要设置行距的段落或全部文档，在“开始”功能区的“段落”分组中单击“行距”按钮，并在打开的行距列表中选中合适的行距。也可以单击“增加段前间距”或“增加段后间距”设置段落和段落之间的距离，如图 5-17 所示。

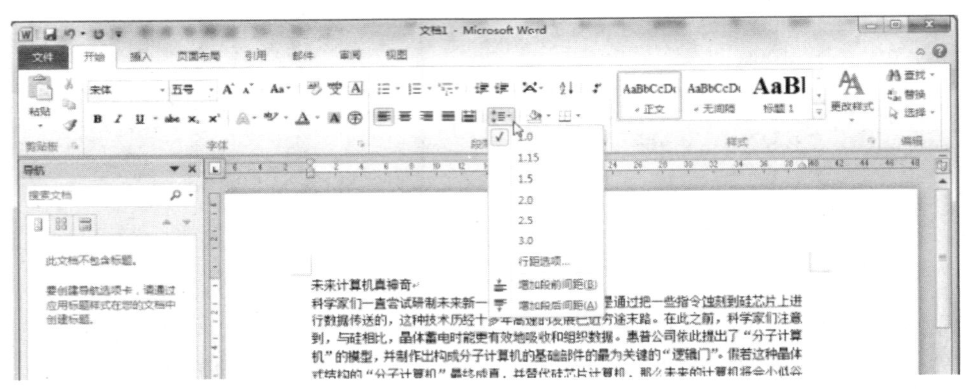

图 5-17　快速设置行距和段间距

行距就是指 Word 2010 文档中行与行之间的距离，用户可以将行距设置为固定的某个值（如“15 磅”），也可以是当前行高的倍数。选中需要设置行间距的文档内容。然后在“开始”功能区的“段落”分组中单击显示段落对话框按钮，在打开的“段落”对话框中切换到“缩进和间距”选项卡，然后单击“行距”下拉三角按钮，在“行距”下拉列表框中选择合适的行距，并单击“确定”按钮，如图 5-18 所示。

段间距是指段落与段落之间的距离，在 Word 2010 中，用户可以通过多种渠道设置段落间距，操作方法与设置行距相同。

3. 在 Word 2010 文档中设置段落缩进

通过设置段落缩进，可以调整文档正文内容与页边距之间的距离。用户可以在“段落”对话框中设置段落缩进，选中需要设置段落缩进的文本段落，打开的“段落”对话框，切换到“缩进和间距”选项卡，在“缩进”区域调整“左侧”或“右侧”文本框设置缩进值。然后单击“特殊格式”下拉三角按钮，在下拉列表框中选中“首行缩进”或“悬挂缩进”选项，并设置缩进值（通常情况下设置缩进值为 2），设置完毕单击“确定”按钮，如图 5-19 所示。

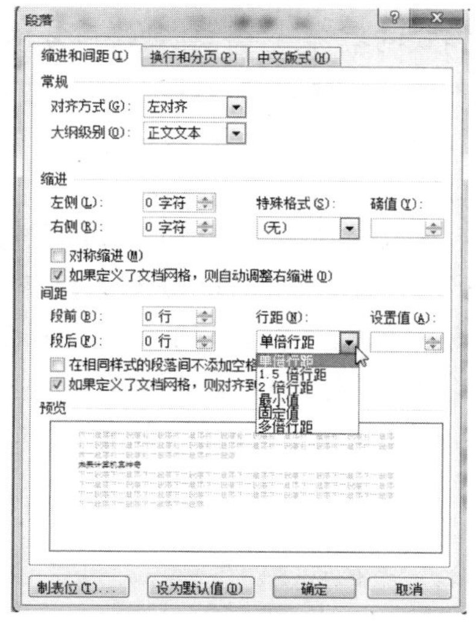

图 5-18 “段落”对话框

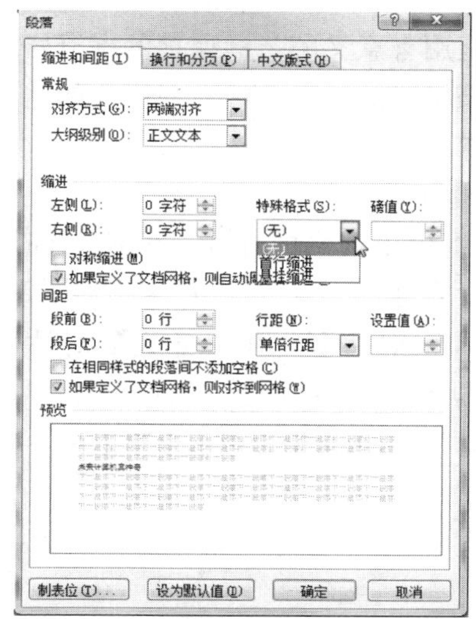

图 5-19 “首行缩进”选项

借助 Word 2010 文档窗口中的标尺，用户可以很方便地设置 Word 文档段落缩进。在“显示/隐藏”分组中选中“标尺”复选框，在标尺上出现四个缩进滑块，拖动首行缩进滑块可以调整首行缩进；拖动悬挂缩进滑块设置悬挂缩进的字符；拖动左缩进和右缩进滑块设置左右缩进，如图 5-20 所示。

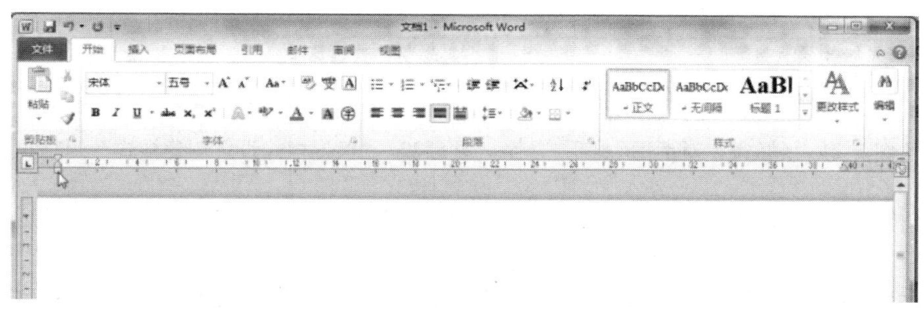

图 5-20 拖动滑块设置缩进

4. 在 Word 2010 中设置段落对齐方式

对齐方式的应用范围为段落，在“开始”功能区和“段落”对话框中均可以设置文本对齐方式。打开 Word 2010 文档窗口，选中需要设置对齐方式的段落。然后在“开始”功能区的“段落”分组中分别单击“左对齐”按钮、“居中对齐”按钮、“右对齐”按钮、“两端对齐”按钮和“分散对齐”按钮设置对齐方式，另一种方法是在打开的“段落”对话框中单击“对齐方式”下拉三角按钮，然后在“对齐方式”下拉列表框中选择合适的对齐方式。

5.4 创建样式

样式是用有意义的名称保存的字符格式和段落格式的集合，这样在编排重复格式时，先创建一个该格式的样式，然后在需要的地方套用这种样式，就无须一次次地对它们进行重复的格式化操作了。

1. 创建新样式

Word 提供了很多的样式，但还允许用户新建一些新的样式，并可以利用新建的样式进行排版。单击“开始”选项卡“样式”分组中的“样式”对话框按钮，打开如图 5-21 所示“样式”对话框。在“样式”对话框的左下角，单击“新建样式”，打开如图 5-22 所示“根据格式设置创建样式”对话框，在“名称”文本框中输入样式的名称。在“样式类型”文本框中，单击“段落”“字符”“表格”或“列表”指定所创建的样式类型。

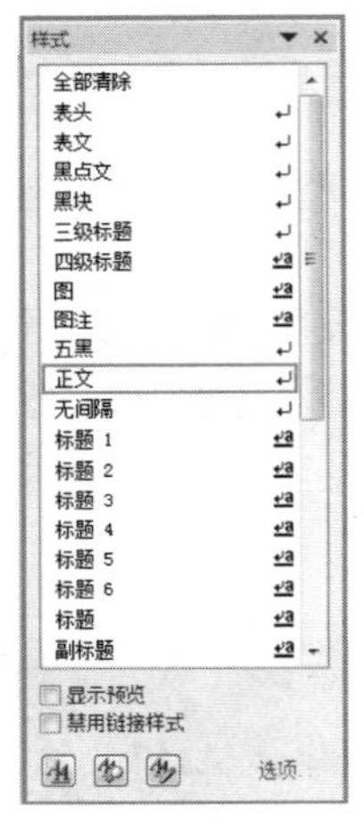

图 5-21 “样式”对话框

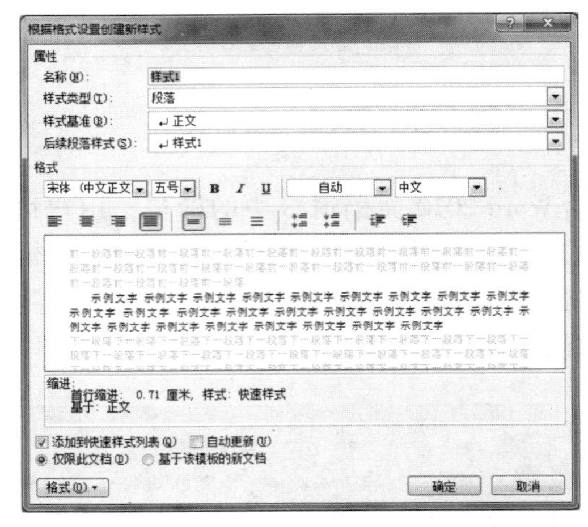

图 5-22 “根据格式设置创建样式”对话框

选择所需的选项，或者单击“格式”以便看到“字体”“段落”“编号”等选项，单击其中的命令，可以打开对应的对话框，以便对当前样式进行设置。例如，单击“编号”命令，打开如图 5-23 所示的“编号和项目符号”对话框，在编号库中选择格式即可；如果需要进行新编号的添加，可单击“定义新编号格式”按钮，在打开的如图 5-24 所示的“定义新编号格式”对话框中建立即可。

2. 应用样式

对段落应用样式，应先将插入点光标放在该段落内任意位置，或者在该段中选定任意数量的文本。对文字应用样式，应先选取要应用样式的正文。在“开始”选项卡的“样式”分组的列表框中，选择适当的样式即可。

也可以先将插入点光标放在该段落内任意位置，或者在该段中选定任意数量的文本；对文字应用样式，应先选取要应用样式的正文，鼠标右键单击，在打开的快捷菜单中选择“样式”命令，在“样式”文本框中选择需要的样式即可。

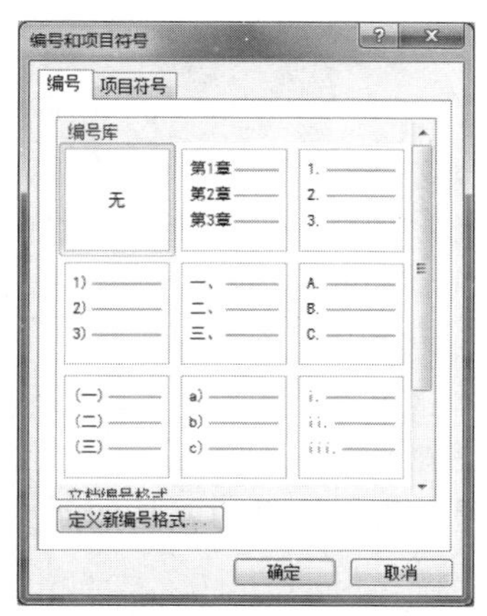

图 5-23　新建样式的“编号和项目符号”对话框

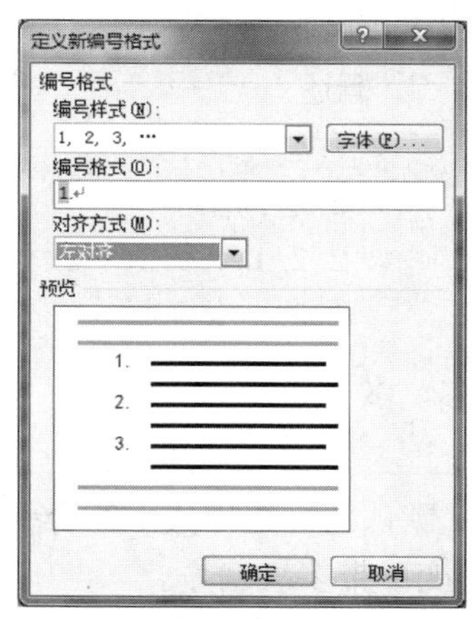

图 5-24　“定义新编号格式”对话框

3. 修改样式的格式

鼠标右键单击“开始”选项卡中的“样式”分组中要进行修改的样式按钮，在打开的快捷菜单中单击“修改”命令，可打开如图 5-25 所示“修改样式”对话框，设置需修改的格式。若修改的样式需添加至模板中，则选中“添加到快速样式列表”复选框；若需自动更新，则选中“自动更新”复选框，单击“确定”按钮，完成样式的修改。

4. 删除样式

用户创建的样式是可以删除的，而系统原有的样式不可删除。在图 5-26 中，对待删除的样式右键单击，打开的快捷菜单中的“删除”命令，在提示框中单击“是”按钮，完成样式的删除。

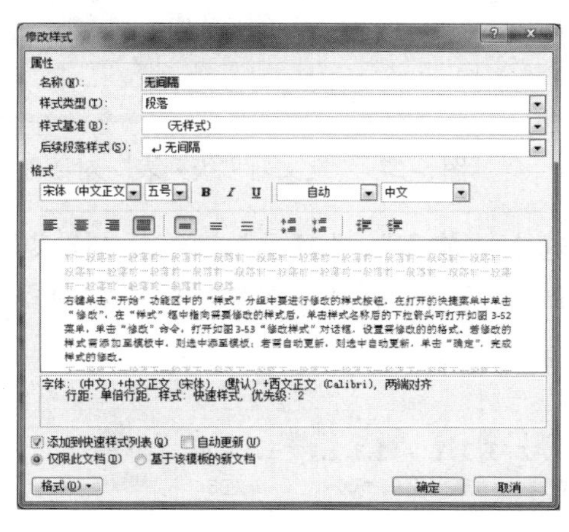

图 5-25　“修改样式”对话框

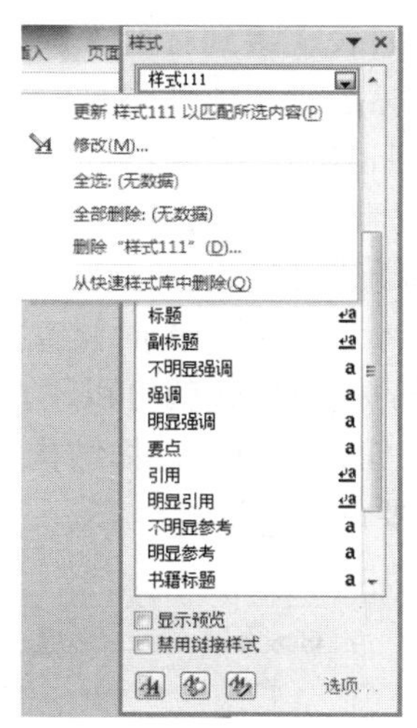

图 5-26　“样式”快捷菜单

5. 把默认标题的样式设置为带有多级编号

编写 Word 文档的习惯是把标题按照级别进行编号，形成如下的格式：

1. 前言
2. 概述
  2.1 总体结构
  2.2 结构图
    2.2.1 ×××
    2.2.2 ××××
  2.3 ×××××
3. ×××××

Word 默认的标题样式不符合要求，需要自己设置。我们的目的就是如何更改默认标题的样式，变成带多级编号。

Word 2010 里面的一种设置方法，如下：

1）打开一个新的 Word 2010 文档，输入文档内容。

2）如果以前设置过默认的标题样式，单击“开始”选项卡“样式”分组中的“更改样式”下拉箭头，打开的菜单中选择“样式集”之中的“重设为模板中的快速样式”，就可以恢复。

3）单击“开始”选项卡中“多级列表”右侧下拉箭头，在对话框中选择“定义新的多级列表”，在出现的定义界面中，单击左下角的“更多”命令，得到如图 5-27 所示对话框，可以看到右边的选项“将级别链接到样式”，默认是“无样式”，按照级别把一级列表链接到标题一，二级列表链接到标题二，依此类推。单击“确定”按钮退出。

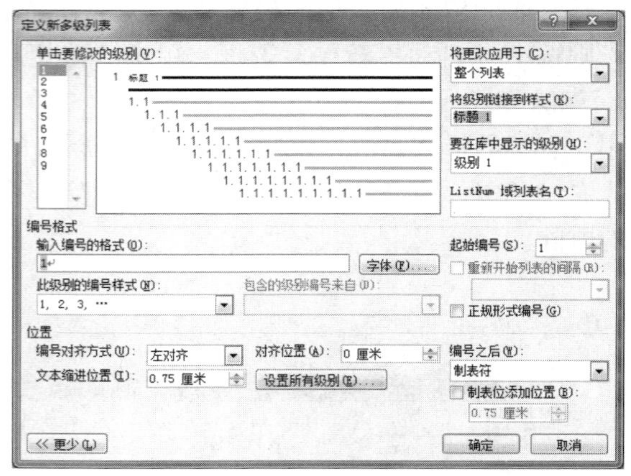

图 5-27 “定义新多级列表”对话框

4）可以看到在“开始”菜单中，默认的标题样式已经发生了变化，如图5-28 所示。输入标题的时候直接选择不同级别的标题样式就可以了。例如，选中“前言”“概述”，单击“样式”分组中的“标题 1”按钮，选中“总体结构”“结构图”，单击“样式”分组中的“标题 2”按钮，就可以得到需要的效果。

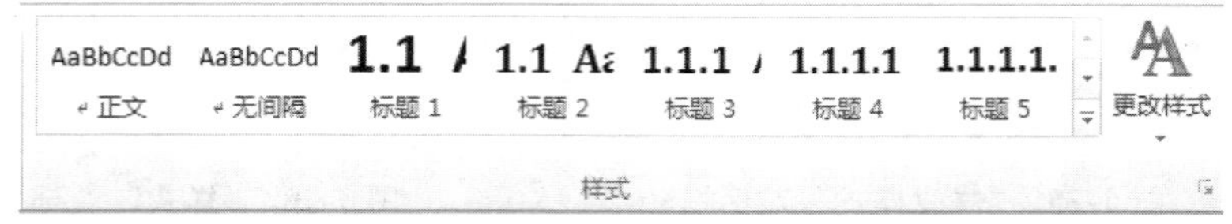

图 5-28 设置多级列表后的标题样式

5.5 查找与替换

在 Word 2010 中文档中使用“查找”和“替换”功能。

打开 Word 2010 文档窗口，将插入点的光标移动到文档的开始位置。然后在“开始”功能区的“编辑”分组中单击“查找”按钮，在打开的“导航”窗格文本框中输入需要查找的内容，并单击“搜索”按钮即可，如图 5-29 所示。

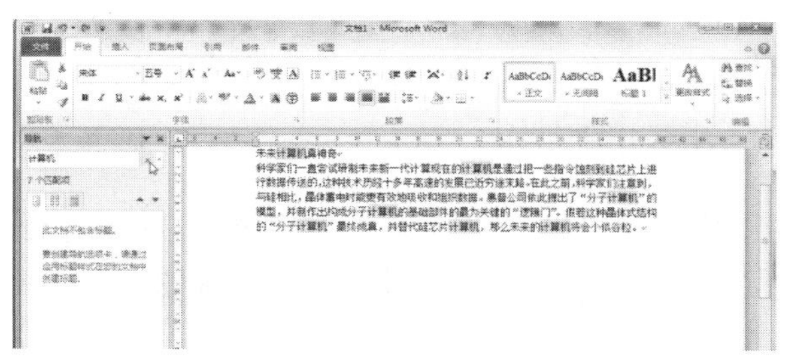

图 5-29 在“导航”窗格中查找内容

在进行查找操作时，默认情况下同时显示所有查找到的内容。用户还可以在“导航”窗格中单击“搜索”按钮右侧的下拉三角，在打开的菜单中选择“选项”命令，在打开的“查找”对话框中，取消对“全部突出显示”复选框的选取，如图 5-30 所示。

再次进行查找操作，每次只显示一个查找到的目标，查找到的目标内容将以蓝色矩形底色标识，如图 5-31 所示。

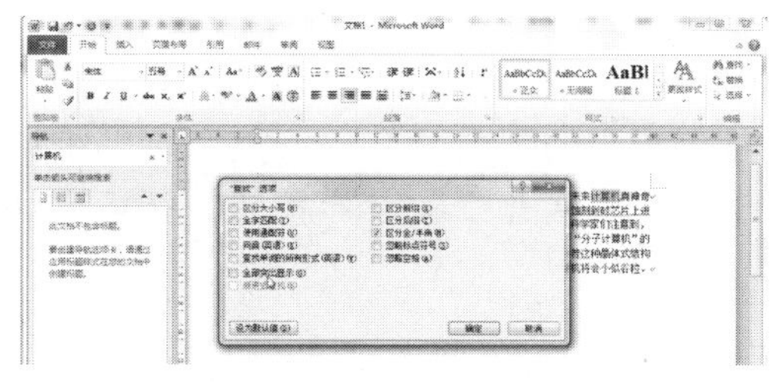

图 5-30 “查找”选项对话框

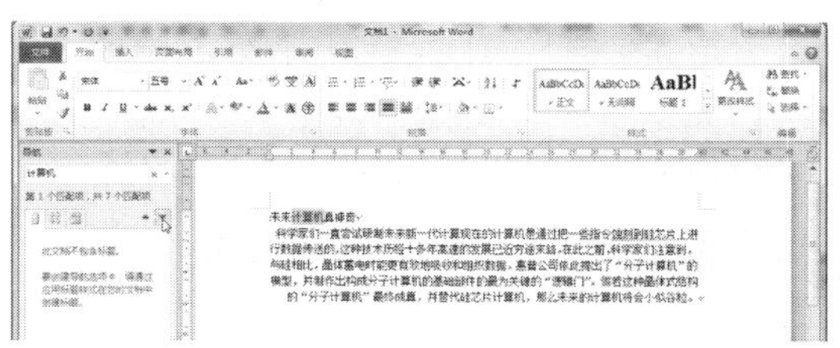

图 5-31 查找到的目标内容

在 Word 2010 的“查找和替换”对话框中提供了多个选项供用户自定义查找内容，在“开始”功能区的“编辑”分组中依次单击“查找”→“高级查找”按钮，在打开的“查找和替换”对话框中单击“更多”按钮打开“查找和替换”对话框的扩展面板，在扩展面板中可以看到更多查找选项，如图 5-32 所示。

用户可以借助 Word 2010 的“查找和替换”功能快速替换 Word 文档中的目标内容，单击“替换”按钮，打开“查找和替换”对话框，并切换到“替换”选项卡。在“查找内容”文本框中输入准备替换的内容，在“替换为”文本框中输入替换后的内容。如果希望逐个替换，则单击“替换”按钮，如果希望全部替换查找到的内容，则单击“全部替换”按钮，如图 5-33 所示。

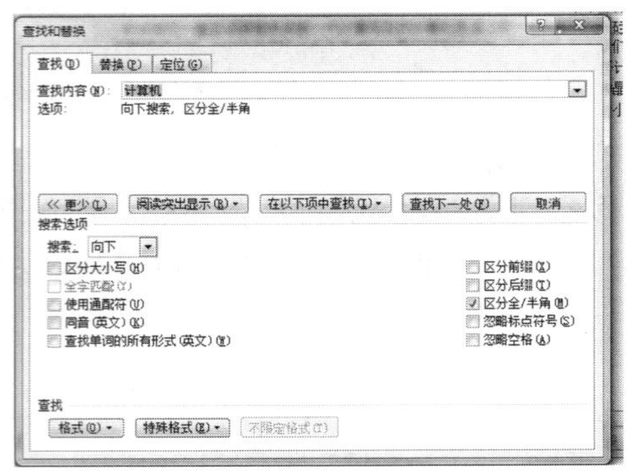

图 5-32　更多查找选项

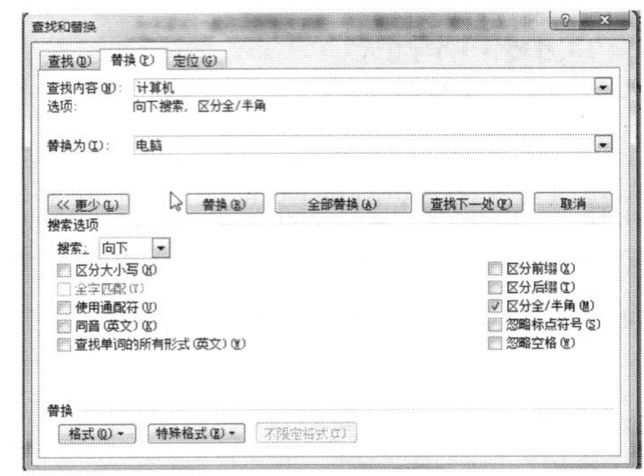

图 5-33　单击“替换”按钮

用户不仅可以查找和替换字符，还可以单击“更多”按钮进行查找和替换字符格式（例如查找或替换字体、字号、字体颜色等格式）等更高级的自定义替换操作。

5.6　文档中的元素

1. 插入表格

创建表的方法有以下几种。

（1）指定行数和列数的规则表格的生成

方法一：单击“插入”选项卡中的“表格”按钮，如图 5-39 所示。然后拖动鼠标选择所指定的行数和列数（最多可达到 8 行 10 列），松开鼠标即可在插入点位置插入表格。若指定的行数和列数超过范围，则只能选用方法二生成表格。

方法二：单击图 5-34 中子菜单中的“插入表格”命令，打开如图 5-35 所示的“插入表格”对话框。在该对话框中的“列数”微调框中输入指定的列数，在“行数”微调框中输入指定的行数，在“固定列宽”数值框中选择“自动”，单击“确定”按钮，就可在插入点位置生成指定行列的规则表格。

图 5-34　“表格”分组

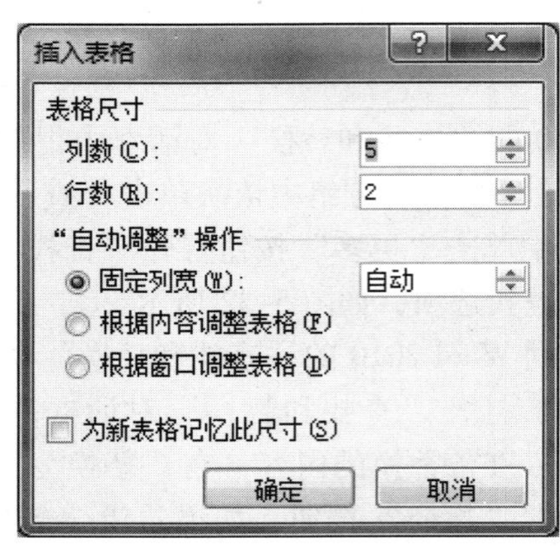

图 5-35　“插入表格”对话框

（2）非规则表格的生成

若要生成非规则表格，可以单击图 5-34 中的“绘制表格”按钮，当光标转换为笔状时，就可以按住鼠标左键画出任意表格；设置“线型”按钮、“粗细”按钮和“颜色”按钮，可以得到不同表格线的效果；通过“擦除”按钮，可以擦除多余的边框线。

（3）由文本转换生成表格

有些表格所需的数据已经有文本存在，若需把这样的文本转换为表格，可通过以下操作完成对表格的生成。

1）对文本进行如下处理：使文本中的一段对应表格中的一行。用分隔符把文本中对应的每个单元格的内容分隔开。分隔符可用逗号、空格、制表符等，也可使用其他字符。

2）把需要转换的文本部分选定。

3）单击图 5-34 子菜单中的“文字转换成表格”命令，即可打开如图 5-36 所示的“将文字转换成表格”对话框。

在“将文字转换成表格”对话框中，设置对应的选项，即可将对应文字转换成表格。

2. 表格的基本操作

（1）添加表格的单元格、行或列

添加单元格前首先要选定需添加的单元格的格数（必须包括单元格结束标记），单击“表格工具”选项卡“行和列”分组的“插入”子菜单中的“表格插入单元格”按钮，打开如图 5-37 所示的“插入单元格”对话框，选择需要的单选按钮后单击“确定”按钮即可实现单元格的插入操作。

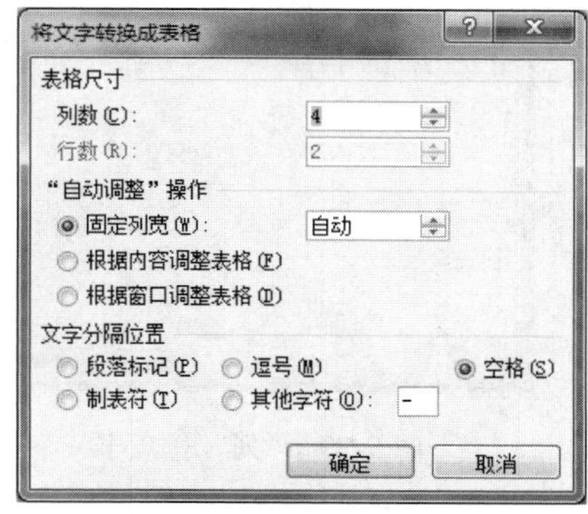

图 5-36 “将文字转换成表格”对话框

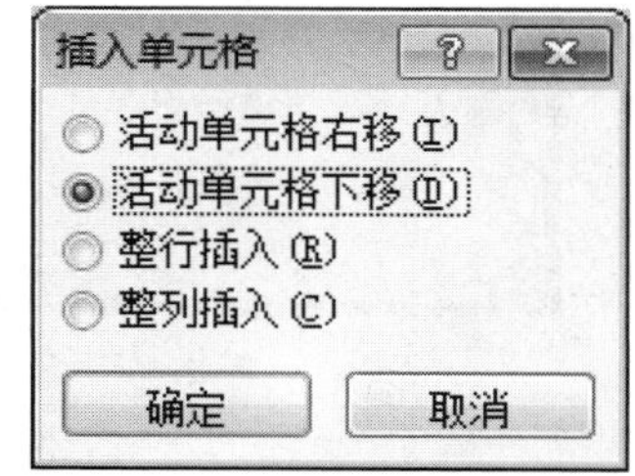

图 5-37 “插入单元格”对话框

添加行或列之前，首先选定将在其上（或下）插入新行的行或将在其左（或右）插入新列的列，选定的行数或列数要与需插入的行数或列数一致，然后单击“表格工具”选项卡“行和列”分组中对应的“在上方插入”“在下方插入”“在左方插入”和“在右方插入”按钮即可实现将行或列插入到指定位置。

（2）删除、移动和复制表格的单元格、行或列

1）删除表格的单元格、行或列。删除表格的单元格、行或列的操作与单元格、行或列的添加操作类似，单击“表格工具”选项卡中“删除”按钮对应的删除命令，可删除单元格、行、列和表格。

2）移动表格的单元格、行或列。选定要移动的表格的单元格、行或列，将鼠标移动至选定内容，按住鼠标左键拖动到目标位置即可。

3）复制表格的单元格、行或列。选定要复制的表格的单元格、行或列，将鼠标移动至选定内容，按住〈Ctrl〉键，用鼠标左键拖动到目标位置即可。

（3）改变行高和列宽

要修改表格的行高和列宽，可以利用标尺、表格边框线和菜单实现。用户可以利用下面任意一种方式来改变表格的行高和列宽。

1）把插入点定位在表格中时，水平标尺上会出现列标记，垂直标尺上会出现行标记，将鼠标放在行标记或列标记上，当光标变成双向箭头后，拖动标记，即可改变行高和列宽。

2）将鼠标放在表格的边框线上时，光标会转换为双向箭头，拖动箭头，即可改变行高和列宽。

3）单击“表格工具”选项卡“表”分组中的“属性”按钮，打开“表格属性”对话框。单击“行”标签，打开如图5-38所示的“行”选项卡。选中“指定高度”复选框，输入相应的值，单击“上一行”或“下一行”按钮后输入值，可以得到行高的修改。

单击“列”标签，打开如图5-39所示的“列”选项卡。选中“指定宽度”复选框，输入相应的值，单击“前一列”或“后一列”按钮后输入值，在“度量单位”下拉列表框内，可选择“厘米”或“百分比”，得到列宽的修改。

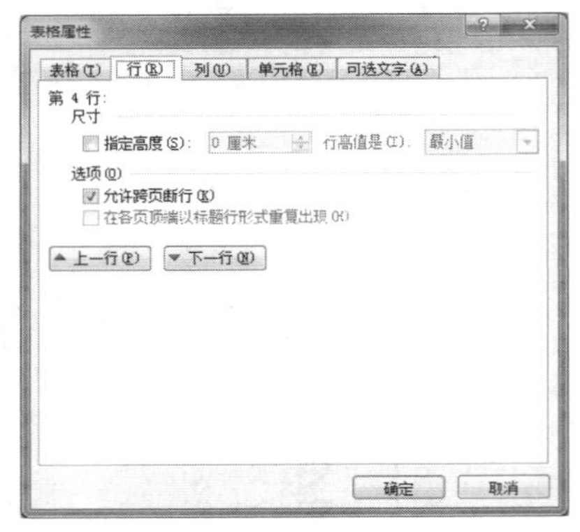

图5-38 “行”选项卡

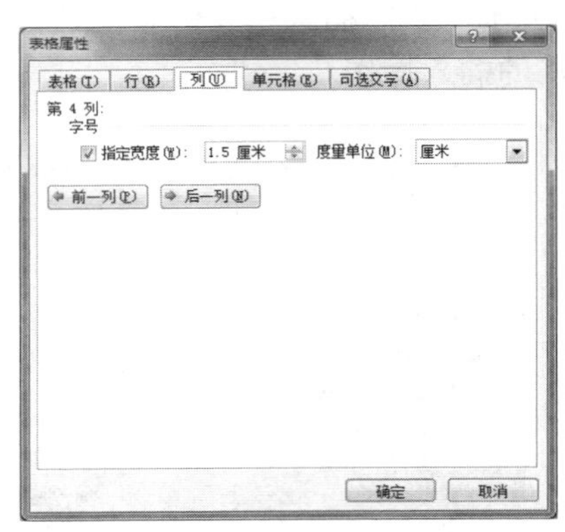

图5-39 “列”选项卡

（4）合并表格单元格

首先选定要合并的多个单元格，单击“表格工具”选项卡“布局”选项卡中“合并”分组中的“合并单元格”命令，所选定的单元格就合并成为一个单元格。

（5）拆分表格或单元格

要将一张表格拆分成两张表格，只需要将插入点定位在第二张表格的第一行中任意一个单元格中，单击“表格工具”选项卡“布局”选项卡中“合并”分组中的“拆分表格”命令即可。

若要将表格中的一个单元格拆分成多个单元格，需先选定被拆分单元格，单击“表格工具”选项卡“布局”选项卡中“合并”分组中的“拆分单元格”命令，打开如图5-40所示的“拆分单元格”对话框。在该对话框中设置拆分后的行数和列数后，单击“确定”

按钮即可。若拆分前选中多个单元格，还可选中“拆分前合并单元格”复选框。

（6）表格内容格式化

选中表格中的文本内容，可以与普通文本一样进行字体格式、段落格式、边框和底纹等相关设置，得到格式化的表格。

（7）表格的排序

在 Word 2010 中制作的表格可以进行简单的排序和计算，用户可以按照字母、数值和日期顺序对表格进行排序。

将插入点定位在表格内的任意单元格上，单击“布局”菜单中的“排序”命令，打开如图 5-41 所示的“排序”对话框。若表格有标题，在“列表”选项组中单击“有标题行”单选按钮，则在“主要关键字”选项区中以标题的形式出现。需要排序时，先选择“主要关键字”，排序“类型”包括“笔画”“日期”“数字”和“拼音”，用户可选择其中一种，然后选择“升序”或“降序”方式排序，单击“确定”按钮即可。

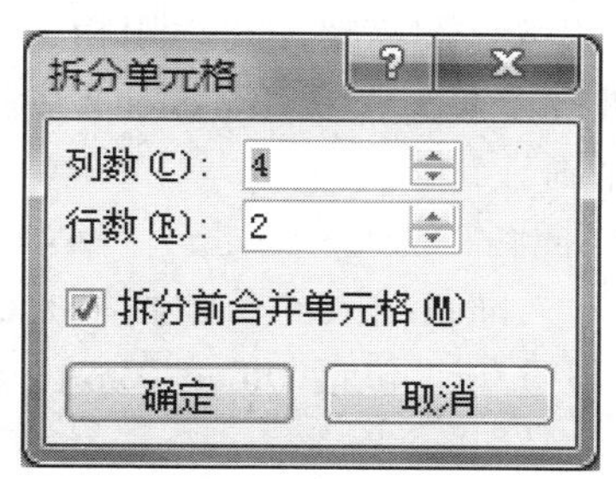

图 5-40 “拆分单元格”对话框

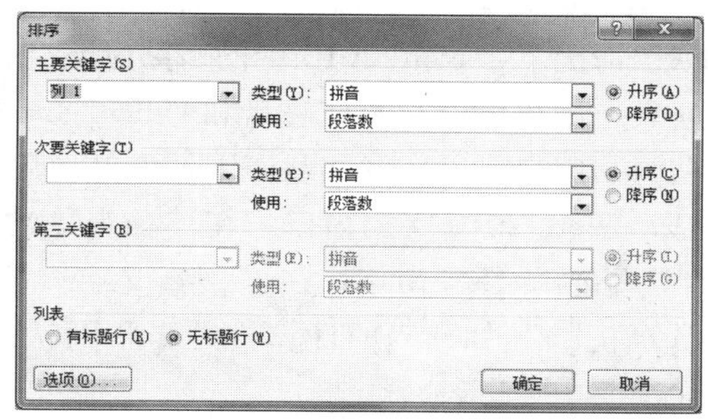

图 5-41 “排序”对话框

Word 软件也支持多重排序，只要在“次要关键字”及“第三关键字”选项组中设置相应的选项就可以完成多重排序的操作。

（8）表格的计算

同 Microsoft Excel 一样，表格中的每个单元格都对应着一个唯一的引用编号。编号的方法是以 1，2，3，…代表单元格所在的行，以字母 A，B，C，…代表单元格所在的列。

例如，E4 代表第四行第五列中的单元格。为单元格编号就可以方便地引用单元格中的数据进行计算。

利用 Word 提供的函数可以计算表格中单元格的数值。其操作步骤为：首先将插入点定位于放置结果的单元格内，然后单击“表格工具”选项卡“布局”选项卡中“数据”选项组的“公式”命令，打开“公式”对话框，如图 5-42 所示。

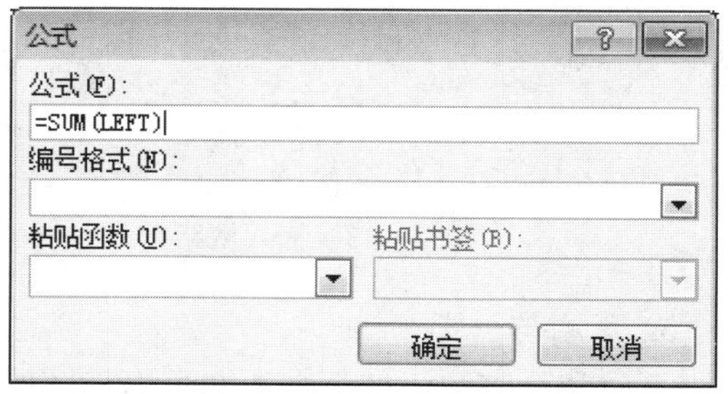

图 5-42 “公式”对话框

如果加入公式的单元格上方都有数据，则在对话框的“公式”文本框内输入“=SUM(ABOVE)”，即求得该单元格所在列上方所有单元格的数据之和。如果加入公式的单元格左侧都有数据，则在“公式”文本框中输入

“=SUM（LEFT）”，即求得单元格所在行左侧的所有数据之和。若要用其他公式，用户可以手工输入公式，输入公式时一定要先输入“=”。也可以在“粘贴函数”下拉列表框中选择需要的公式，单击“确定”按钮，关闭对话框。

3. 插入来自文件的图片

在文档中插入一些图形和图片，不仅会使文档显得生动有趣，还能帮助读者理解文档内容。Word 2010 提供了各种图形对象，如图片、剪贴画、自选图形、艺术字、文本框等。

将插入点移至文档中需要插入图片的位置，选择“插入”选项卡中“插图”选项组，单击“图片”按钮，打开“插入图片”对话框，从中选择适当的图片，再单击“插入”按钮，即可将选定的图片文件插入文档中。

当插入图片后，会出现“图片工具”选项卡。用户可以利用工具栏中各个按钮对图片进行设置，可以对对比度、亮度等进行调整，实现简单的图像控制，也可以对文字环绕方式进行选择等。

4. 插入剪贴画

默认情况下，Word 2010 中的剪贴画不会全部显示出来，而需要用户使用相关的关键字进行搜索。用户可以在本地磁盘和 Office. com 网站中进行搜索，其中 Office. com 中提供了大量剪贴画，用户可以在联网状态下搜索并使用这些剪贴画。

打开 Word 2010 文档窗口，在“插入”功能区的“插图”分组中单击“剪贴画”按钮，打开“剪贴画”任务窗格，在“搜索文字”文本框中输入准备插入的剪贴画的关键字（例如“计算机”）。如果当前计算机处于联网状态，则可以选中“包括 Office. com 内容”复选框，如图 5-43 所示。

完成搜索设置后，在“剪贴画”任务窗格中单击“搜索”按钮。如果被选中的收藏集中含有指定关键字的剪贴画，则会显示剪贴画搜索结果。单击合适的剪贴画，或单击剪贴画右侧的下拉三角按钮，并在打开的菜单中单击“插入”按钮即可将该剪贴画插入到文档中，如图 5-44 所示。

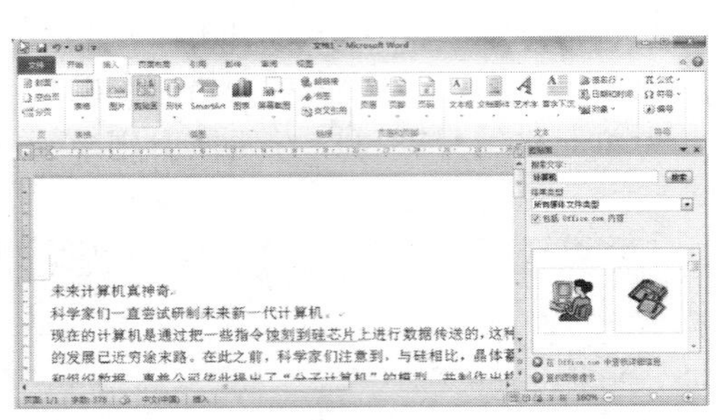

图 5-43　插入剪贴画

图 5-44　单击“插入”按钮

5. 页眉与页脚

页眉和页脚的添加都必须在页面视图的显示方式下才可以进行，在其他视图方式下，无法显示页眉和页脚。所以，在设置页眉和页脚之前，应先将视图方式切换到“页面视图”，单击“插入”选项卡“页眉和页脚”分组中的“页眉”或者“页脚”，则在主窗口弹出“页眉和页脚工具”的“设计”选项卡，如图 5-45 所示。

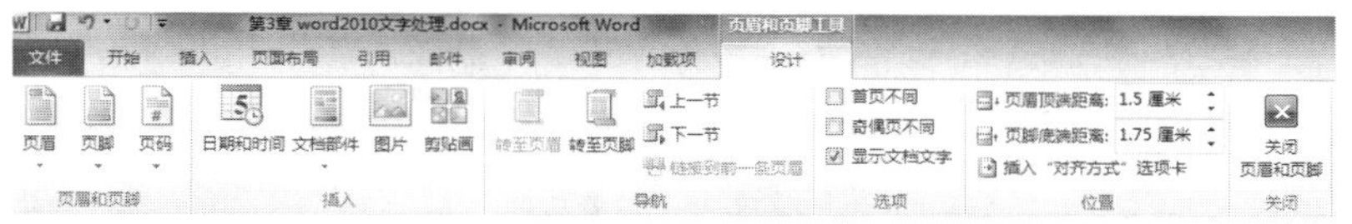

图 5-45 “页眉和页脚工具”的“设计”选项卡

页眉和页脚位置的切换，可以通过“页眉和页脚工具”的“设计”选项卡中的“转至页眉”和“转至页脚”按钮实现，也可以单击页眉或页脚位置直接切换。

页眉和页脚位置与正文的切换，可以在文档的任意位置双击进入正文的编辑，也可以双击页眉或页脚位置进入页眉和页脚的设置。

用户可使用该工具栏中的“页码”按钮在下拉选项中选择插入页码，还可以单击“页码”按钮中的“设置页码格式”命令打开如图 5-46 所示的“页码格式”对话框，用户可在该对话框中通过选择完成对页码格式的设置。

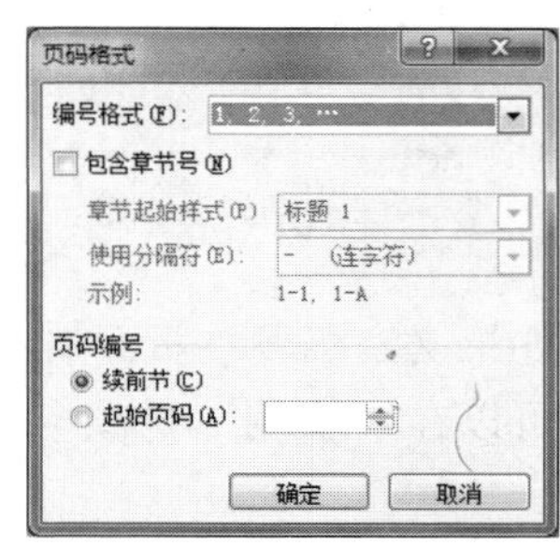

图 5-46 “页码格式”对话框

5.7 引用目录

编制目录最简单的方法是使用内置的大纲级别格式或标题样式。如果已经使用了大纲级别或内置标题样式，只要单击要插入目录的位置，单击“引用”选项卡中“目录”分组中“目录”按钮，如图 5-47 所示。可在打开的列表中直接选择一种自动目录格式，单击即可在插入点位置插入目录。

如果在列表中单击“插入目录”命令，打开如图 5-48 所示的“目录”对话框，在“格式”下拉列表框中单击进行选择，根据需要，选择其他与目录有关的选项。

如果已将自定义样式应用于标题，则可以指定 Microsoft Word 在编制目录时使用的样式设置。单击要插入目录的位置，打开“目录”对话框，在“目录”对话框中，单击“选项”按钮，打开如图 5-49 所示的“目录选项”对话框，在“有效样式”列表中查找应用于文档的标题样式，在样式名右边的“目录级别”下输入数字 1 ~ 9，表示每种标题样式所代表的级别，如果仅使用自定义样式，则先删除内置样式的目录级别数字，如“标题 1”，对于每个要包括在目录中的标题样式都需要重新设置，单击“确定”按钮返回到“索引和目录”对话框，在“格式”下拉列表框中单击一种设计，根据需要，选择其他与目录有关的选项。

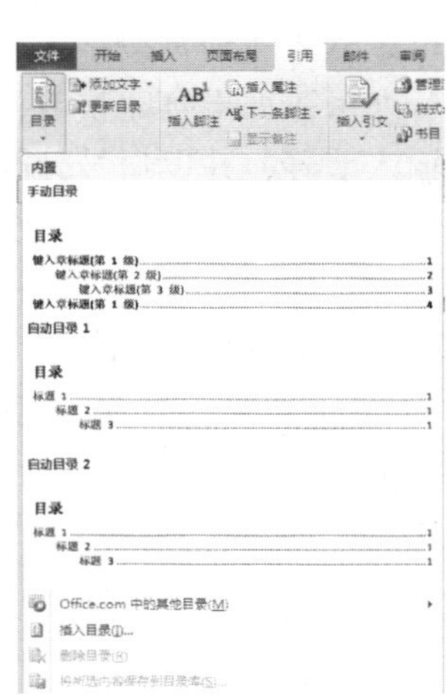

图 5-47 单击“目录”按钮

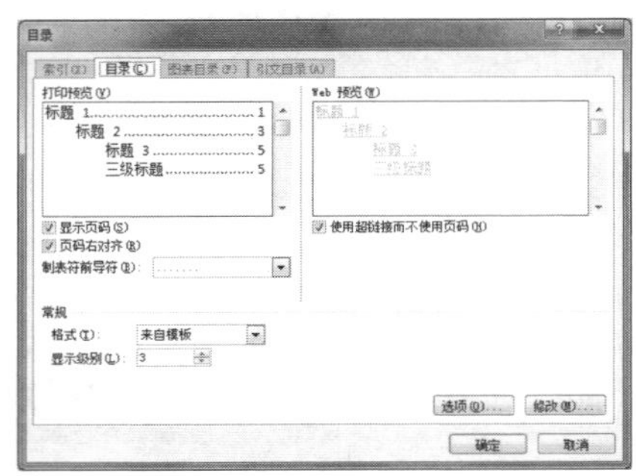

图 5-48 “目录”对话框

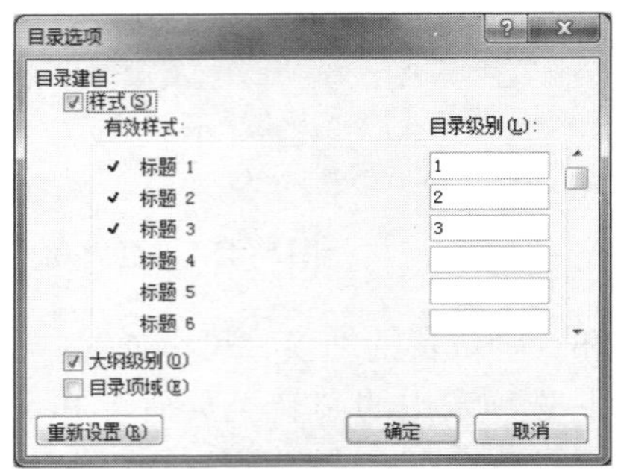

图 5-49 “目录选项”对话框

如果文章标题、页码有更改，正文里的变动不会马上反映在目录里，等全部变动做好了，可以在“引用”选项卡中单击“更新目录”，更新整个目录。

5.8 打印输出

1. 打印指定部分

1）选择“文件”→“打印”命令，在“页面范围”文本框中选择“当前页”选项，则Word 会打印出当前光标所在页的内容。如果选择了“页码范围”选项，就可以在这里输入指定的页码或页码范围，“1-1”可以打印第一页内容，如“1-3”可以打印出第 1 ~ 3 页的全部内容。如果想打印一些非连续页码的内容，必须依次输入页码，并以逗号相隔，连续页码可以输入该范围的起始页码和终止页码，并以连字符相连，例如“2，4-6，8”就可以打印第 2、4、5、6 和第 8 页。

2）Word 可以打印指定的一个或多个节，或多个节的若干页。如果想打印一节内的多页，可以输入“p 页码 s 节号”，例如打印第三节的第五页到第七页，只要输入“p5s3-p7s3”即可；如果打印整节，只要输入“s 节号”，如“s3”；如果想打印不连续的节，可以依次输入节号，并以逗号分隔，如“s3，s5”；如果想打印跨越多节的若干连续节，只要输入此范围的起始页码和终止页码以及包含此页码的节号，并以连字符分隔，如“p2s2-p3s5”。

3）如果某些情况下只想打印文件的奇数页或偶数页，那么可以在“打印”对话框的“打印”下拉列表框中选择“奇数页”或“偶数页”选项，如图 5-50 所示。

2. 打印到草稿

在“新建”对话框中，Word 可以根据不同的要求，打印出不同格式的文件，如草稿、打印到文件等，这样就可以大大方便用户的办公需要。

为了加快文件的打印速度，可单击“打印”窗口中的“选项”按钮，再在打开的“打印”选项卡的“打印选项”下拉列表选中“草稿输出”复选框，这样就能实现以草稿质量打印文件，但此时无法打印格式或图形。不过，需要注意的是，该选项需要打印机的支持，某些打印机可能不支持此选项，请认真查阅有关说明文件。

3. 逆页序打印

在打印一个文件时，经常把最前面一页放在最下面，而把最后一页放在最上面，然后再

图 5-50 “打印”对话框

一张张地重新翻过来，如果文件过多，一张张重新手工排序会相当麻烦。其实，只要在 Word 中单击“打印”对话框中的“选项”按钮，并在打开的“打印”对话框中选中“逆页序打印”选项并确定，以后 Word 就会把文件从最后面一页开始打起，直至第一页，这样就可以直接一页页地整齐地把它们放在一起了。

4. 按纸型缩放打印

在 Word 的打印对话框的右下方有一个“缩放”选项区域，只要用鼠标单击“按纸型缩放”下拉列表框，再选择所使用的纸张即可实现缩印。如在编辑文件时所设的页面为 A4 大小，而用户却想使用 16 开纸打印，那么只要选择 16 开纸型，Word 会通过缩小整篇文件的字体和图形的尺寸将文件打印到 16 开纸上，完全不需重新设置页面并重新排版。

5. 打印副本

打印多份同一个文件，没必要按几次“打印”按钮，只要在“打印”对话框中在“副本”选项区域下的“份数”文本框中输入要打印的份数，即可同时打印出几份同一个文件的内容。如果选中“逐份打印”选项，则 Word 会按打印完一份再顺序打印文件的另一份，这样就不用在打印完后再分类。如果不选“逐份打印”则会将所有份数的第一页打印完之后，再打印以后各页。

6. 取消无法继续的打印任务

有时在打印 Word 文件中间时，会遇到打印机卡纸等中断情况，关闭打印机电源取出纸后再打开电源打印，却会发现无法继续进行了。这时，无须重新启动系统，只要双击任务栏上的打印机图标，再取消打印工作即可。

7. 避免打印出不必要的附加信息

有时在打印一篇文档时会莫名其妙地打印出一些附加信息，如批注、隐藏文字域代码等。通过下面的技巧可以避免打印出这些不必要的附加信息：在打印前选择“工具”→“选项”命令，在“选项”对话框中打开“打印”选项卡，然后取消“打印文件的附加信息”下所有复选框即可。

本章小结

本章从认识 Word 2010 的界面开始，详细地介绍使用 Word 2010 创建、编辑文稿的全过程，包括文档的基本操作、文档字符及段落的格式化、图文混排、表格的制作与编辑等内容。

习　题

参见《大学计算机基础上机指导》实训任务。

第 6 章

Excel 电子表格

在实际应用中，许多工作都与数据处理有着密切的关系，而这些数据一般又都是以表格形式出现的。例如，记录与管理学生成绩的成绩表，管理工资的工资表，反映企业经营业绩的利润表等。在建立与维护这些表格时，涉及表格的建立、录入、计算、排序、查找等多方面的操作。电子表格软件为处理上述任务提供了方便。

Microsoft Excel 2010 是 Microsoft 公司出品的 Office 2010 系列办公软件中的一个组件，其功能主要是进行各种数据的处理，用来执行计算、分析信息以及用各种统计图形表示电子表格中的数据。

6.1　初始电子表格

启动 Excel 2010 的方法很多，通过双击桌面已有的"Excel 快捷图标"或单击"开始"菜单中"Microsoft Office"程序组下的"Microsoft Excel 2010"程序项便能启动 Excel 2010 应用程序；直接双击在"我的电脑"或"Windows 资源管理器"窗口中查找到的 Excel 工作簿文件，便能打开 Excel 2010 窗口。

退出 Excel 2010 的方法与 Word 2010 相同，此处不再详述。

6.1.1　Excel 2010 的工作界面

相对于旧版本的 Excel 来讲，2010 版本为用户提供了一个更为新颖、独特且操作简易的用户界面，如图 6-1 所示。

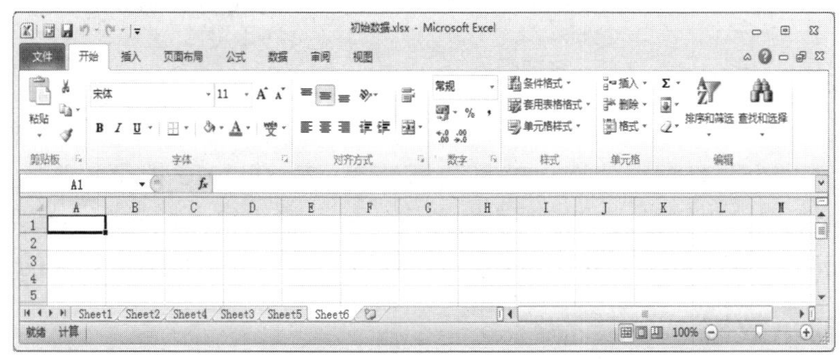

图 6-1　Excel 2010 工作界面

在一个标准的 Excel 2010 操作窗口中，包括快速存取工具栏、功能选项卡、功能区、名称框、编辑栏、行（列）标题栏、工作表区、工作表标签栏、视图按钮区和显示比例工具等。功能区共由7个功能选项卡组成，分别是开始、插入、页面布局、公式、数据、审阅和视图。各选项卡收录相关的功能群组，只要切换到相应的功能选项卡，就能看到其中包含的功能按钮。

6.1.2 工作簿、工作表和单元格的概念

1. 工作簿和工作表

工作簿是Excel建立和操作的文件，用来存储用户建立的工作表。一个工作簿对应一个扩展名为“.xlsx”的文件，是由若干个工作表组成的。在Excel新建的工作簿中，默认包含三个工作表，名字分别是“Sheet1”“Sheet2”“Sheet3”。工作表的管理通过左下角标签进行，单击标签选择工作表，鼠标右键单击标签，系统弹出快捷菜单，包括更名、添加、删除、移动、复制。

2. 单元格

每张工作表都是一张二维表，表内由行号和列号交叉的方框称为单元格，我们所输入的资料便是放在一个个单元格中，一个单元格最多可以容纳32000个字符。工作表的上面每一栏的列标是A，B，C，…，Y，Z，AA，AB，…，IV，左侧是各行的行号1，2，3，…，65536。一个工作表最多有65536行和256列。列标和行号组合成单元格的名称，也就是单元格的地址。例如，工作表最左上角的单元格位于第A列第1行，其名称便是A1。

在Excel中，活动单元格指当前被选取的单元格，其周围以加粗的黑色边框显示。当同时选择两个或多个单元格时，这组单元格被称为单元格区域。单元格区域中的单元格可以是相邻的，也可以是彼此分离的。一个矩形的单元格区域，它的地址常表示为：

左上角起始单元格地址：右下角末尾单元格地址

例如，由左上角B3单元格到右下角C6单元格组成的矩形单元格区域，表示为B3：C6。如果是不连续的单元格，则可以用逗号或空格分隔开各个小区域，如B3：C6，A1（合并的单元格区域）。

3. 填充柄

当选定一个单元格或单元格区域，将鼠标移至黑色矩形框的右下角时，会出现一个黑色“十”字，称为填充柄。通过填充柄可完成单元格格式、公式的复制、序列填充等操作。

6.2 输入和编辑数据

Excel中最基本也是最常用的操作就是数据处理。Excel 2010提供了强大且人性化的数据处理功能，让用户可以轻松完成各项数据操作。单元格内输入的数据大致可以分成两类：一种是可以计算的数值型数据（包括日期、时间等），另一种则是不可计算的文本型数据。

6.2.1 输入简单数据

1. 在工作表中输入数据的基本方法

先选定单元格，然后在选定的单元格中直接输入数据，或选定单元格后，在编辑栏中输入和修改数据。单击单元格便能选定该单元格。一个单元格的数据输完后，可以按光标移动

键“←”“→”“↑”“↓”或单击下一个单元格继续输入数据。

2. 数值型和文本型数据的输入方法

数值型和文本型数据可以直接输入。当数字作为文本输入时，如学号、电话号码、身份证号码等，应先输入英文单引号“'”再输入数字，如输入学号 201357685101，需输入：'201357685101，然后按光标移动键，此时“'”并不显示在单元格内。文本型数据默认的对齐方式为“左对齐”，数值型数据默认的对齐方式为“右对齐”。

3. 输入分数和负数

在输入分数时，须在分数前输入“0”表示区别，并且“0”和分子之间用空格隔开。如要输入分数“2/3”，需输入“0 2/3”，然后再按〈Enter〉键。

输入负数时，可以在负数前输入减号“－”作为标识，也可以将数字置于括号“( )”中。

4. 输入日期

通常，在 Excel 中采用的日期格式有：年-月-日或年/月/日。用户可以用斜杠“/”或“－”来分隔日期的年、月、日。如 2013 年 9 月 1 日，可表示为 13/9/1 或 13-9-1。当在单元格中输入 13/9/1 或 13-9-1 后，Excel 会自动将其转换为默认的日期格式，并将两位数表示的年份更改为 4 位数表示的年份。

5. 输入时间

在单元格中输入时间的方法有两种：按 12 小时制或按 24 小时制输入。两者的输入方法不同，如果按 12 小时制输入时间，要在时间数字后加一个空格，然后输入 a（AM）或 p（PM），字母 a 表示上午，p 表示下午，如下午 6 时 30 分 25 秒的输入格式为：6：30：25p。而如果按 24 小时制输入时间，则只需输入 18：30：25 即可。如果用户只输入时间数字，而不输入 a 或 p，则 Excel 将默认是上午的时间。

6.2.2 自动填充数据

1. 通过填充柄复制相同数据

通过拖动单元格填充柄，可将某个单元格中的数据复制到同一行或同一列的其他单元格中。其操作步骤：先在单元格中输入数据，然后拖动单元格填充柄，就能将这个数据复制到填充柄移动过的单元格区域中。例如，在单元格 B2 中输入数据 258，若拖动填充柄到 B10，则 B2 单元格中的 258 就被复制到 B3 ~ B10 单元格中。同理，字符常量、逻辑常量都可以通过拖动填充柄的方法进行复制。

2. 在行或列中填充有规律的数据

对工作表中某些有规律的数据序列，如月份：一月、二月、…（或 1 月、2 月、…），日期：1 日、2 日、…、31 日，5 月 1 日、5 月 2 日、…、5 月 31 日，星期：星期一、星期二、…。这些数据序列，可以通过直接拖动填充柄的方法在同一行（或同一列）填出该组数据。例如，要在“月份”列中要输入“一月”“二月”…“十二月”，只要在 A2 单元格中先输入“一月”，再将鼠标指针移到该单元格的右下角，当出现实心“十”字时，直接向下拖动鼠标，便能得到所需要的数据。

3. 自动填充数据序列

自动填充数据序列的方法有很多，这里主要介绍使用“开始”选项卡下“编辑”组中的“填充”按钮来实现填充的方法，其操作步骤如下：

1）在某个单元格或单元格区域中输入数据。

2）选定从该单元格开始的行或列单元格区域。

3）单击“开始”选项卡下“编辑”组中的“填充”按钮，在下拉菜单中选择“序列”命令。

4）在“填充”下拉选项中选择相应方向的填充命令，如图 6-2 所示。若单击“向右”命令，Excel 会在选定单元格右边自动填充与第一个单元格相同的数据，或单击“序列”下拉列表，打开“序列”对话框，根据需要选择填充，如图 6-3 所示。

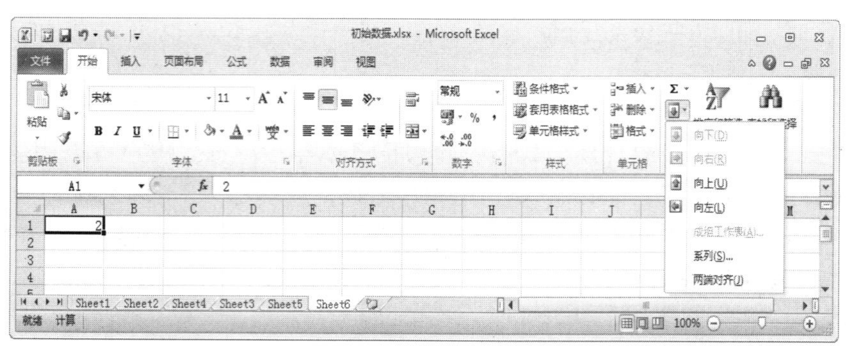

图 6-2 “填充”下拉选项

6.2.3 控制数据有效性

在 Excel 2010 中，可以设置单元格可接收数据的类型，以便有效地避免输入错误的数据。比如可以在某个单元格中设置“有效性条件”为“介于 0 ~ 100 之间的整数”，那么该单元格只能接收有效的输入，否则会提示错误信息。

设置方法：单击“数据”选项卡下“数据工具”功能组里的“数据有效性”命令按钮，打开如图 6-4 所示的“数据有效性”对话框。

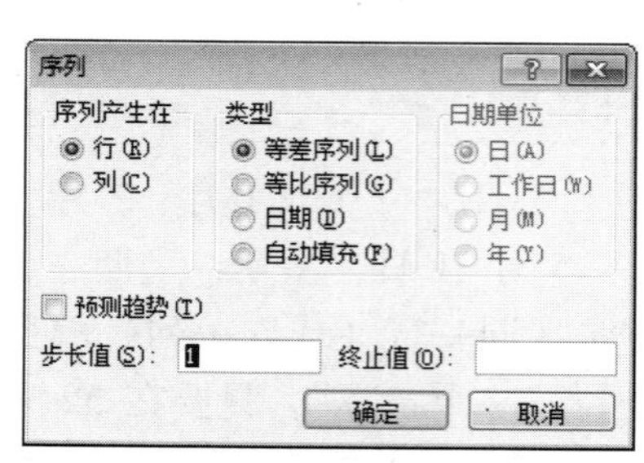

图 6-3 “序列”对话框

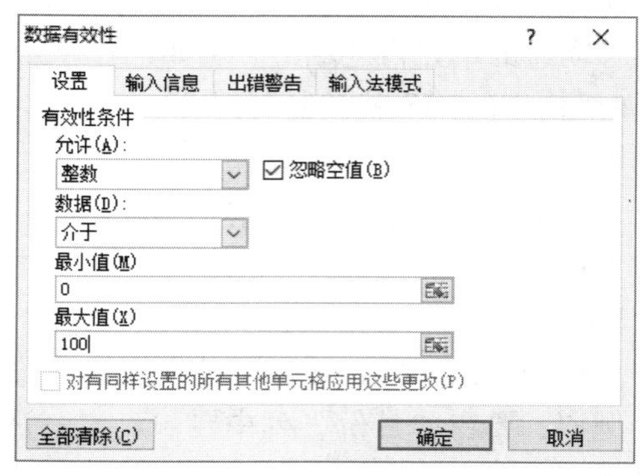

图 6-4 “数据有效性”对话框

如果在单元格中输入数据时发生了错误，或者要改变单元格中的数据时，则需要对数据进行编辑。用户可以选择选定单元格后，在编辑栏修改；或者双击单元格，直接在单元格内重新编辑。用户可以方便地删除单元格中的内容，用全新的数据替换原数据，或者对数据进行一些细微的变动。

6.2.4 格式化工作表

1. 设置文字格式

在 Excel 中对工作表设置字体、字形、字号和颜色的操作方法与 Word 基本相同，具体设置步骤如下：

1）选定要设置文字格式的单元格或数据区域。

2）单击“开始”选项卡“字体”组中的“对话框启动按钮”，系统弹出“设置单元格格式”对话框。

3）打开对话框中的“字体”选项卡，并选择需要设置的字体、字形、字号和颜色等，单击“确定”按钮完成设置，如图 6-5 所示。

2. 设置边框和图案

Excel 中的表格在显示或打印时，无表格线，所以制作表格时，需要加上边框和表格线，有时还要配以底纹图案，以达美化报表的效果。

（1）设置边框

设置边框的步骤如下：

1）选择要设置边框的数据区域。

2）单击“开始”选项卡“字体”组中的按钮，系统弹出“设置单元格格式”对话框。

3）打开对话框中的“边框”选项卡，并选择需要设置的边框形状、线形和颜色等，单击“确定”按钮完成设置，如图 6-6 所示。

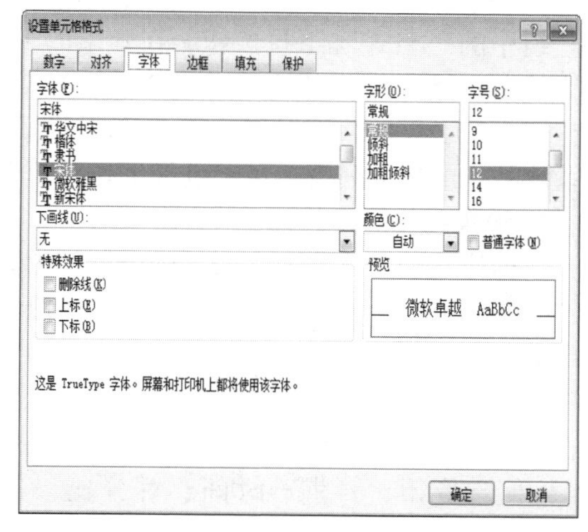

图 6-5 “字体”选项卡

（2）设置图案

图案的设置方法与边框类似，只需在“设置单元格格式”对话框中打开“填充”选项卡，在“背景色”栏中选择合适的颜色，若还需配上底纹，可在卡片右边的“图案样式”下拉列表框中选择合适的底纹，如图 6-7 所示。

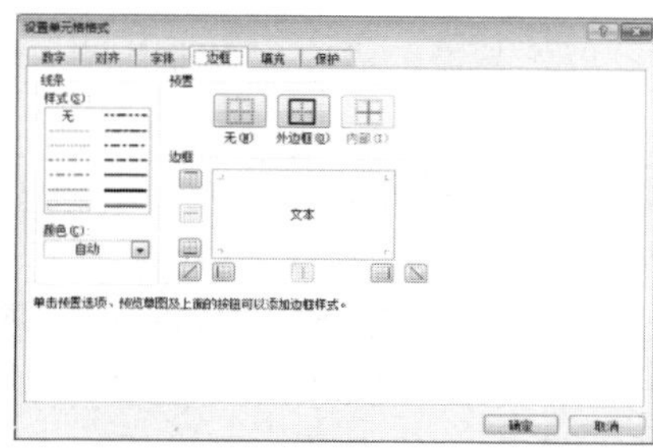

图 6-6 “边框”选项卡

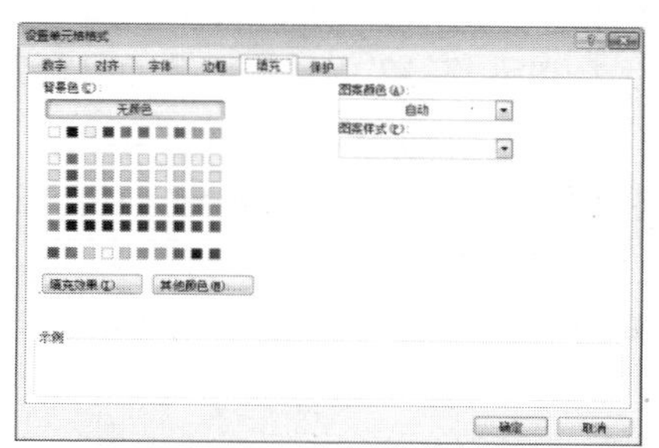

图 6-7 “填充”选项卡

3. 改变行高和列宽

新建工作表时，每一行的行高都是相同的，每一列的列宽也是一致的。用户可以根据需要调整列宽和行高。

调整列宽和行高有如下几种方法。

方法一：将鼠标指针移动到该列标（或行号）的右侧（下方）边界处，待鼠标指针变成✛（✛）形状时，拖动鼠标便能进行调整。

方法二：用鼠标单击要调整的列（或行）中的任意单元格，选择“开始”选项卡“单元格”组中的“格式”下拉按钮，在弹出的下拉菜单中选择“列宽”（或“行高”）命令，在打开的对话框中进行精确设置，如图6-8所示。

方法三：要使某列的列宽与单元格内容宽度相适合（或使行高与单元格内容高度相适合），可以双击该列标（或行号）的右（下）边界；或选择“开始”选项卡“单元格”组中的“格式”下拉按钮，在弹出的下拉菜单中选择“自动调整列宽”（或“自动调整行高”）命令。如果用户要将列宽设置为系统默认的标准列宽，可以选择下拉菜单中的“默认列宽”命令。

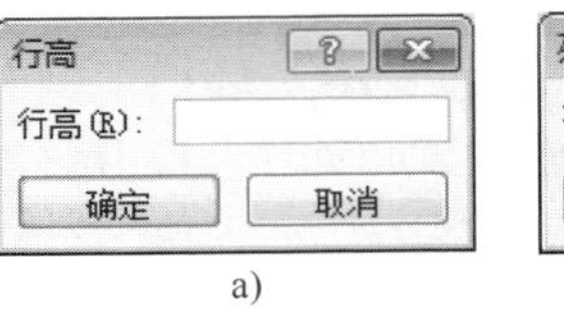

a)

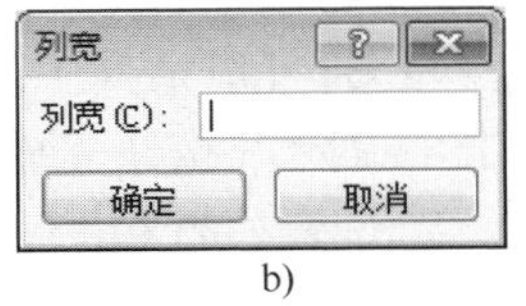

b)

图6-8 “行高”和“列宽”对话框

4. 设置数据显示格式

数据格式的设置与文字格式的设置类似，只要单击“开始”选项卡“数字”组中的◪按钮，在系统弹出的“设置单元格格式”对话框中打开“数字”选项卡便可按要求进行设置，如图6-9所示。用户可以在选项卡的“分类”列表框中选择数据的类型（如数值、货币、日期、时间、百分比、分数等），并在右边的“示例”中选择小数位数及相应的显示格式。

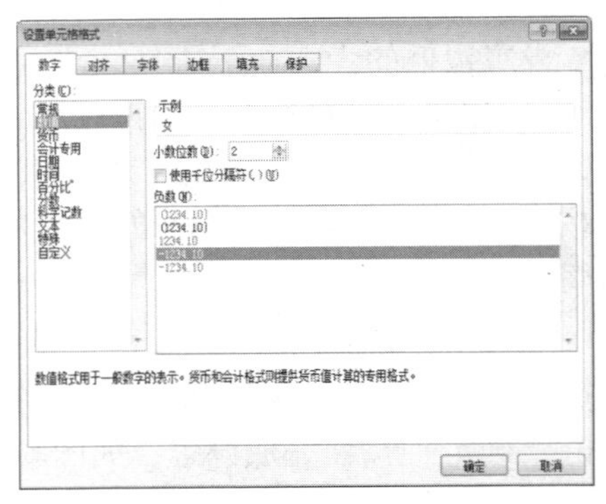

图6-9 “数字”选项卡

注意：在设置数据的显示格式之前，需先选定需要设置格式的数据区域，再打开“设置单元格格式”对话框进行设置。

例如，若A1单元格中输入了数据159876.24861，当设置了小数位为两位，使用千位分隔符的数值格式，则显示为159，876.25。

又如，在单元格A2中输入日期2013-9-1，用户可以将其设置成中文日期格式，使其显示成：二〇一三年九月一日。

其他数据格式的设置方法均与上述方法类似，用户可自行效仿。

5. 设置对齐方式

设置对齐方式是在“设置单元格格式”对话框的“对齐”选项卡中进行的，如图6-10所示。

“对齐”选项卡中包含“文本对齐”“文本控制”“方向”等选项，可设置文本的对齐方式、合并单元格和实现单元格数据的旋转。文本的对齐方式和合并单元格的方法已在文字格式中叙述过，这里仅叙述旋转单元格数据的方法。

利用“对齐”选项卡右边的“方向”控制选项，可以使单元格数据在 -90° ~ +90°之间按任意角度旋转，如图 6-11 所示。

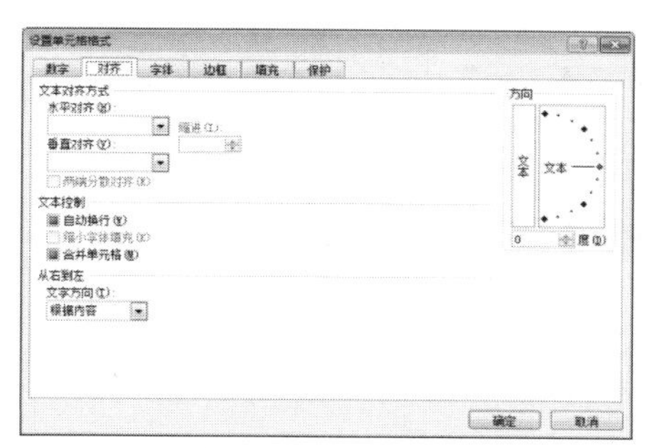

图 6-10 “对齐”选项卡

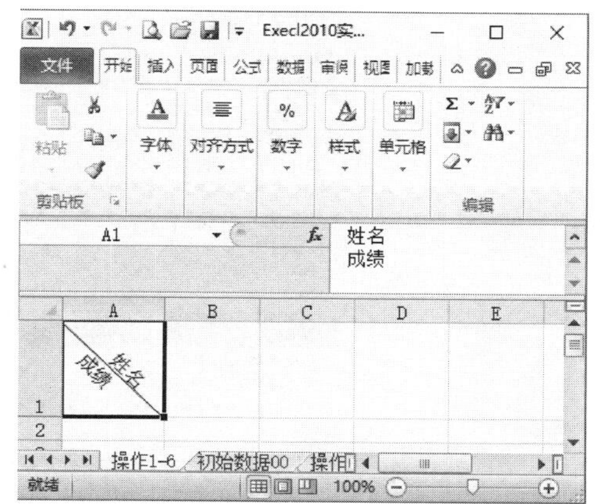

图 6-11 单元格数据的旋转

例如，要将单元格 A1 中的内容设置为如图 6-11 所示的格式，其中文字“姓名 成绩”的倾斜方向为 -45°并用斜线分隔，操作步骤如下：

1）选择 A1 单元格。

2）在“对齐”选项卡中，将“水平对齐”和“垂直对齐”方式都设置为“居中”，并选中“自动换行”和“合并单元格”复选框。

3）在已合并的单元格中输入“姓名 成绩”（“姓名”在前，“成绩”在后，中间用空格分隔）。

4）在“方向”的右下框中 -45°的位置上鼠标单击，使所选单元格中的内容向下旋转 45°。

5）单击“插入”选项卡“插图”组中的“形状”按钮，选择“直线”命令，画出 A1 中的斜线，单击“确定”按钮完成设置。

要将合并的单元格还原可以使用下面的方法：选择单元格，打开“设置单元格格式”对话框，再选择“对齐”选项卡，清除“合并单元格”复选框中的√即可（若列宽不够，可适当调整）。

6. 自动套用格式

要设计一个漂亮的报表，需要花费大量工夫。Excel 为用户预定义了一套能快速设置一组单元格格式的预定义表样式，并将其转换为表，为用户设置不同格式的表格提供了方便。对于单元格区域或数据透视表报表，都可以套用这些由 Excel 提供的内部组合格式，这种格式称为自动套用格式。

具体操作步骤如下：

1）选择需要应用自动套用格式的数据区域。

2）单击“开始”选项卡中“样式”下的“套用表格格式”按钮，在系统弹出的“套用表格样式”中选择需要的样式即可，如图 6-12 所示。

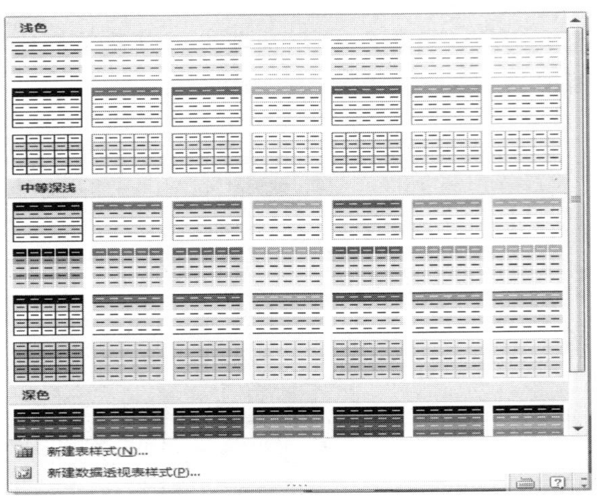

图 6-12　套用表格样式

6.3　数据的处理与规范

6.3.1　数据查找与替换

如果需要在工作表中查找一些特定的字符串，挨个查找单元格就过于麻烦。在工作表或工作簿中使用 Excel 提供的查找和替换功能可以方便地完成这项操作，如图 6-13 所示。它的应用进一步提高了编辑和处理数据的效率。

6.3.2　数据排序

Excel 提供了数据记录单的排序功能，它可将数据记录单中的数据按某种特征重新进行排序。

1. 简单排序

如果要根据某列数据快速排序，可以利用“数据”选项卡“排序和筛选”组中的“升序”和“降序”按钮。具体操作步骤如下：

1）在数据记录单中单击某一字段名。例如，在工作表中要对“总分”进行排序，则单击“总分”单元格。

2）单击“数据”选项卡“排序和筛选”组中的“升序”和“降序”按钮。例如，单击“降序”按钮，则将数据按递减（由大到小）顺序排列；反之则按递增（由小到大）顺序排列。

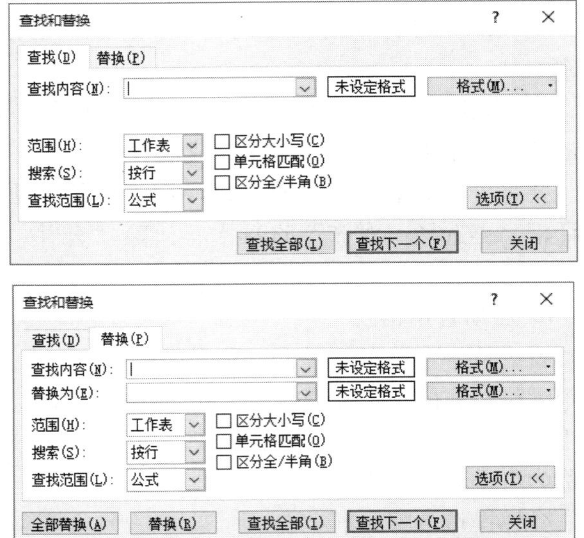

图 6-13　“查找和替换”对话框

如图 6-14 所示为按“总分”、“降序”的排序结果。

2. 复杂排序

遇到排序字段的数据出现相同值时，如图 6-14 所示中的“李焕”和“蔡敏”的总分都是 331，谁应该排在前，这还得由其他条件来决定。由此可见，单列排序时，当排序字段的数据出现相同值时，无法确定它们的顺序。为克服这一缺陷，Excel 为用户提供了多列排序的方式来解决这一问题。

以图 6-14 所示的工作表为例，先按“总分”降序排列，当“总分”相等时，按“英语”降序排列，具体操作步骤如下：

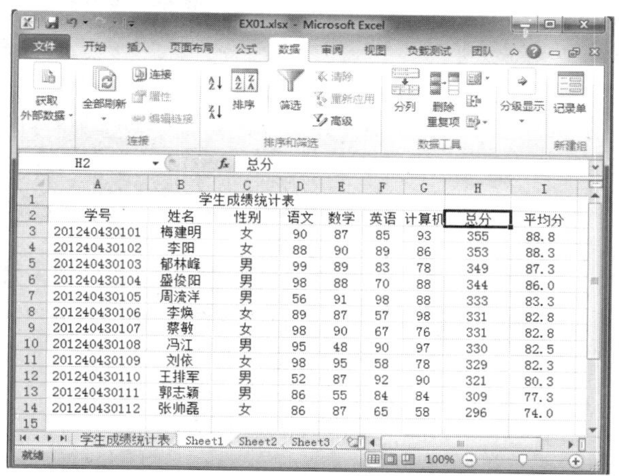

学号	姓名	性别	语文	数学	英语	计算机	总分	平均分
201240430101	梅建明	女	90	87	85	93	355	88.8
201240430102	李阳	女	88	90	89	86	353	88.3
201240430103	郁林峰	男	99	89	83	78	349	87.3
201240430104	盛俊阳	男	98	88	70	88	344	86.0
201240430105	周流洋	男	56	91	98	88	333	83.3
201240430106	李焕	女	89	87	57	98	331	82.8
201240430107	蔡敏	女	98	90	67	76	331	82.8
201240430108	冯江	男	95	48	90	97	330	82.5
201240430109	刘依	女	98	95	58	78	329	82.3
201240430110	王排军	男	52	87	92	90	321	80.3
201240430111	郭志颖	男	86	55	84	84	309	77.3
201240430112	张帅磊	女	86	87	65	58	296	74.0

图 6-14 按总分降序排序结果

1）选定要排序的数据记录单中的任意一个单元格。

2）单击“数据”选项卡“排序和筛选”组中的“排序”按钮，系统弹出如图 6-15 所示的“排序”对话框。

3）从“主要关键字”下拉列表框中选择“总分”字段名，排序依据选择“数值”，次序选择“降序”。

4）单击“添加条件”按钮，从“次要关键字”下拉列表框中选择“英语”字段名，排序依据及次序仍选择“数值”和“降序”，如图 6-16 所示。

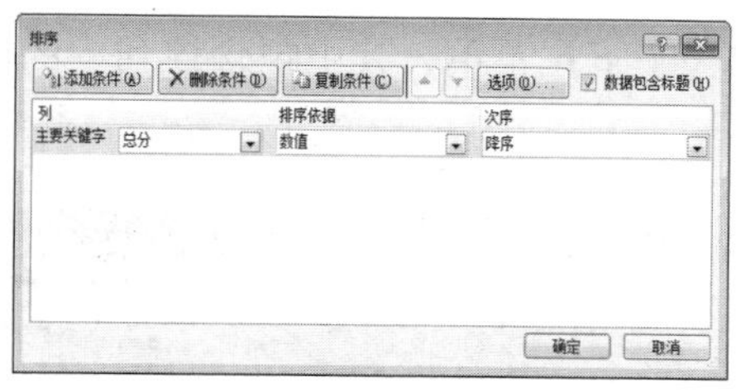

图 6-15 “排序”对话框

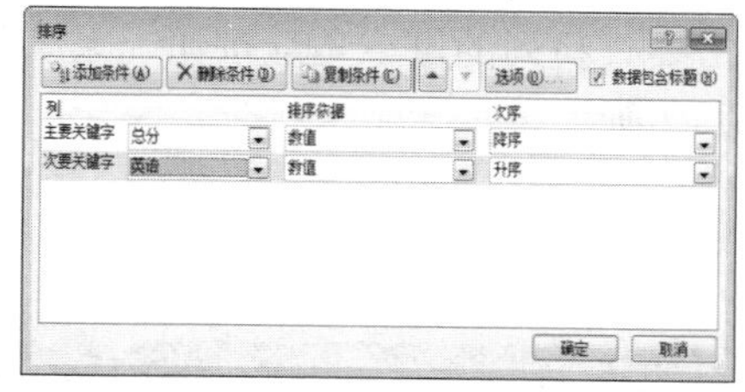

图 6-16 添加条件设置次要关键字

5）单击“确定”按钮，完成对数据的排序，结果如图 6-17 所示。

对于特别复杂的数据记录单，还可以在“排序”对话框中依次添加第三、四、…甚至更多的关键字（最多为 64 个）参与排序。

如果要防止数据记录单的标题被加入到排序数据区中，则应选中“数据包含标题”选项。若不选中，则标题将作为一行数据参加排序。

默认的排序方向是按列排序，字符型数据的默认排序方法是按字母排序，也可以通过单击“排序”对话框中的“选项”按钮，改变排序的方向和排序的方法。

6.3.3 数据筛选

数据筛选是在数据记录单中显示出满足指定条件的行，而暂时隐藏不满足条件的行。

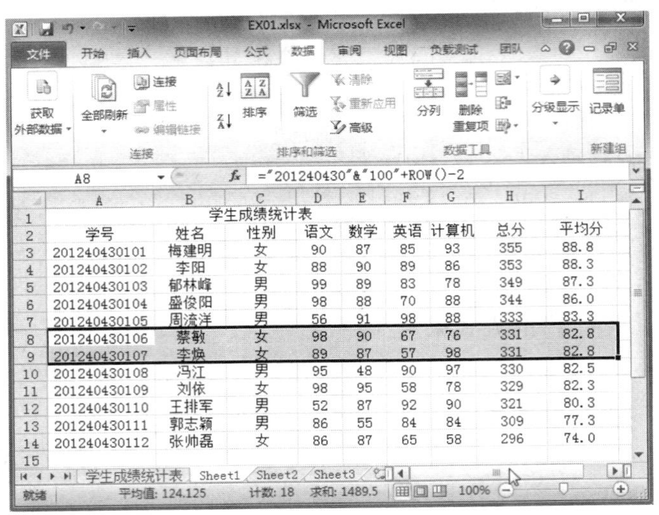

图 6-17　按多字段的排序结果

Excel 提供了"自动筛选"和"高级筛选"两种操作来筛选数据。

1. 自动筛选

"自动筛选"是一种简单、方便的压缩数据记录单的方法，当用户确定了筛选条件后，它可以只显示符合条件的信息行。自动筛选的具体操作步骤如下：

1）单击数据记录单中的任意一个单元格。

2）单击"数据"选项卡"排序和筛选"选项组中的"筛选"按钮，此时在每个字段的右边出现一个倒三角形按钮，如图 6-18 所示。

3）单击要查找列的倒三角形按钮，系统弹出一个下拉菜单，其中包含该列中的所有项目，如图 6-19 所示。

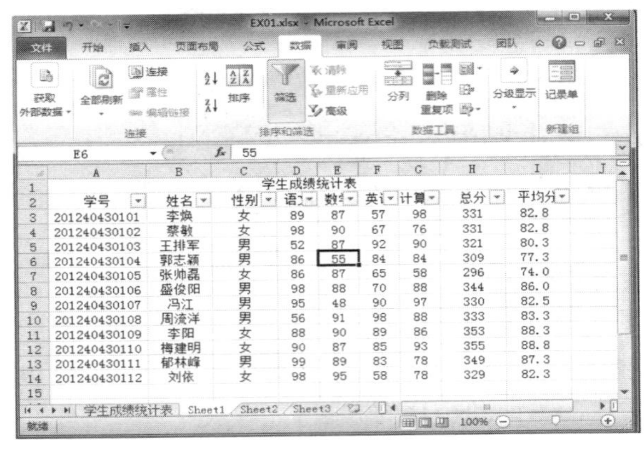

图 6-18　"自动筛选"示意图

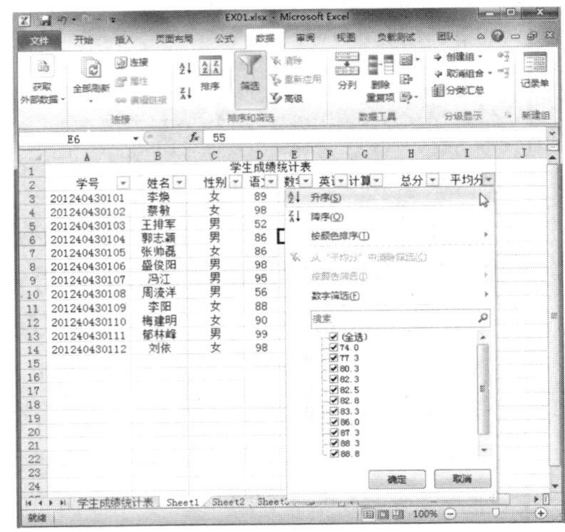

图 6-19　单击右边的下拉箭头

4）从下拉菜单中选择需要显示的项目。如果筛选条件是常数，则直接单击该数选取；

如果筛选条件是表达式，则单击“数字筛选”按钮，打开“自定义自动筛选方式”对话框，如图 6-20 所示。在对话框中输入条件表达式，然后单击“确定”按钮完成筛选。

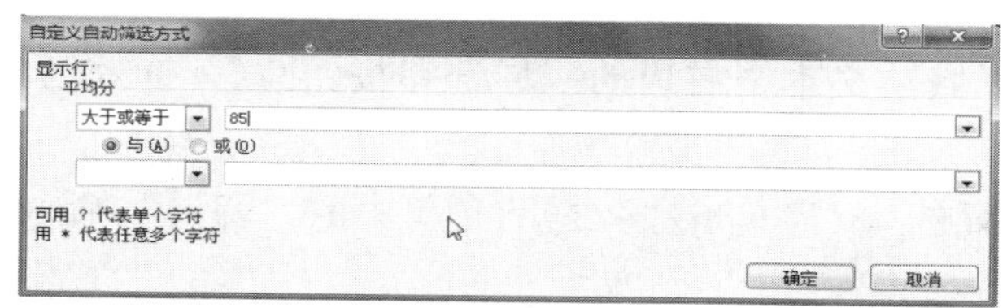

图 6-20 “自定义自动筛选方式”对话框

2. 高级筛选

如果需要使用复杂的筛选条件，或者将符合条件的数据复制到工作表的其他位置，则可使用高级筛选功能。使用高级筛选时，须先在工作表中远离数据记录单的位置设置条件区域。条件区域至少为两行，第一行为字段名，第二行以下为查找的条件。条件包括关系运算、逻辑运算等。在逻辑运算中，表示“与”运算时，条件表达式应输入在同一行的不同单元格中；表示“或”运算时，条件表达式应输入在不同行的单元格中。

将“学生成绩统计表”中各门功课有不及格的记录复制到以 K1 开始的区域中。

分析：所谓各门功课有不及格，从图 6-21 所示的数据记录单来看，其逻辑表达式也就是“语文 <60 或者数学 <60 或者英语 <60 或者计算机 <60”。在高级筛选时，应先在数据记录单的下方空白处创建条件区域，具体操作步骤如下。

1）将条件中涉及的字段名语文、数学、英语、计算机复制到数据记录单下方的空白处，然后不同字段隔行输入条件表达式，如图 6-22 所示。

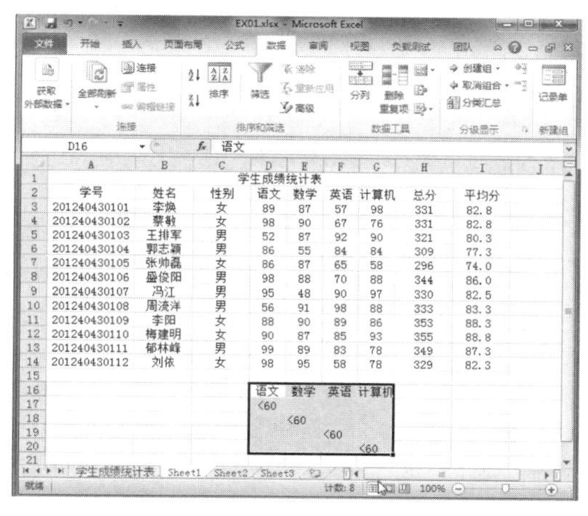

学生成绩统计表

学号	姓名	性别	语文	数学	英语	计算机	总分	平均分
201240430101	李焕	女	89	87	57	98	331	82.8
201240430102	蔡敏	女	98	90	67	76	331	82.8
201240430103	王排军	男	52	87	92	90	321	80.3
201240430104	郭志颖	男	86	55	84	84	309	77.3
201240430105	张帅磊	女	86	87	65	58	296	74.0
201240430106	盛俊阳	男	98	88	70	88	344	86.0
201240430107	冯江	男	95	48	90	97	330	82.5
201240430108	周流洋	男	56	91	98	88	333	83.3
201240430109	李阳	女	88	90	89	86	353	88.3
201240430110	梅建明	女	90	87	85	93	355	88.8
201240430111	郁林峰	男	99	89	83	78	349	87.3
201240430112	刘依	女	98	95	58	78	329	82.3

语文	数学	英语	计算机
<60			
	<60		
		<60	
			<60

图 6-21 逻辑“或”条件区域的建立

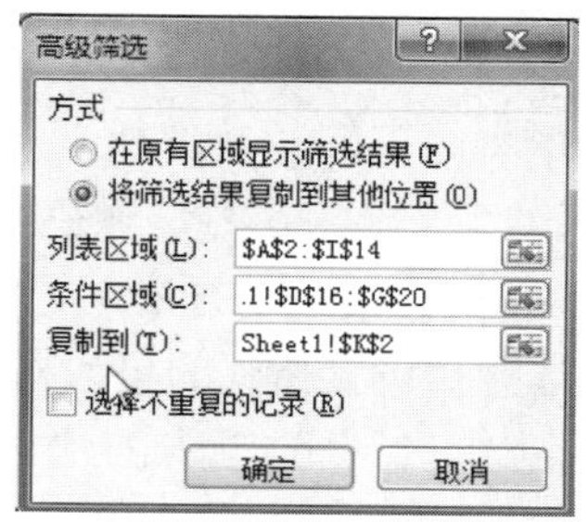

图 6-22 “高级筛选”对话框

2）单击数据记录单中的任意一个单元格。

3）单击“数据”选项卡“排序和筛选”选项组中的“高级”按钮，系统弹出“高级筛选”对话框，如图 6-22 所示。

4）如果只需将筛选结果在原数据区域内显示，则选中“在原有区域显示筛选结果”单选按钮；若要将筛选后的结果复制到另外的区域，而不扰乱原来的数据，则选中“将筛选结果复制到其他位置”单选按钮，并在“复制到”文本框中指定筛选后复制的起始单元格。

5）在“列表区域”文本框中已经指出了数据记录单的范围。单击文本框右边的区域选择按钮，可以修改或重新选择数据区域。

6）单击“条件区域”文本框右边的区域选择按钮，选择已经定义好条件的区域（本题为C15：F19）。

如果要取消高级筛选，只需单击“数据”菜单中的“筛选”命令，从弹出的快捷菜单中选择“全部显示”命令。

7）单击“复制到”文本框右边的区域选择按钮，确定复制筛选结果的首位置（本题为K1）。

8）单击“确定”按钮，其筛选结果便被复制到K1开头的数据区域中，如图6-23所示。

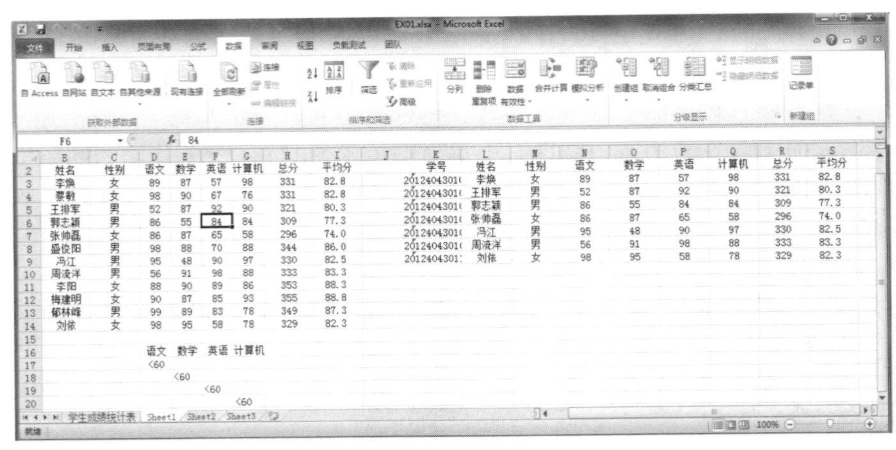

图6-23　满足条件的筛选结果

6.3.4　条件格式突出显示单元格

利用Excel中的“条件格式”功能，用户可以对满足指定条件的单元格的内容进行设置。如字体、字形、字号、颜色、边框、底纹图案等文字格式。

1. 设置条件格式的方法

1）选择要设置格式的单元格区域。

2）在“开始”选项卡的“样式”选项组中，单击“条件格式”按钮，在系统弹出的快捷菜单中选择“新建规则”命令，打开“新建格式规则”对话框。

3）“新建格式规则”对话框中，在“选择规则类型”列表中选择“只为包含以下内容的单元格设置格式”选项，并在“编制规则说明”选项组中输入条件。例如，选择“等于”“大于”或“小于”等，并输入条件值，如图6-24所示。

4）单击“格式”按钮，打开“设置单元格格式”对话框，设置需要的格式，如图6-25所示。

5）如果用户还要添加其他条件，可继续重复3）、4）步操作。

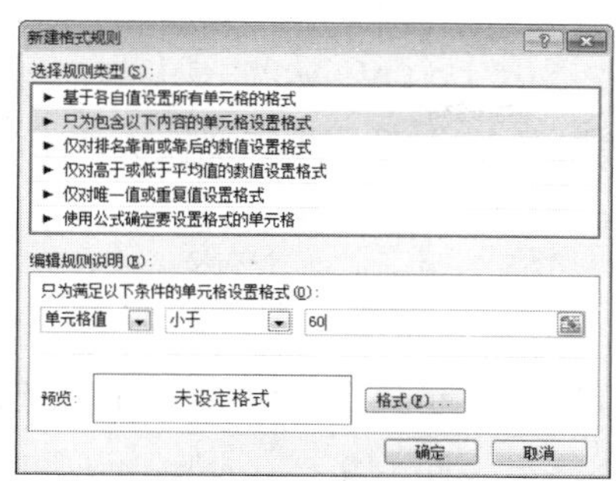

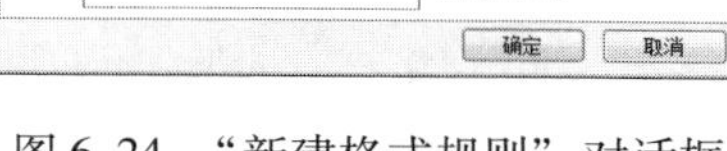

图 6-24 “新建格式规则”对话框

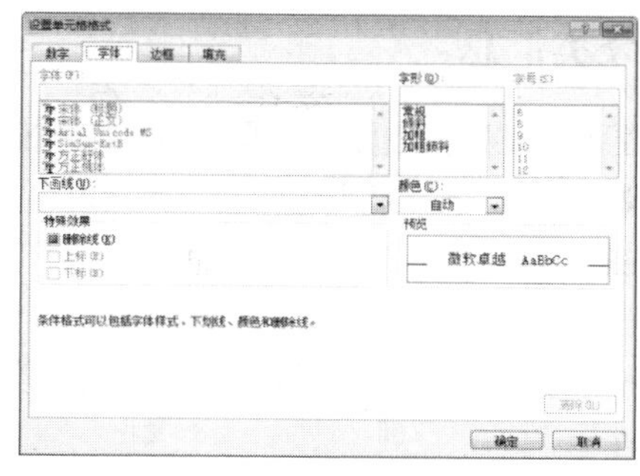

图 6-25 “设置单元格格式”对话框

6）单击“确定”按钮完成设置。

例如，在图 6-14 的学生成绩统计表中，要将不及格的成绩用“红色”并加粗显示，对大于或等于 90 分的成绩用“蓝色”并加下画线显示。

2. 操作步骤

1）拖动鼠标选定所有成绩，如图 6-26 所示。

2）单击“开始”选项卡中“样式”选项组中的“条件格式”按钮，在系统弹出的快捷菜单中选择“新建规则”命令，打开如图 6-24 所示的“新建格式规则”对话框。

3）在“选择规则类型”列表中选择“只为包含以下内容的单元格设置格式”选项，在“编制规则说明”选项组中输入条件，选择“小于”，并在数值框中输入 60。表示设置的条件为：<60。

4）单击“格式”按钮，系统弹出如图 6-25 所示的“设置单元格格式”对话框，在“字形”列表框中选择“加粗”选项，单击“颜色”下拉按钮，在弹出的“颜色”下拉列表框中选择“红色”选项，单击“确定”按钮。

5）重复 2)，3)，4) 步操作，选择“大于等于”，并输入 90（即设置条件≥90）；单击“格式”按钮，在“设置单元格格式”对话框中单击“下画线”列表框右边的下拉按钮，并选择“单下画线”选项，单击“颜色”下拉按钮，并在下拉列表框中选择“蓝色”选项，单击“确定”按钮完成设置。设置结果如图 6-27 所示。

B3 fx 89

	A	B	C	D	E	F
1–2	姓名	语文	数学	英语	计算机	
3	李焕	89	87	57	98	
4	蔡敏	98	90	67	76	
5	王排军	52	87	92	90	
6	郭志颖	86	55	84	84	
7	张帅磊	86	87	65	58	
8	盛俊阳	98	88	70	88	
9	冯江	95	48	90	97	
10	周流洋	56	91	98	88	
11	李阳	88	90	89	86	
12	梅建明	90	87	85	93	
13	郁林峰	99	89	83	78	
14	刘依	98	95	58	78	
15						

图 6-26 选定所有成绩后的效果

B3 fx 89

	A	B	C	D	E	F
1–2	姓名	语文	数学	英语	计算机	
3	李焕	89	87	57	98	
4	蔡敏	98	90	67	76	
5	王排军	52	87	92	90	
6	郭志颖	86	55	84	84	
7	张帅磊	86	87	65	58	
8	盛俊阳	98	88	70	88	
9	冯江	95	48	90	97	
10	周流洋	56	91	98	88	
11	李阳	88	90	89	86	
12	梅建明	90	87	85	93	
13	郁林峰	99	89	83	78	
14	刘依	98	95	58	78	
15						

图 6-27 “条件格式”设置效果

6.3.5 分类汇总

分类汇总可以将数据记录单中的数据按某一字段进行分类，并实现按类求和、求平均值、计数等运算，还能将计算的结果分级显示出来。

1. 创建分类汇总

创建分类汇总的具体操作步骤如下：

1）先按分类字段进行排序，从而使同类数据集中在一起。如图6-28所示，把相同性别的记录排在一起。

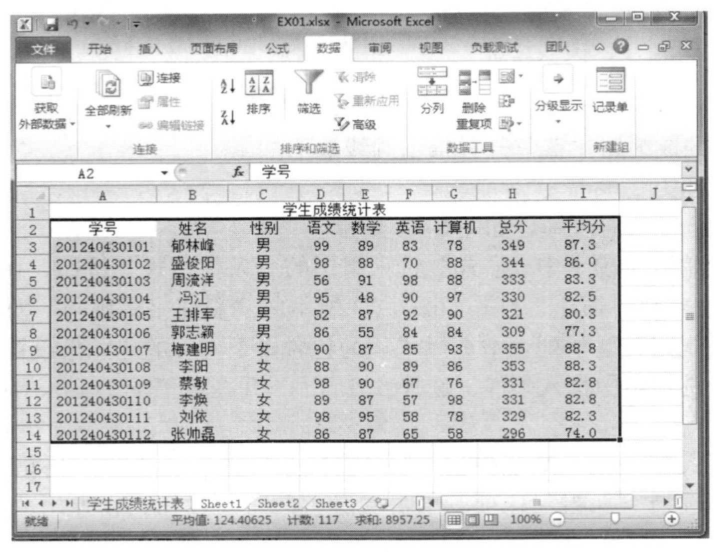

图6-28 按性别排序结果

2）先单击数据记录单中的任意单元格，再单击“数据”选项卡“分级显示”选项组中的“分类汇总”按钮，出现如图6-29所示的“分类汇总”对话框。

3）在“分类字段”列表框中，选择分类字段（如图中的“性别”）。

4）在“汇总方式”列表框中，选择汇总计算方式。“汇总方式”分别有“求和”“计数”“平均值”“最大值”“最小值”“乘积”“数值计数”“标准偏差”“方差”等方式。例如，若要按“性别”分类，并对“语文”“数学”“英语”“计算机”求和，则在“汇总方式”列表框中选择“求和”选项，并在“选定汇总项”下拉列表框中选中“语文”“数学”“英语”“计算机”复选框即可。

对话框下方有三个复选框，当选中后，其意义分别如下。

① 替换当前分类汇总：用新分类汇总的结果替换原有的分类汇总数据。

② 每组数据分页：表示以每个分类值为一组，组与组之间加上页分隔线。

③ 汇总结果显示在数据下方：每组的汇总结果放在该组数据的下面，不选中则汇总结果放在该数据的上方。

5）按要求选择后，单击“确定”按钮，完成分类汇总。

若按图6-29中的选项选择，则汇总结果如图6-30所示。

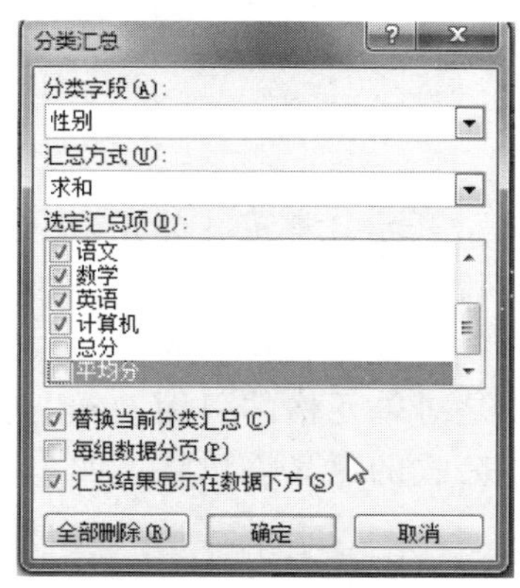

图6-29 “分类汇总”对话框

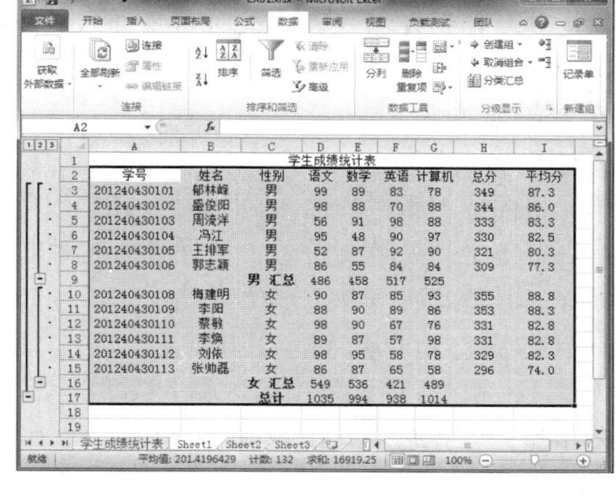

图6-30 按“性别”汇总结果

若要继续按“性别”分类，并对“语文”“数学”“英语”“计算机”求平均值，只需去掉对“分类汇总”对话框中“替换当前分类汇总”复选框中的选取“√”即可。

2. 删除分类汇总

若要撤销分类汇总，可由下面方法实现：

1）单击分类汇总数据记录单中的任意一个单元格。

2）单击“数据”选项卡“分级显示”选项组中的“分类汇总”按钮，出现如图6-29所示的“分类汇总”对话框。

3）在“分类汇总”对话框中单击“全部删除”按钮，便能撤销分类汇总。

3. 汇总结果分级显示

如图6-30所示的汇总结果中，左边有几个标有“-”和“1”“2”“3”的小按钮，利用这些按钮可以实现数据的分级显示。单击外括号下的“-”，则将数据折叠，仅显示汇总的总计，单击“+”展开还原；单击内括号中的“-”，则将对应数据折叠，同样单击“+”还原；若单击左上方的“1”，表示一级显示，仅显示汇总总计；单击“2”，表示二级显示，显示各类别的汇总数据；单击“3”，表示三级显示，显示汇总的全部明细信息。

6.4 Excel 函数与公式

6.4.1 Excel 2010 中的公式

1. 公式的基本概念

公式是Excel中对数据进行运算和判断的表达式。当电子表格中的数据更新后，无须做额外的工作，公式将自动更新结果。输入公式时，必须以等号（“=”）开头，其语法格式为：

=表达式

其中，表达式由运算数和运算符组成。运算数可以是常量、单元格或区域引用、名称或函数等。运算符包括算术运算符、比较运算符和文本运算符。运算符对公式中的元素进行特定类型的运算。如果在输入表达式时需要加入函数，可以在编辑框左端的“函数”下拉列表框中选择函数。

2. 公式的输入

（1）直接输入公式

在单元格内或编辑栏内输入公式时，必须以等号“＝”开始，常量、单元格引用、函数名、运算符等必须是英文符号；括号必须成对出现且配对正确。例如，在工作表中，要在I4单元格中，计算出“李焕”同学的总分，则可以先单击I4单元格，再输入公式：＝E4＋F4＋G4＋H4，按〈Enter〉键。其中，E4、F4、G4和H4是对单元格的引用，分别表示使用E4、F4、G4和H4单元格中的数据89、87、57和98。公式的意义表示将这四个单元格中的数据相加，运算结果放在I4单元格中。

（2）填充输入

在一个单元格中输入公式后，如果相邻的单元格中需要进行同类型的计算（如数据行合计），可以利用公式的自动填充功能。选择公式所在的单元格，移动鼠标到单元格的右下角，变成黑十字形即“填充柄”，按住鼠标左键，拖动“填充柄”经过目标区域。当到达目标区域后，放开鼠标左键，公式自动填充输入完毕，如图6-31所示。

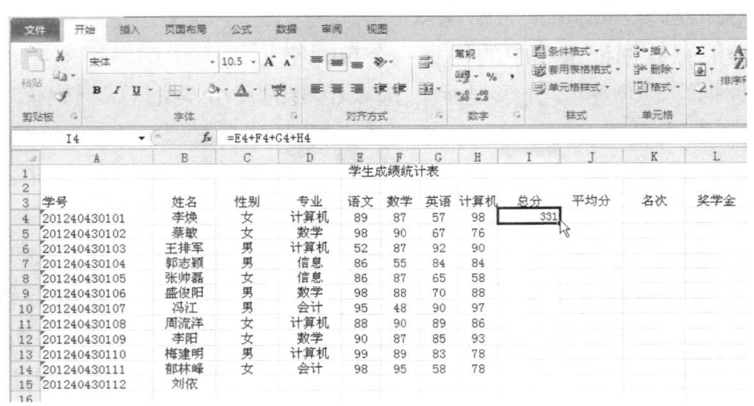

	A	B	C	D	E	F	G	H	I	J	K	L
1	学生成绩统计表											
2												
3	学号	姓名	性别	专业	语文	数学	英语	计算机	总分	平均分	名次	奖学金
4	201240430101	李焕	女	计算机	89	87	57	98	331			
5	201240430102	蔡敏	女	数学	98	90	67	76				
6	201240430103	王排军	男	计算机	52	87	92	90				
7	201240430104	郭志颖	男	信息	86	55	84	84				
8	201240430105	张帅磊	女	信息	86	87	65	58				
9	201240430106	盛俊阳	男	数学	98	88	70	88				
10	201240430107	冯江	男	会计	95	48	90	97				
11	201240430108	周流洋	女	计算机	88	90	89	86				
12	201240430109	李阳	女	数学	90	87	85	93				
13	201240430110	梅建明	男	计算机	99	89	83	78				
14	201240430111	郁林峰	女	会计	98	95	58	78				
15	201240430112	刘依										

图6-31　公式自动填充功能

3. 公式中单元格的引用

在公式中，可使用单元格的地址引用单元格中的数据，而且是动态引用这些单元格或区域里中的数据，不是简单的固定数值。单元格引用方式有如下三种。

（1）相对引用

单元格或单元格区域的相对引用是指相对于包含公式的单元格的相对位置。例如，单元格B2包含公式＝A1；Excel将在距单元格B2上面一个单元格和左面一个单元格处的单元格中查找数值。

在复制包含相对引用的公式时，Excel将自动调整复制公式中的引用，以便引用相对于当前公式位置的其他单元格。例如，单元格B2中含有公式：＝A1，A1是B2左上方的单元格，如图6-32所示。拖动A2的填充柄将其复制至单元格B3时，其中的公式已经改为＝A2，即单元格B3左上方单元格处的单元格，如图6-33所示。

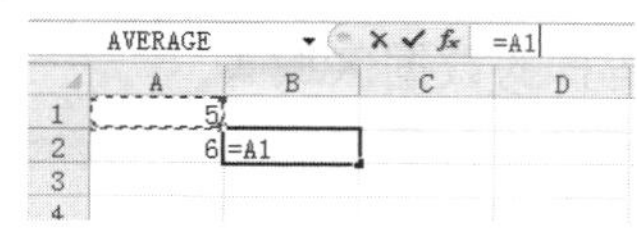
图6-32　单元格 B2 中输入公式：= A1

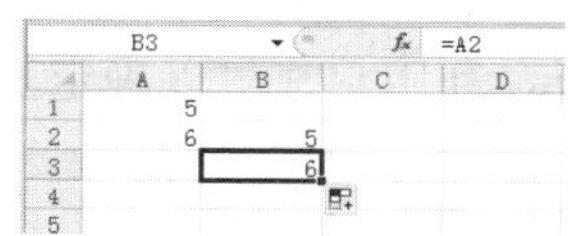
图6-33　复制 B2 公式至 B3

（2）绝对引用

绝对引用是指引用单元格的绝对名称。例如，如果在单元格 B1 公式输入公式：= A1 * A2，现在将公式复制到另一单元格中，则 Excel 将调整公式中的两个引用。如果不希望这种引用发生改变，须在引用的“行号”和“列号”前加上 $ 符号，这样就是单元格的绝对引用。单元格 B1 中输入公式：= A1 * A2，复制 B1 中的公式到 C2 单元格，其值都不会改变。

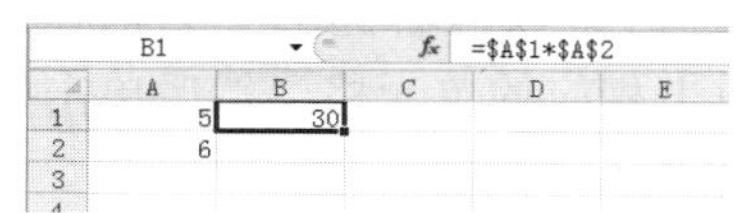
图6-34　单元格 B2 中输入公式：= A1 * A2

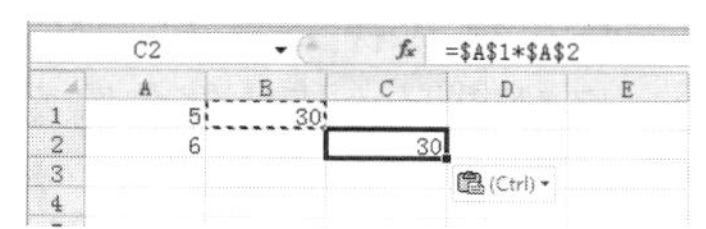
图6-35　将 B2 中的公式复制到 C2 中

（3）相对引用与绝对引用之间的切换

通过在适当的位置手动输入 $ 符号，可以输入非相对引用（绝对或混合）；或者使用〈F4〉快捷键在三种引用中自动转换。例如，在公式“= A1”中，地址 A1 是相对引用，按一下〈F4〉快捷键，单元格引用转换为“= A1”。再按一下〈F4〉键，转换为“= A$1”。再按一下〈F4〉键，又转换为“= $A1”，最后再按一次，又返回到开始的“= A1”。不断地按〈F4〉键，直到 Excel 显示所需的引用类型。

6.4.2　在公式中使用函数

函数是 Excel 中系统预定义的公式，如 SUM、AVERAGE 等。通常，函数通过引用参数接收数据，并返回计算结果。函数由函数名和参数构成。

函数的格式为：

```
函数名(参数,参数,…)
```

其中，函数名用英文字母表示，函数名后的括号是不可少的，参数在函数名后的括号内，参数可以是常量、单元格引用、公式或其他函数，参数的个数和类别由该函数的性质决定。

Excel 为用户提供了丰富的函数，按类型划分有常用函数、财务函数、日期与时间函数、数学与三角函数、统计函数、查找与引用函数、数据库函数、文本函数、逻辑函数、信息函数等。这里仅介绍其中几个常用的函数，通过对这些函数的学习，进一步了解和掌握 Excel 函数的使用方法。

1. 在公式中插入函数

在输入比较简单的函数时可采用直接输入方法，而较复杂的函数可利用公式选项板输入。单击“公式”选项卡上的“插入函数”按钮 *fx*，系统弹出“插入函数”对话框，如

图6-36所示。从中选择需要的函数，此时会在编辑栏下方出现如图6-37所示的窗口，称为公式选项板。利用它，可以确定函数的参数、函数运算的数据区域等。

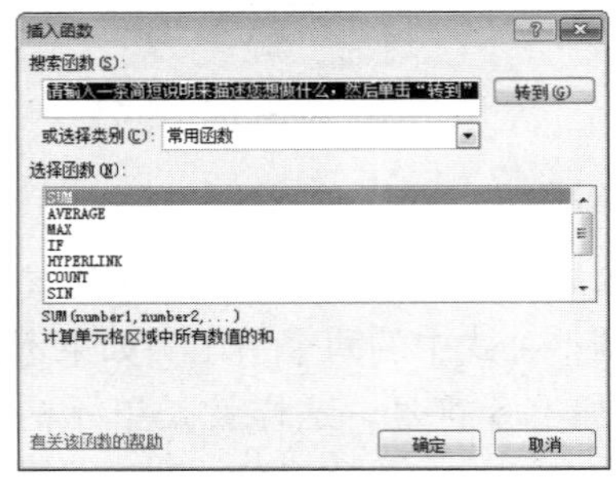

图6-36 “插入函数”对话框

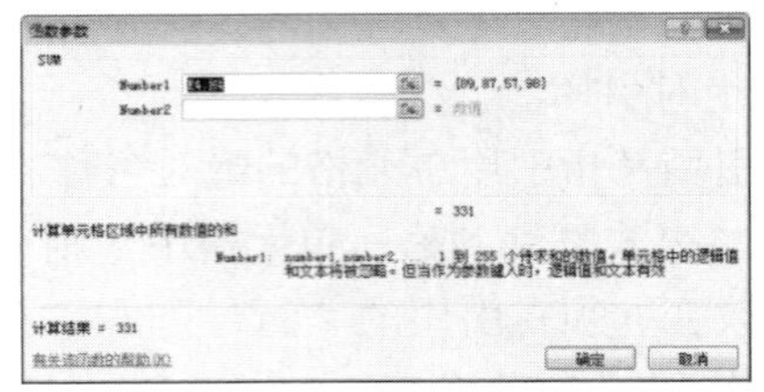

图6-37 SUM函数的选项板

根据提示输入各参数值。为了操作方便，可以单击参数框右侧的“暂时隐藏对话框”按钮，将对话框的其他部分隐藏，再从工作表上单击相应的单元格，然后单击按钮，恢复原对话框；最后单击“确定”按钮，完成函数的输入。

2. 常用函数

Excel提供了包括财务函数、日期与时间函数、数量与三角函数、统计函数、查找与引用函数、数据库函数、文字函数、逻辑函数、信息函数等近200个函数，下面仅介绍几个最常用的函数。

（1）求当前系统日期函数TODAY

格式：TODAY( )

功能：返回当前的系统日期。

如在A1单元格中输入：=TODAY( )，则Excel会按YYYY-MM-DD的格式显示当前的系统日期。

（2）求当前系统日期和时间函数NOW

格式：NOW( )

功能：返回当前的系统日期和时间。

如在A2单元格中输入：=NOW( )，则Excel会按YYYY-MM-DD HH：MM的格式显示当前的系统日期和时间。

（3）求和函数SUM

格式：SUM(参数1,参数2,…)

功能：求参数所对应数值的和。参数可以是常数或单元格引用。

在如图6-31所示的工作表中，要计算学生成绩表中每个学生的总分，可在I4单元格中输入求和函数：=SUM（E4：H4），并按〈Enter〉键，则I4中的值为331。

（4）统计计数函数COUNT

格式：COUNT(number1,number2,…)

功能：统计给定数据区域中所包含的数值型数据的单元格个数。

说明：统计函数的参数可以是指定的一批常量数据，也可以是一个数据区域。对给定的数据或数据区域，仅统计其中数值型数据的个数，其他类型的数据不做统计。

例如，在图6-31中，工作表的A4～H4单元格中分别储存着：201240430101、李焕、女、计算机、89、87、57、98，则=COUNT（A4：H4）的值为4，因为A4：H4中共有4个包含数值型数据的单元格（其中“201240430101”“李焕”“女”“计算机”为字符型数据，不在统计之列）。

（5）求平均值函数AVERAGE

格式：AVERAGE(number1,number2,…)

功能：求给定数据区域的算术平均值。

说明：该函数只对所选定的数据区域中的数值型数据求平均值，如果区域引用中包含了非数值型数据，则AVERAGE不把它包含在内。

例如，在图6-31中，工作表的A4～H4单元格中分别存放着：李焕、89、87、57、98，如果在I4中输入：=AVERAGE（E4：H4），则I4中的值为82.8，即为（89+87+57+98)/4。

（6）条件统计函数COUNTIF

格式：COUNTIF(range,criteria)

可以理解为：COUNTIF（数据区域，条件表达式）

功能：在给定数据区域内统计满足条件的单元格的个数。

其中，range为需要统计的单元格数据区域；criteria为条件，其形式可以为常数值、表达式或文本。条件可以表示为100、“100”、“>=60”、“计算机”等。

如图6-31所示，若要统计“学生成绩表”中“语文”成绩在90分及以上的人数，并将结果放在E16单元格中，可在E16单元格中输入公式：=COUNTIF（E4：E15，">=90"），按〈Enter〉键后便会在E16单元格中显示统计结果6。

（7）排位函数RANK

格式：RANK(number,ref,order)

功能：返回一个数值在指定数据区域中的名次。

参数说明：number为需要排位的数字；ref为数字列表数组或对数字列表的单元格引用；order为一数字，指明排位的方式（0或省略，降序排位；非0，升序排位）。

注意：排位的数据区域必须绝对引用，才能保证排位的正确性。

（8）条件函数IF

格式：IF(logical_test,value_if_true,value_if_false)

可以理解为：IF(条件,结果1,结果2)

功能：先判断条件logical_test，若条件值为真，则返回结果1；若条件值为假，则返回结果2。

（9）条件求和函数SUMIF

格式：SUMIF(range,criteria,sum_range)

功能：根据指定条件对指定数值单元格求和。

参数说明：range代表条件判断的单元格区域；criteria为指定条件表达式；sum_range代表需要求和的实际单元格区域。

注意：如果求和条件有多个，且要对多个数据区域通过拖动填充柄求和，则要求对条件区域和求和区域进行绝对引用。

（10）提取子字符串函数 MID

格式：MID(text,start_num,num_chars)

功能：将字符串 text 从第 start_num 个字符开始，向右截取 num_chars 个字符。

参数说明：text 是原始字符串，start_num 为截取的位置，num_chars 为要截取的字符个数。

例如，若在 A1 单元格中输入某个学生的身份证号“650108199010282258”，其中第 7 ~ 14 位（共 8 位）代表出生日期，则函数 = MID（A1，7，8）的返回值为“19901028”，这样就能从身份证号码中方便地取出该学生的出生日期。

（11）字符串替换函数 REPLACE

格式：REPLACE(old_text,start_num,num_chars,new_text)

功能：对指定字符串，从指定位置开始，用新字符串来替换原有字符串中的若干个字符。

参数说明：old_text 是原有字符串；start_num 是从原字符串中第几个字符位置开始替换；num_chars 是原字符串中从开始替换位置起需要替换的字符个数；new_text 是要替换成的新字符串。

注意：

① 当 num_chars 为 0 时则表示从 start_num 之后插入新字符串 new_text。

② 当 new_text 为空时，则表示从第 start_num 个字符开始，删除 num_chars 个字符。

6.5 数据的美化与呈现

6.5.1 数据透视表

数据透视表是一种对大量数据快速汇总和建立交叉列表的交互式表格。它不仅可以转换行和列以查看源数据的不同汇总结果，显示不同页面以筛选数据，还可以根据需要显示区域中的明细数据。

1. 创建数据透视表

创建数据透视表的操作步骤如下：

1）单击用来创建数据透视表的数据记录单。

2）单击“插入”选项卡“表”选项组中的“数据透视表”按钮，选择“创建数据透视表”命令，打开“创建数据透视表”对话框，如图 6-38 所示。

3）在对话框中确定创建数据透视表的数据区域及放置数据透视表的位置，此处数据区域为：A2：H14，放置数据透视表的位置为当前工作表中从 J2 开始的单元格区域。单击“确定”按钮出现如图 6-39 所示的建立数据透视表所需的字段列表。

4）用户可以将设置于列的字段从字段列表中拖入列标签框中，将设置于行的字段从字段列表中拖入

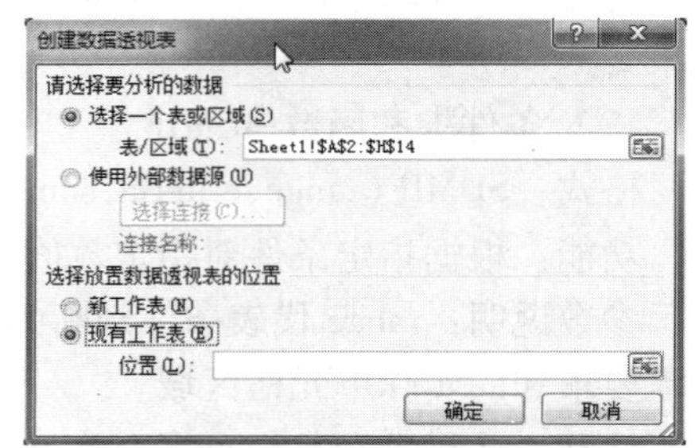

图 6-38 创建“数据透视表”对话框

行标签框中，将要进行计算的数值字段拖入数值框中。例如，要创建一个分别求各男、女同学语文、数学、英语、计算机四门课程总分的一张数据透视表，可将性别字段拖入行标签框中，四门课程的字段依次拖入数值框中，便得到如图 6-40 所示的数据透视表。

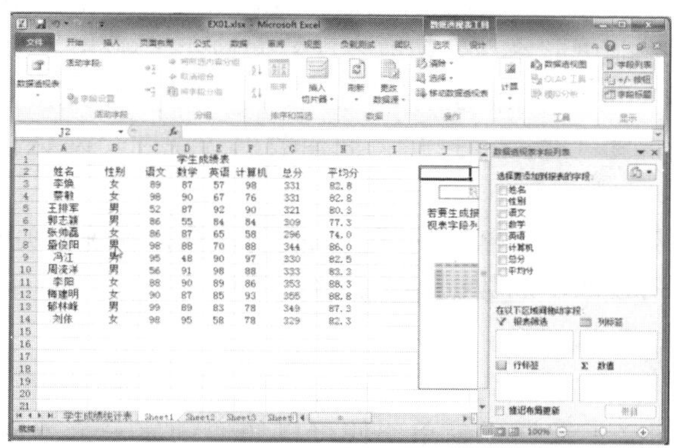

图 6-39　要添加到报表的字段列表

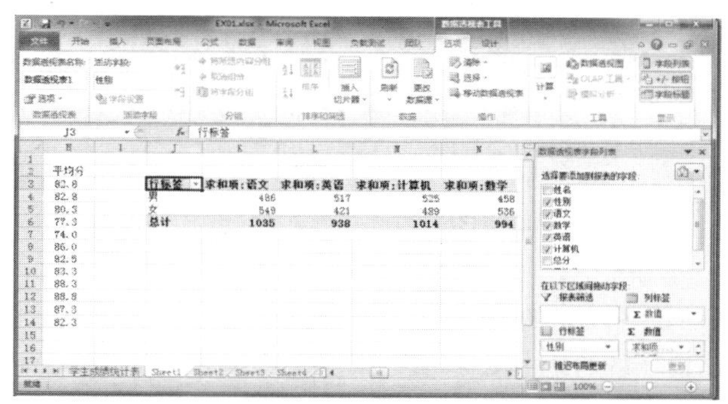

图 6-40　分别求男、女同学四门课程总分的数据透视表

若所创建的数据透视表不是汇总计算，则单击数值框中字段名右边的下拉按钮，系统弹出如图 6-41 所示的快捷菜单。在快捷菜单中选择“值字段设置”选项，打开“值字段设置”对话框，按要求选择需要计算的类型即可，如图 6-42 所示。

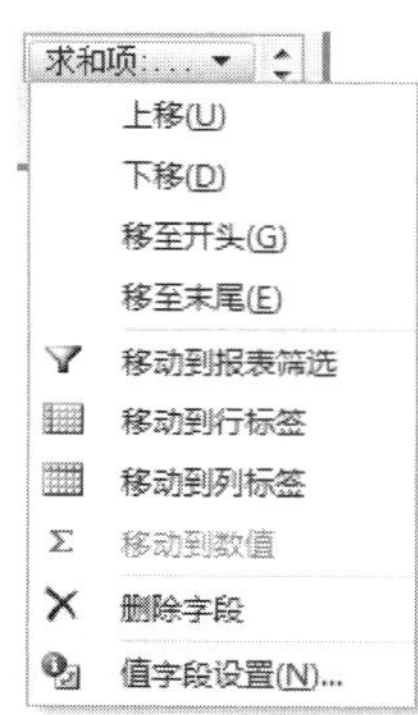

图 6-41　单击下拉按钮显示的快捷菜单

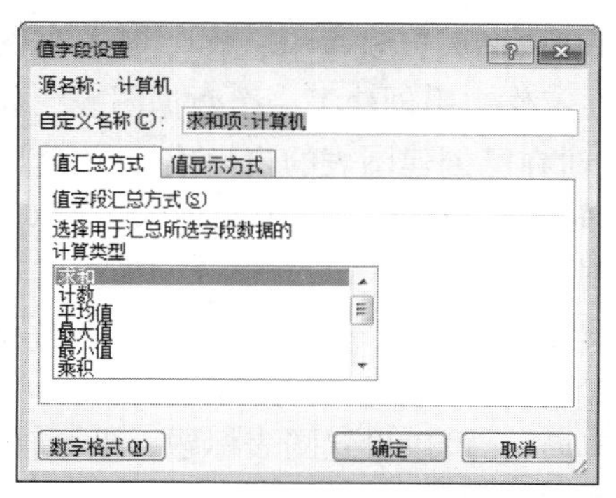

图 6-42　“值字段设置”对话框

单击字段列表中已拖入每个框中的字段名右边的下拉按钮，在弹出的快捷菜单中选择不同的选项，可以对已创建的数据透视表进行修改。

2. 创建数据透视图

Excel 2010 数据透视图是数据透视表的更深一层次的应用，它可将数据透视表中的数据以图形的方式表示出来，能更形象、生动地表现数据的变化规律。

建立“数据透视图”只需单击“插入”选项卡“表”选项组中的“数据透视表”按钮，选择“创建数据透视图”命令，打开“创建数据透视图”对话框，其他操作与创建数据透视表相同。

数据透视图是利用数据透视表制作的图表，是与数据透视表相关联的。若更改了数据透视表中的数据，则数据透视图中的数据也随之改变。

6.5.2 创建数据图表

在 Excel 中，只要建立了数据记录单，便可以快速创建一个数据图表。现以如图 6-43 所示的数据记录单，创建一个名称为“学生成绩统计图表”的数据图表，具体操作步骤如下：

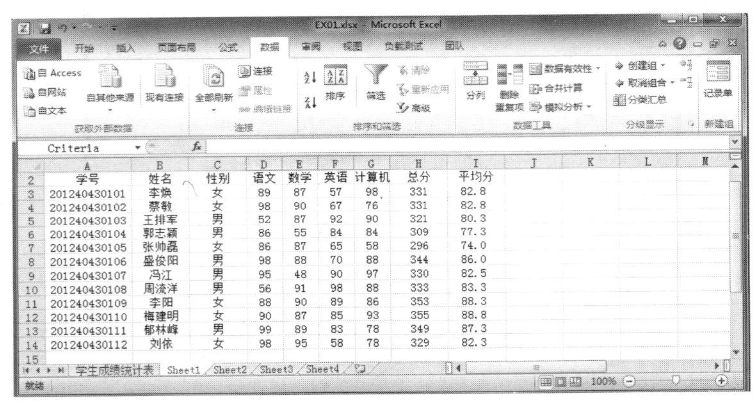

学号	姓名	性别	语文	数学	英语	计算机	总分	平均分
201240430101	李焕	女	89	87	57	98	331	82.8
201240430102	蔡敏	女	98	90	67	76	331	82.8
201240430103	王排军	男	52	87	92	90	321	80.3
201240430104	郭志颖	男	86	55	84	84	309	77.3
201240430105	张帅磊	女	86	87	65	58	296	74.0
201240430106	盛俊阳	男	98	88	70	88	344	86.0
201240430107	冯江	男	95	48	90	97	330	82.5
201240430108	周流洋	男	56	91	98	88	333	83.3
201240430109	李阳	女	88	90	89	86	353	88.3
201240430110	梅建明	女	90	87	85	93	355	88.8
201240430111	郁林峰	男	99	89	83	78	349	87.3
201240430112	刘依	女	98	95	58	78	329	82.3

图 6-43　图表初始数据

1）首先在工作表中选定要创建图表的数据（可以选定连续的或不连续的数据区域），如图 6-43 所示。

2）打开“插入”选项卡，在“图表”选项组中选择一种图表类型（如柱形图），便将选定数据在工作表中创建了一个数据图表，如图 6-44 和图 6-45 所示。

3）此时在已创建图表的窗口右上方会显示一个“图表工具”功能区，该功能区包括“设计”“布局”“格式”三个选项卡，可对已创建的图表进行编辑和修改。这三个选项卡的功能分别介绍如下。

①“设计”：可更改图表类型、切换行列、更改数据、快速布局、更改样式和移动图表等。

②“布局”：可以设置图表标题、坐标轴标题、图例、显示或隐藏数据和坐标轴、设置背景、趋势线等。

③“格式”：可设置图表、文本的格式、对齐方式和样式等。

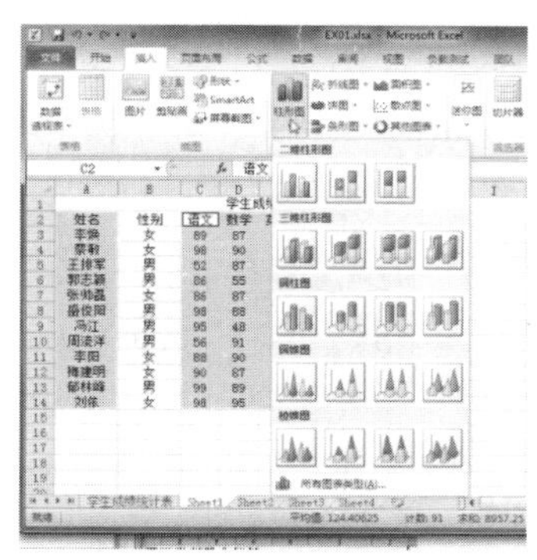

图 6-44　图表类型选项

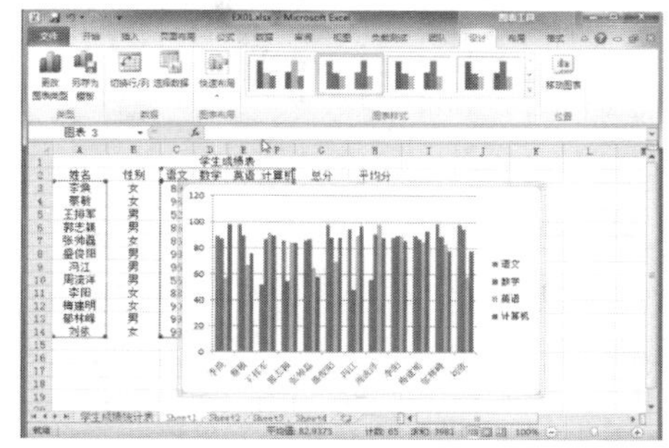

图 6-45　选择“柱形图”创建的图表

6.5.3　编辑数据图表

图表生成后，用户可根据自己的需要进行修改，修改时先单击图表内的任一空白处选定图表，再按要求进行修改。

1. 调整图表的位置和大小

选定图表后，图表的四周会出现一边框，将鼠标指针放在四条边的中点或四个角上，指针会相应变为水平、垂直和倾斜形状。此时，拖动鼠标便能调整图表的大小；若将鼠标指针放在图表中的任一位置，按住左键拖动鼠标便能移动图表。

2. 修改图表中的数据

选定图表，单击“图表工具”中的“设计”选项卡，单击“选择数据”按钮，打开“选择数据源”对话框，分别单击“添加”“编辑”或“删除”按钮，可向图表中添加、修改和删除数据。也可以用“复制”和“粘贴”的方法来实现，具体方法：先选定要添加的数据区域，单击工具栏中的“复制”按钮，再选定图表，在空白处鼠标右键单击，并在弹出的快捷菜单中选择“粘贴”，便将已选定的数据添加到图表中。

注意：清除图表中的数据系列，不影响工作表中的数据，但当工作表中某项数据被删除时，图表内相应的数据系列也会消失。

3. 更改图表类型

Excel 2010 提供了若干种图表类型，每一种类型下都有两种以上的子图表。如果用户对所创建的图表类型不满意，可以更改图表的类型，具体操作方法：选定图表，单击“图表工具”中的“设计”选项卡，单击“类型”选项组中的“图表类型”按钮，在弹出的“更改图表类型”对话框中选择所需要的图表类型即可，如图 6-46 所示。

6.5.4　设置图表选项

用户还可以在图表中添加标题、数据标志等元素，使图表更加直观明了。

1. 添加标题

（1）添加图表标题

选定图表，单击“图表工具”中“布局”选项卡下的“图表标题”选项，并在弹出的下拉菜单中选择一个选项，再在图表中的标题处输入图表标题即可，如图 6-47 所示。

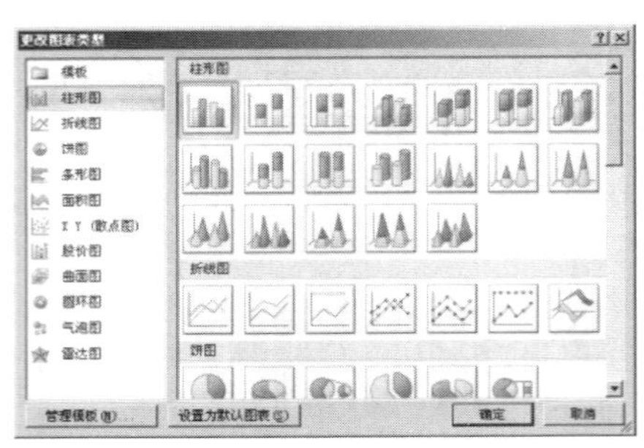

图 6-46 “更改图表类型”对话框

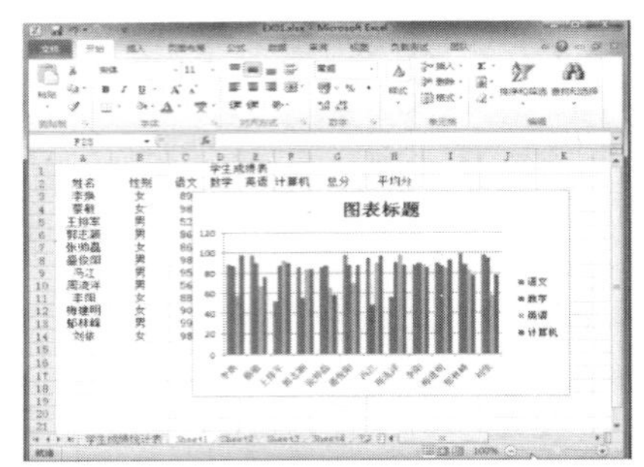

图 6-47 图表标题设置结果

（2）添加坐标轴标题

在“布局”选项卡中单击“坐标轴标题”按钮，在下拉菜单中分别选择“主要横坐标轴标题”和“主要纵横坐标轴标题”。选择一个选项后，在图表中依次输入主要横坐标轴标题和主要纵横坐标轴标题即可。

2. 添加数据标签

用户可以为图表中的数据系列、单个数据点或者所有数据点添加数据标签。具体操作方法与添加标题基本相同，不同的只是在“图表工具”中选择“布局”选项卡，并单击“标签”选项组中的“数据标签”按钮，选择一个选项后，便能在图表中显示对应的数值。

其他显示项的设置方法基本与上法相同，都是在“布局”选项卡中完成的。

6.5.5 设置图表格式

Excel 中的图表包括图表区、绘图区、背景、图表系列、坐标轴、图例等。对图表的各个部分都可以进行格式设置和编辑。在数据图表中，坐标轴以内的区域称为绘图区，方框以内的区域为图表区。

1. 设置图表区格式

图表区格式的设置包括对图表背景、图表标题、坐标轴和图例的文字等格式的设置。具体设置方法：选择需要设置的文字，单击“开始”选项卡中的“字体”按钮，打开“字体”对话框，按要求设置文字的字体、样式、大小、颜色等格式，最后单击“确定”按钮完成设置。或直接在图表区中任意空白处右击，在快捷菜单中选择“设置图表区格式”命令，打开“设置图表区格式”对话框，能设置图表的颜色、边框样式、阴影和三维格式等，如图 6-48 所示。

2. 设置绘图区格式

绘图区的格式包括填充颜色、边框颜色、边框样式、阴影和三维格式等。具体设置方法是：选择“图表工具”中的“布局”选项卡，单击“背景”选项组中的“绘图区”按钮，在弹出的快捷菜单中选择“设置绘图区格式”命令，在“设置绘图区格式”对话框进行设置，如图 6-49 所示。也可通过鼠标右键单击绘图区空白处，在弹出的快捷菜单中选择“设置绘图区格式”命令完成设置。

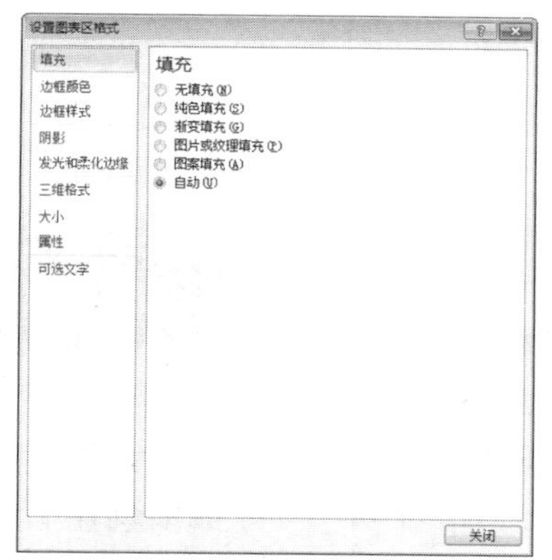

图6-48 “设置图表区格式”对话框

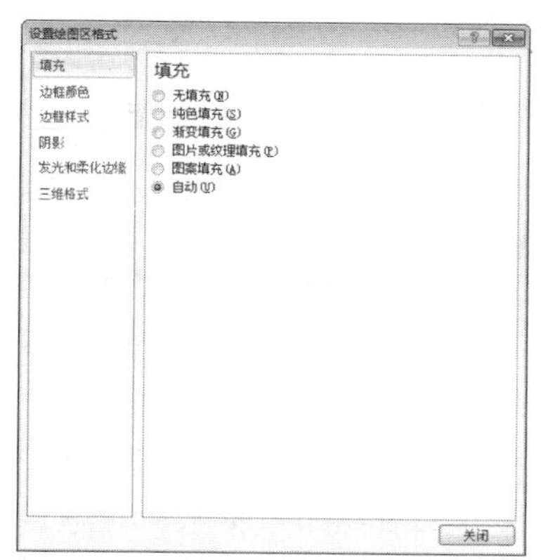

图6-49 “设置绘图区格式”对话框

3. 其他图表元素的格式设置

其他图表元素（如坐标轴、图例、源数据、数据标签、趋势线、网格线等）格式的设置，只要将鼠标指针在图表中要设置格式的某个元素上鼠标右键单击，便能弹出与该元素相关的快捷菜单，按要求选择菜单中的命令选项即可。例如，要修改图表中的坐标轴刻度，只要将鼠标指针指向坐标轴刻度并鼠标右键单击，在弹出的快捷菜单中选择“设置坐标轴格式”命令进行设置；要添加趋势线，可在图表中直方图上鼠标右键单击，在弹出的快捷菜单中选择“添加趋势线”命令即可。同理，设置网格线就鼠标右键单击网格线，要更改源数据就鼠标右键单击图表系列等。

本章小结

本章从认识Excel 2010的界面开始，详细地介绍使用Excel 2010创建、编辑表格的全过程，内容涉及了工作表的编辑、数据处理、公式与函数的应用，数据统计功能的应用和数据图表的操作等方面的知识。

习题

参见《大学计算机基础上机指导》实训任务。

第 7 章 PowerPoint 演示文稿

PowerPoint 主要用于演示文稿（即幻灯片，简称 PPT）的制作和演示，也称为幻灯片制作演示软件。人们可以用它来制作、编辑和播放幻灯片。PowerPoint 能够制作出集文字、图形、图像、音频以及视频剪辑等多媒体元素于一体的演示文稿，把所要表达的信息组织在一组图文并茂的画面中，用于介绍公司的产品、展示自己的学术成果等。

7.1 对象及操作

演示文稿对象如图 7-1 所示。

图 7-1 演示文稿对象

1. 新建幻灯片

方法一： 快捷键法。按〈Ctrl + M〉组合键，即可快速添加一张空白幻灯片。

方法二： 回车键法。在“普通视图”下，将鼠标定在左侧的窗格中，然后按下〈Enter〉键，同样可以快速插入一张新的空白幻灯片。

方法三： 命令法。执行“插入”→“新幻灯片”命令，也可以新增一张空白幻灯片。

2. 图片的插入

1）为了增强文稿的可视性，向演示文稿中添加图片是一项基本的操作。

2）执行“插入”→“图片”→“来自文件”命令，打开“插入图片”对话框，如图 7-2 所示。

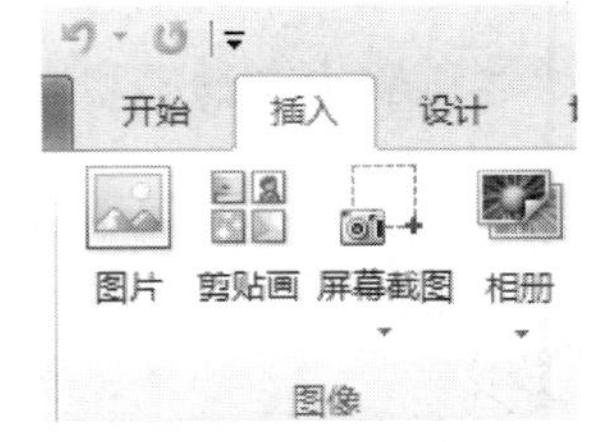

图 7-2 插入命令

3）定位到需要插入图片所在的文件夹，选中相应的图片文件，然后单击“插入”按钮，将图片插入到幻灯片中。

4）用拖拉的方法调整好图片的大小，并将其定位在幻灯片的合适位置上即可。

注意： 定位图片位置时，按住〈Ctrl〉键，再按方向键，可以实现图片的微移，达到精确定位图片的目的。

3. 音频的插入

1）为演示文稿配上音频，可以大大增强演示文稿的播放效果。

2）执行“插入”→“音频”→“从文件插入”命令，然后选择音频文件插入，如图 7-3 所示。

3）定位到需要插入音频文件所在的文件夹，选中相应的音频文件，然后单击“确定”按钮。

4）在随后弹出的快捷菜单中，根据需要选择“是”或“否”选项返回，即可将音频文件插入到当前的幻灯片中，演示文稿支持 mp3、wma、wav、mid 等格式音频文件。

注意：插入音频文件后，会在幻灯片中显示出一个小喇叭图片，在幻灯片放映时，通常会显示在画面中，为了不影响播放效果，通常将该图标移到幻灯片边缘处。

4. 视频的插入

我们可以将视频文档添加到演示文稿中，来增加演示文稿的播放效果。

1）执行“插入”→“视频”→“从文件插入”命令，找到需插入的视频文件，然后打开，单击“插入”按钮，如图 7-3 所示。

图 7-3　插入视频和音频命令

2）定位到需要插入视频文档所在的文件夹，选中相应的视频文件，然后单击“确定”按钮。

3）在随后弹出的快捷菜单中，根据需要选择“是”或“否”选项返回，即可将视频文件插入到当前的幻灯片中。

4）调整视频播放窗口的大小，将其定位在幻灯片的合适位置上即可。

注意：演示文稿支持 avi、wmv、mpg 等格式视频文件。

5. 插入 Flash 动画

单击“插入”→“视频”→“从文件插入”命令，然后将视频文件拓展名改成 *. swf，然后找到 Flash 文件的所在地，单击并插入，如图 7-4 所示。

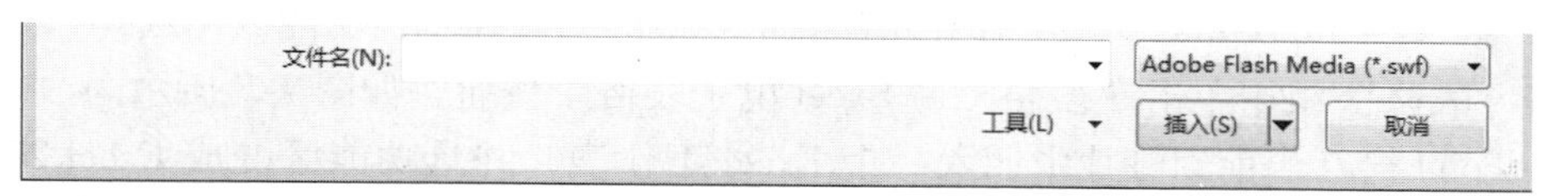

图 7-4　Flash 文件的插入

6. 艺术字的插入

单击“插入”→“艺术字”命令，然后选择所喜欢的图形。之后在其中输入自己想要的文字，如图 7-5 所示。

7. 添加注释

首先，将图标放置到需要添加批注的位置，然后单击“审阅”选项卡中的“新增批注”按钮。

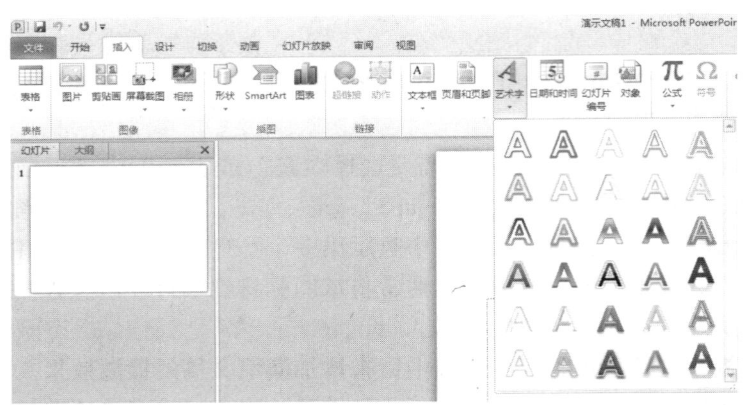

图 7-5 “插入艺术字”选择框

现在就可以在“批注”文本框中输入批注信息了。需要修改时也可以鼠标右键单击批注或单击功能区的“编辑批注”按钮来进行批注修改。也可以通过单击“显示批注”按钮来隐藏幻灯片中的所有批注，如图 7-6 所示。

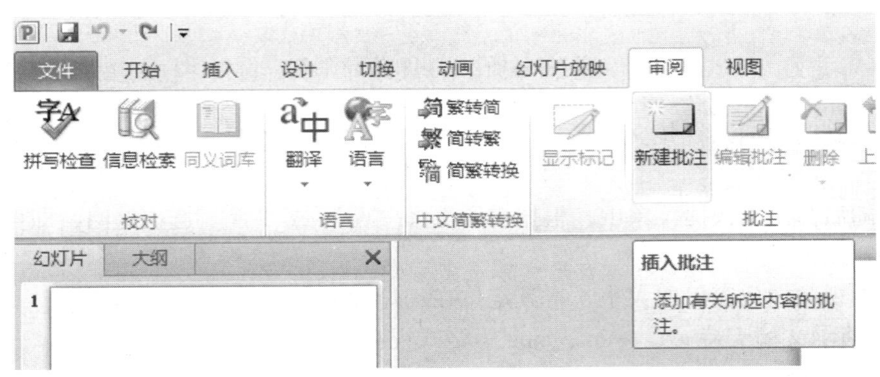

图 7-6 插入批注命令

8. 插入 Excel 表格

方法一：在 PowerPoint 中选择需要放置电子表格的幻灯片，在功能区中选择“插入”选项卡，在“表格”组中单击“表格”→“Excel 电子表格”按钮，如图 7-7 所示。

PowerPoint 会在当前幻灯片中插入一个 Excel 工作表，并且功能区变成 Excel 2010 的接口。拖动表格边框，将其移动到所需的位置；拖动边框四周的黑色句柄调整其大小。然后就可以在其中编辑自己所需要的表格样式，如图 7-8 所示。

然后即可在表格中输入数据并进行处理，就像在 Excel 软件中进行操作一样。

表格编辑完成后单击表格外的任意位置结束编辑。要重新编辑表格，只需在表格上双击鼠标即可。

方法二：在 PowerPoint 2010 中选择要放置 Excel 工作表的幻灯片，在功能区中选择“插入”选项卡，在“文字”组中单击“对象”。系统弹出“插入对象”对话框，选择“由文件创建”单选按钮，如图 7-9 所示。

图 7-7 “插入表格”命令

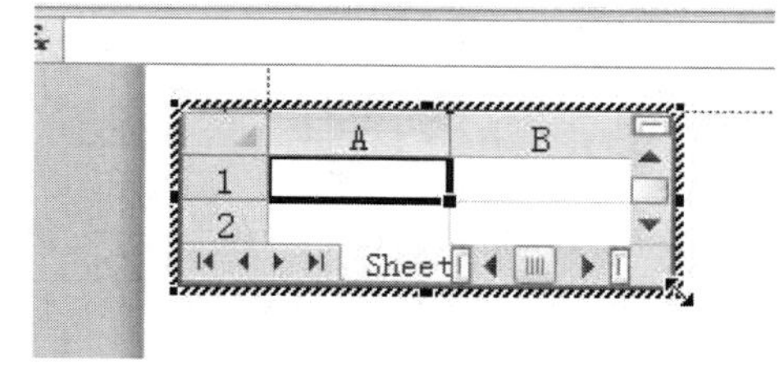

图 7-8 编辑表格

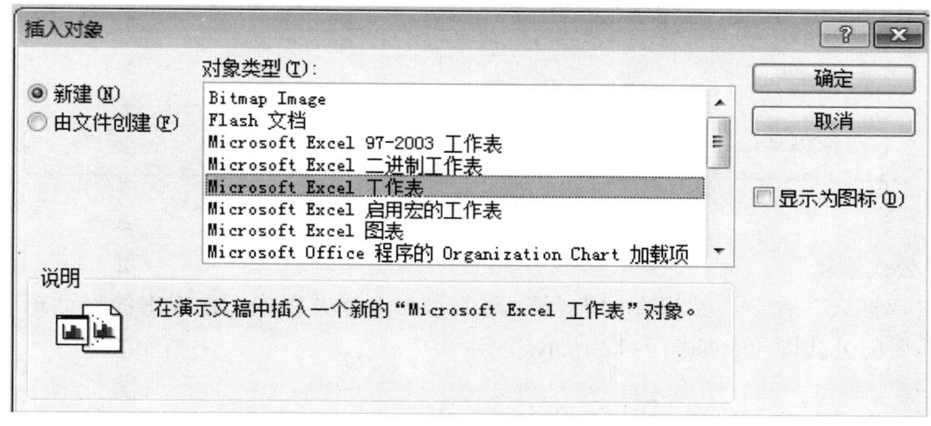

图 7-9 在“插入对象”对话框中选择“由文件创建”单选按钮

单击“浏览”按钮，选择所需的 Excel 工作表，单击“确定”按钮。这时就会在幻灯片中插入该工作表，并显示第一个工作表。要选择工作表中的其他工作表或修改工作表，只需双击该工作表就可以进入编辑状态，编辑完成后单击工作表窗口外的任意位置即可返回 PowerPoint 接口。

9. 插入图表

单击“插入”→“图表”命令，如图 7-10 所示。然后选择自己需要的图表，单击“确定”按钮，如图 7-11 所示。

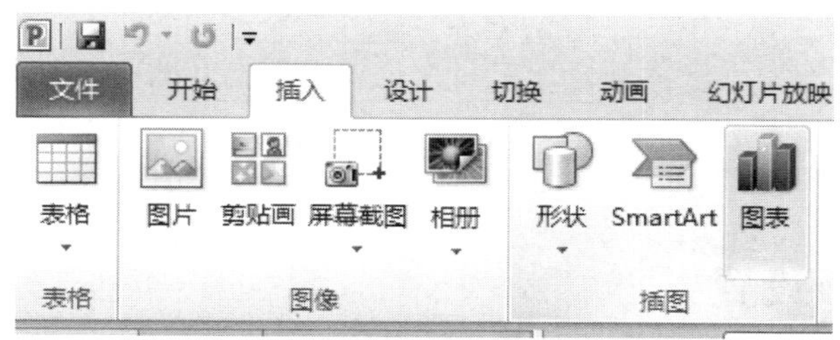

图 7-10 “插入图表”命令

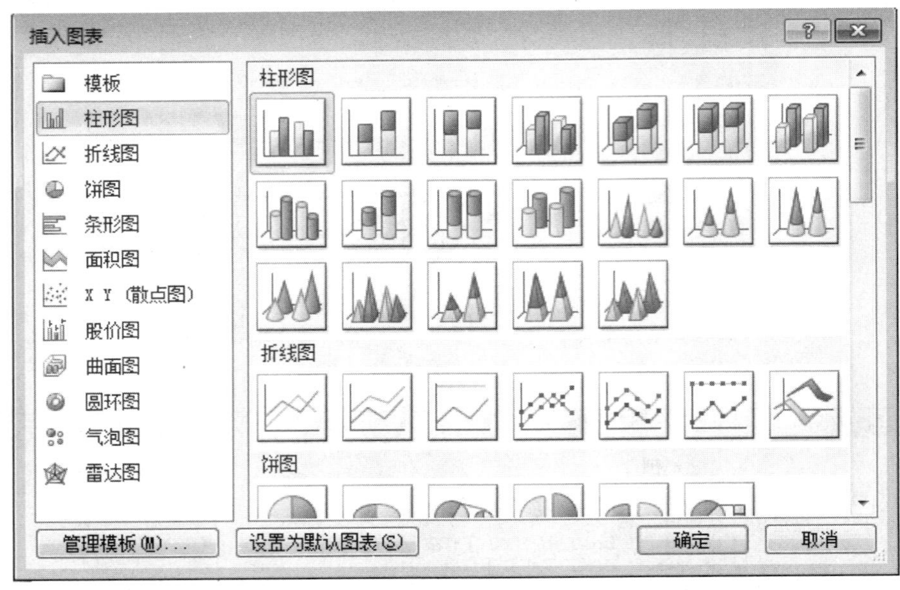

图 7-11 “插入图表”对话框

10. 公式编辑

单击“插入”命令，然后在“符号”选项卡中选择方程式，在弹出的对话框中，选择自己所需要的公式即可，如图 7-12 所示。

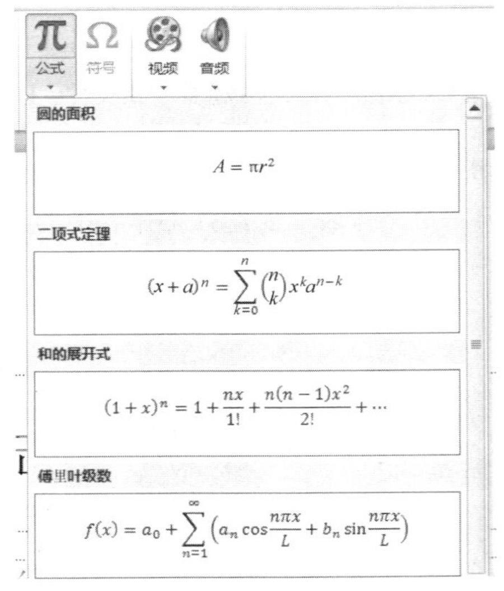

图 7-12 插入公式命令

7.2 幻灯片母版设置

1. 幻灯片母版

幻灯片母版就是一种套用格式，通过插入占位符来设置格式，如图 7-13 所示。

母版有两个优点：一是节约设置格式的时间，二是便于整体风格的修改。

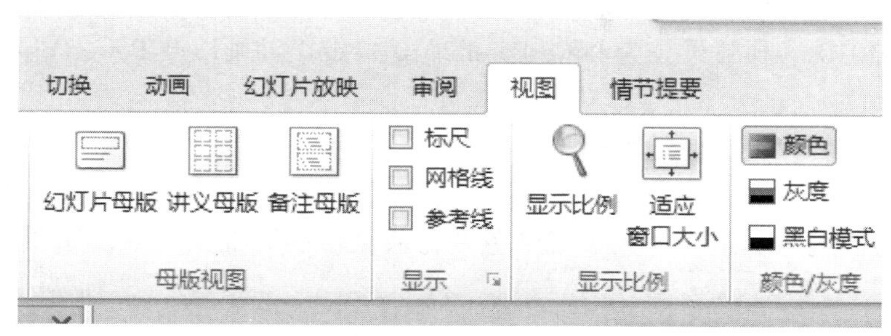

图 7-13　母版

2. 母版设置

步骤一：单击“菜单栏”→“检视”→“幻灯片母版”命令。

在第一张幻灯片的空白处单击鼠标右键，选择“设置背景格式”→“填充”→“图片或纹理填充”→“文件”命令。然后选择自己喜欢的图片作为背景。单击“全部应用”→“关闭”按钮，如图 7-14 所示。

步骤二：对现成模板进行编辑。

鼠标单击右键，选择“版式”命令，然后进行选项的选取，如图 7-15 所示。

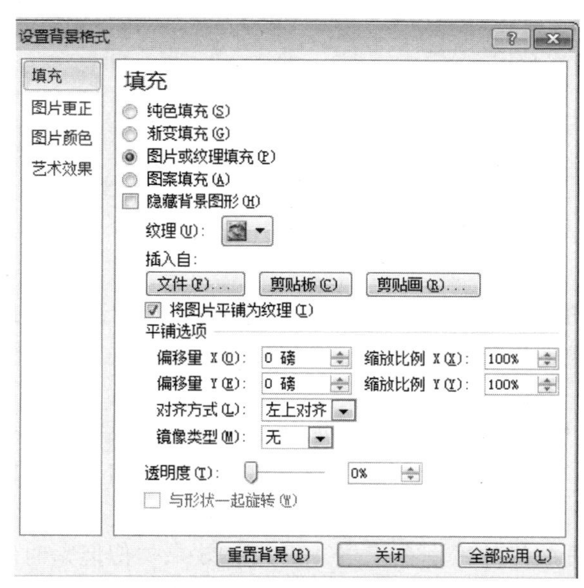

图 7-14　设置背景格式

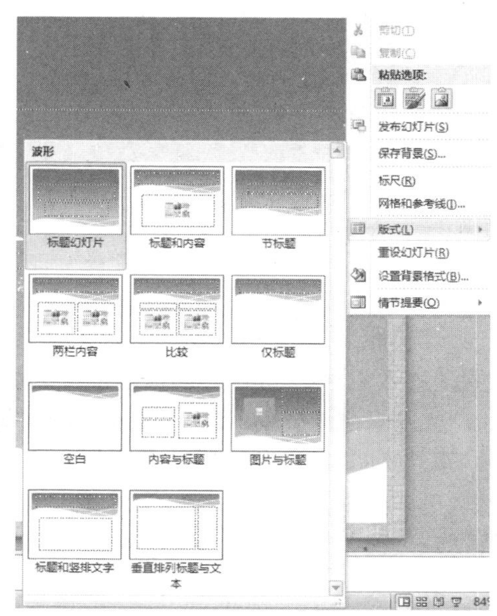

图 7-15　版式命令

7.3　动画设置

制作幻灯片 PPT，不仅需要在 PPT 的内容设计上制作精美，还需要在 PPT 的动画上下工夫，好的 PPT 动画能给演示带来一定的说明与推力。怎么制作幻灯片动画？最新版本的 PowerPoint 2010 动画效果主打绚丽，比起之前版本的 PPT 动画展示出了强大的动画效果。

PowerPoint 2010 动画效果分为 PowerPoint 2010 自定义动画以及 PowerPoint 2010 切换效果两种动画效果。

1. PowerPoint 2010 自定义动画

PowerPoint 2010 演示文稿中的文本、图片、形状、表格、SmartArt 图形和其他对象制作成动画，赋予它们进入、退出、大小或颜色变化甚至移动等视觉效果，如图 7-16 所示。

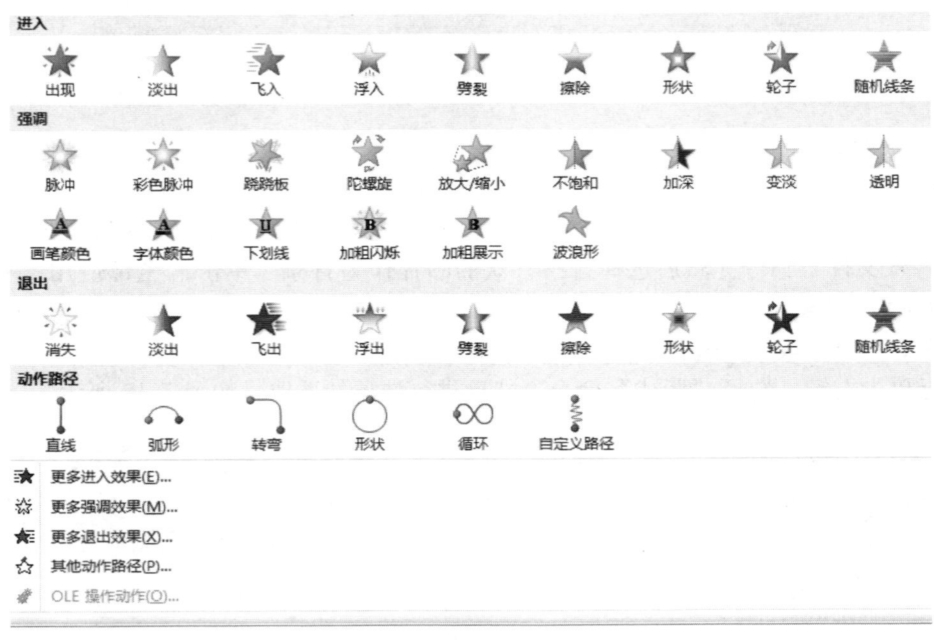

图 7-16　动画效果设置

具体有以下四种自定义动画效果：

第一种，“进入”效果，在 PPT 菜单的“动画”→“添加动画”里面单击“进入”或“更多进入效果”命令，都是自定义动画对象的出现动画形式，比如可以使对象逐渐淡入焦点、从边缘飞入幻灯片或者跳入视图中等。

第二种，“强调”效果，同样在 PPT 菜单的“动画”→“添加动画”里面单击“强调”或“更多强调效果”命令，其中有“基本型”“细微型”“温和型”“华丽型”四种特色动画效果，这些效果的示例包括使对象缩小或放大、更改颜色或沿着其中心旋转。

第三种，“退出”效果，这个自定义动画效果的区别在于与“进入”效果类似但是时序相反，它是自定义对象退出时所表现的动画形式，如让对象飞出幻灯片、从视图中消失或者从幻灯片旋出。

第四种，“动作路径”效果，这一个动画效果是根据形状或者直线、曲线的路径来展示对象游走的路径，使用这些效果可以使对象上下移动、左右移动或者沿着星形或饼图案移动（与其他效果一起），如图 7-17 所示。

以上四种自定义动画，可以单独使用任何一种动画，也可以将多种效果组合在一起。PPT 如何设置动画？例如，可以对一行文本应用“飞入”进入效果及“陀螺旋”强调效果，使它旋转起来。也可以对自定义动画设置出现的顺序以及开始时间，延时或者持续动画时间等。

2. PowerPoint 2010 动画效果切换

PowerPoint 2010 动画效果中的切换效果，即是给幻灯片添加切换动画，在 PPT 2010 菜单栏的"切换"中有"切换到此投影片"组有"切换方案"以及"效果选项"，在"其他"中可以看到有"区别""华丽型""动态内容"三种动画效果，使用方法：选择要想其应用切换效果的幻灯片，在"切换"选项卡的"切换到此投影片"组中，单击要应用于该幻灯片的幻灯片切换效果，如图 7-18 所示。

学会了 PPT 动画效果的设置，不仅能给 PPT 带来非常好的效果，对用户也是一种赏心悦目的感受。但是一定要注意制作 PPT 动画种类绝对不要添加太多，避免出现动画效果过度而让自己的 PPT 变得杂乱。

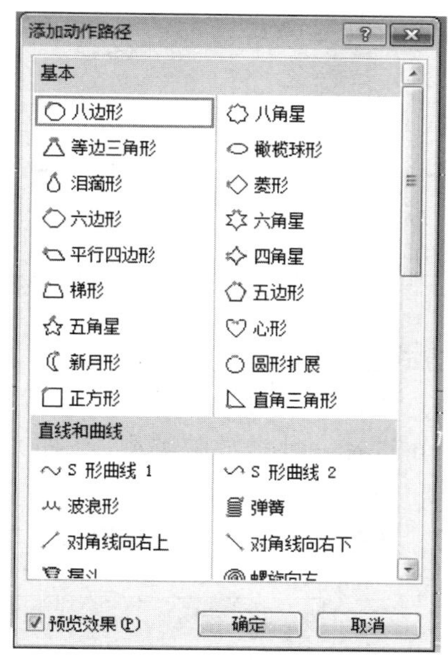

图 7-17 "添加动作路径"对话框

图 7-18 幻灯片切换命令

7.4 演示文稿

演示文稿做好了，掌握一些播放的技能和技巧可以帮用户做一场讲解。

PowerPoint 2010 设置演示文稿的地方就在这里，单击"幻灯片放映"按钮，就可以调整播放方式，以及一些其他的问题，如图 7-19 所示。

1. 设置幻灯片放映方式

PPT 演示文稿制作完成后，有的由演讲者播放，有的自行播放，这需要通过设置幻灯片

图 7-19　幻灯片放映命令

放映方式进行控制。

1）单击“幻灯片放映”→“设置放映方式”命令，打开“设置放映方式”对话框。

2）选择一种“放映类型”（如“观众自行浏览”），确定“放映幻灯片”范围，在“放映选项”选项组中进行设置 。

3）根据需要设置好其他选项，单击“确定”按钮即可，如图 7-20 所示。

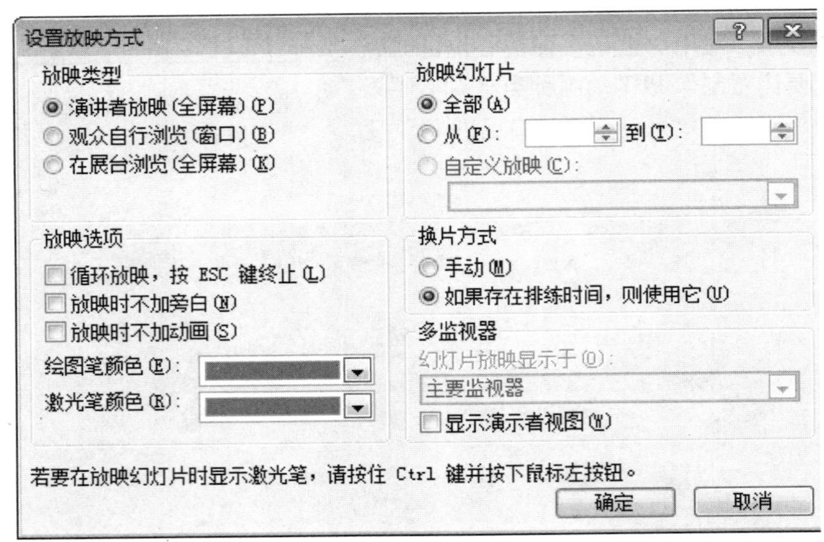

图 7-20　“设置放映方式”对话框

2. 自定义播放方式

一份 PPT 演示文稿，如果需要根据观众的不同有选择地放映，可以通过“自定义放映”方式来实现。

1）执行“幻灯片放映”→“自定义幻灯片放映”命令，打开“自定义放映”对话框，如图 7-21 所示。

2）单击其中的“新建”按钮，打开“定义自定义放映”对话框。

3）输入一个放映方案名称（如“高级”），然后在〈Ctrl〉键的协助下，选项需要放映的幻灯片，然后单击“新增”按钮，再单击“确定”按钮返回。

4）以后需要放映其他方案时，再次打开“自定义放映”对话框，选择一种放映方案，单击“放映”按钮就可以了。

3. 在播放时画出重点

在播放过程中，可以在屏幕上画出相应的重点内容：在放映过程中，右键单击鼠标，在随后出现的快捷菜单中，选择“指针选项”→“笔”选项，此时鼠标变成一支“笔”形，可以在屏幕上随意绘画，如图 7-22 所示。

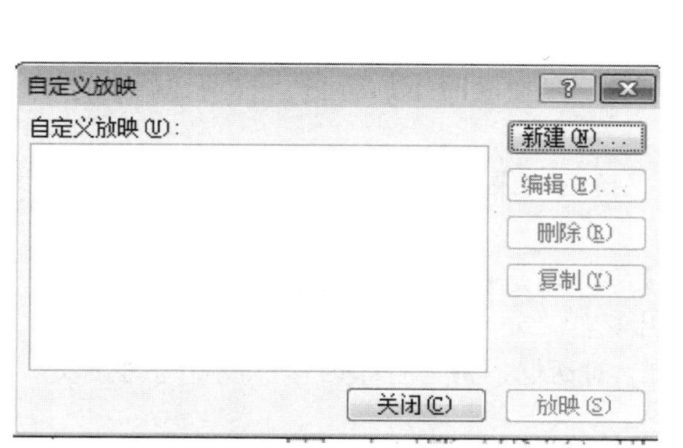

图 7-21 “自定义放映”对话框

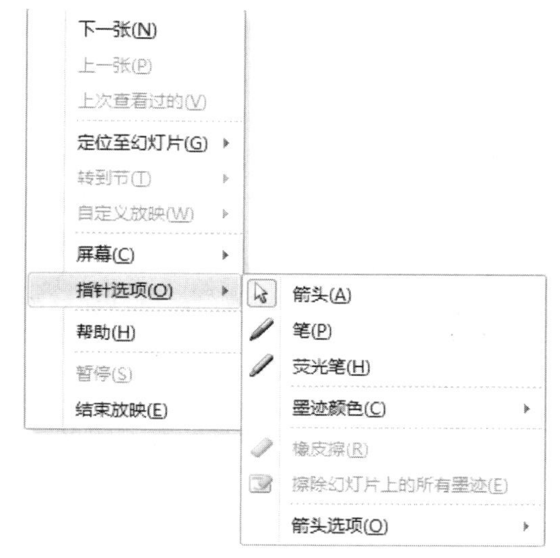

图 7-22 指针选项

注意：

① 右键单击鼠标，在随后弹出的快捷菜单中，选择“指针选项”→“墨迹色彩”选项，即可修改“笔”的颜色。

② 在退出播放状态时，系统会出现是否保留的提示，根据需要做出选择就可以了。

7.5 综合技巧

PowerPoint 的使用技巧，掌握了这些技巧，很多事情可以事半功倍。

1. 为幻灯片配音

如果想通过直接录音的方法为演示文稿配音，按下述操作进行。

打开演示文稿，定位到配音开始的幻灯片，执行“幻灯片放映”→“录制幻灯片演示”命令，打开“从头开始录制或者从当前投影片开始录制”对话框，直接单击“开始录制”按钮，在随后弹出的对话框中，选择“当前投影片”按钮，进入幻灯片放映状态，边放映边开始录音，如图 7-23 所示。

播放和录音结束时，鼠标右键单击，在弹出的快捷菜单中，选择“结束放映”选项，退出录音状态，并在随后弹出的对话框中，选择“保存”按钮，退出即可。

注意：

① 如果在“录制旁白”对话框中，选择“链接旁白”命令，以后保存幻灯片时，系统会将相应的旁白声音按幻灯片分开保存为独立的声音文件。

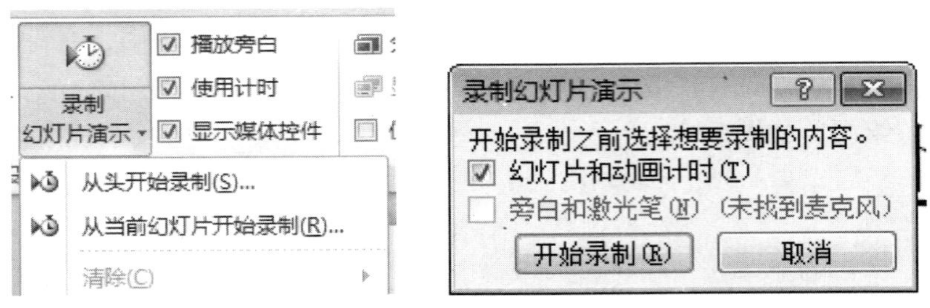

图 7-23 “录制幻灯片演示”命令

② 打开“设置放映方式”对话框，选中其中的“放映时不加旁白”选项，确定返回，在播放文稿时不播放声音文件。

③ 利用此功能可以进行任何录音操作，比系统的“录音机”功能要好。

2. 打印幻灯片

如果想把投影片打印出来校对一下其中的文字，但是在一般情况下，一张纸只打印出一幅投影片。那么，如何设置一张打印多幅幻灯片呢?

执行“文件”→“打印”命令，打开“打印”对话框，将“打印内容”设置为“讲义”，然后再设置一下其他参数，确定打印即可。

注意：

① 如果选中“颜色/灰度”下面的“灰度”选项，打印时可以节省墨水。

② 如果经常要进行上述打印，将其设置为预设的打印方式：执行“工具”→“选项”命令，打开“选项”对话框，切换到“打印”选项卡，选中“使用下列打印设置”选项，然后设置好下面的相关选项，单击“确定”按钮返回即可，如图 7-24 所示。

图 7-24 打印设置

3. 演示文稿加密

如果不希望别人打开自己制作的 PowerPoint 演示文稿，可以通过加密来限制别人来打开自己的演示文稿。

当演示文稿想要加密时，执行“文件”→“另存为”命令，找到“另存为”对话框，下面有一个工具，单击“常规选项”命令，里面有加密的选项，设置密码就可以了，如图 7-25和图 7-26 所示。

图 7-25　文件“另存为”设置对话框

4. 制作电子相册

随着数码照相机的快速普及，需要制作电子相册的人越来越多。虽然这方面的专业软件不少，但是这里仍然采用 PowerPoint 来制作。

1）单击“插入”→“相册”→“新建相册”命令，打开“相册”对话框，如图 7-27 所示。

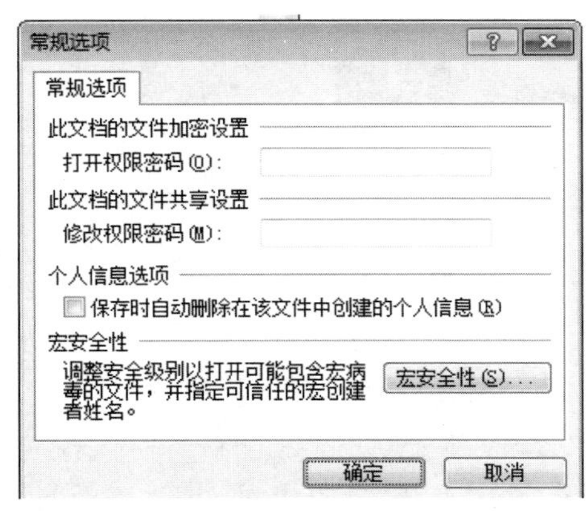

图 7-26　“常规选项”对话框

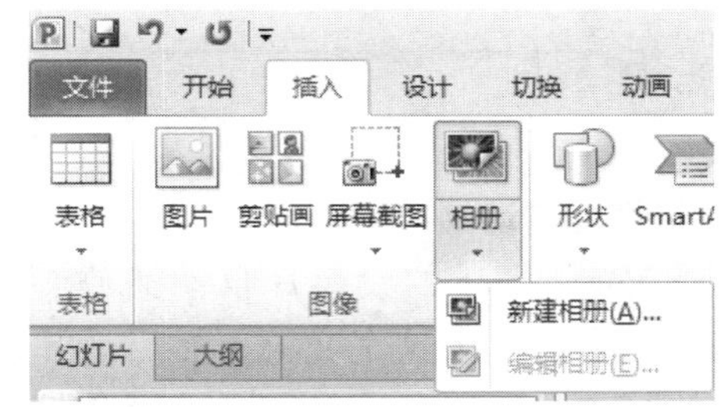

图 7-27　“插入相册”命令

2）单击其中的“文件/磁盘”命令，打开“插入新图片”对话框，如图 7-28 所示。

3）定位到照片所在的文件夹，在〈Shift〉或〈Ctrl〉键的辅助下，选中需要制作成相册的图片，单击“插入”按钮返回，如图 7-29 所示。

4）根据需要调整好相应的设置，单击“创建”按钮。

5）再对相册修饰一个即可。

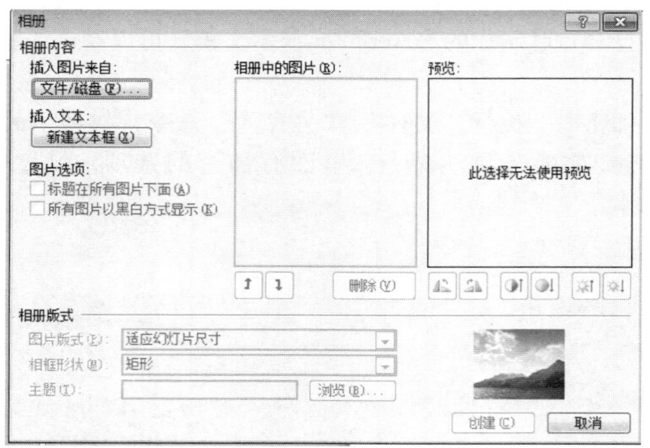

图 7-28 “相册”设置对话框

图 7-29 “插入新图片”对话框

5. 幻灯片自动播放

要让 PowerPoint 的投影片自动播放，只需要在播放时右键单击这个文稿，然后在弹出的菜单中执行“显示”命令即可，或者在打开文稿前将该文件的扩展名从 PPT 改为 PPS 后再双击它即可，如图 7-30 所示。这样就避免了每次都要先打开这个文稿才能进行播放所带来的不便。

图 7-30 “显示”命令

本章小结

本章从认识 PowerPoint 2010 的界面开始，详细地介绍使用 PowerPoint 2010 创建、编辑、放映演示文稿的全过程，并采用实践案例由浅入深、图文并茂的方式讲解具体操作。通过本章的学习，读者可以熟练掌握 PowerPoint 2010 的基本操作，掌握演示文稿各种对象的编辑、动画效果和外观的设置，能够使用 PowerPoint 2010 制作出包括文字、图形、声音、动画以及视频剪辑等多媒体元素为一体的演示文稿。

习　　题

参见《大学计算机基础上机指导》实训任务。

第 8 章 Access 数据库程序设计

随着信息技术的进步，面对数据量的惊人增长，需要一种软件来维护这些纷繁复杂的数据，以提升并最大化每一笔数据的利用率与价值。数据库管理系统正是这样一款软件，能有效管理数据，尤其当数据量较大时，越能凸显数据库的重要性。在工作实践过程中，如果有全校的成绩数据都需要定期维护，成绩单需要定期生成，大量的数据需要处理分析时，作为一个轻量级的数据库，Access 是初学数据库技术时便捷的起点。

8.1 数据库系统概述

8.1.1 数据库的基本概念

要了解数据库技术，首先应该理解几个最基本的概念，如信息、数据、数据库、数据库管理系统和数据库应用系统、数据库系统等。

1. 信息

信息（Information）是客观事物存在方式或运动状态的反映和表述，它存在于我们的周围。简单地说，信息就是新的、有用的事实和知识。

信息对于人类社会的发展有重要意义：它可以提高人们对事物的认识，减少人们活动的盲目性；信息是社会机体进行活动的纽带，社会的各个组织通过信息网相互了解并协同工作，使整个社会协调发展；社会越发展，信息的作用就越突出。信息又是管理活动的核心，要想把事物管理好就需要掌握更多的信息，并利用信息进行工作。

2. 数据

数据（Data）是用来记录信息的可识别的符号，是信息的载体和具体表现形式。尽管信息有多种表现形式，可以通过手势、眼神、声音或图形等方式表达，但数据是信息的最佳表现形式。由于数据能够书写，因而它能够被记录、存储和处理，从中挖掘出更深层的信息。可用多种不同的数据形式表示同一信息，而信息不随数据形式的不同而改变。

数据的概念在数据处理领域已大大地拓宽了，其表现形式不仅包括数字和文字，还包括图形、图像、声音等。这些数据可以记录在纸上，也可以记录在各种存储器中。

3. 数据库

数据库（DataBase，DB）是存储在计算机内、有组织、可共享的数据集合，它将数据按一定的数据模型组织、描述和储存，具有较小的冗余度，较高的数据独立性和易扩展性，可被多个不同的用户共享。形象地说，“数据库”就是为了实现一定的目的按某种规则组织起来的数据的集合。在现实生活中，这样的数据库随处可见。学校图书馆的所有藏书及借阅情况、公司的人事档案、企业的商务信息等都是“数据库”。

数据库的概念实际上包含下面两层含义。

1）数据库是一个实体，是能够合理保管数据的“仓库”，是用户在该“仓库”中存放要管理的事务数据。

2）数据库是数据管理的新方法和技术，它能够更合理地组织数据，更方便地维护数据，更严密地控制数据和更有效地利用数据。

4. 数据库管理系统

数据库管理系统（DataBase Management System，DBMS）是专门用于管理数据库的计算机系统软件。数据库管理系统能够为数据库提供数据的定义、建立、维护、查询、统计等操作功能，并具有对数据的完整性、安全性进行控制的功能。

数据库管理系统的目标是让用户能够更方便、更有效、更可靠地建立数据库和使用数据库中的信息资源。数据库管理系统不是应用软件，它不能直接用于诸如工资管理、人事管理或资料管理等事务管理工作，但数据库管理系统能够为事务管理提供技术和方法、应用系统的设计平台和设计工具，使相关的事务管理软件很容易设计。也就是说，数据库管理系统是为设计数据管理应用项目提供的计算机软件，利用数据库管理系统设计事务管理系统可以达到事半功倍的效果。我们周围有关数据库管理系统的计算机软件有很多，其中比较著名的系统有 Oracle 公司开发的 Oracle、Sybase 公司开发的 Sybase、Microsoft 公司开发的 SQL Server、IBM 公司开发的 DB2 等。本章后面将介绍的 Microsoft Access 2010 也是一种常用的数据库管理系统。

数据库管理系统具有以下四个方面的主要功能。

（1）数据定义功能

数据库管理系统能够提供数据定义语言（Data Description Language，DDL），并提供相应的建库机制。用户利用 DDL 可以方便地建立数据库，当需要时，用户还可以将系统的数据及结构情况用 DDL 描述。数据库管理系统能够根据其描述执行建库操作。

（2）数据操纵功能

实现数据的插入、修改、删除、查询、统计等数据存取操作的功能称为数据操纵功能。数据操纵功能是数据库的基本操作功能，数据库管理系统通过提供数据操纵语言（Data Manipulation Language，DML）实现其数据操纵功能。

（3）数据库的建立和维护功能

数据库的建立功能是指数据的载入、转储、重组织功能及数据库的恢复功能。数据库的维护功能是指数据库结构的修改、变更及扩充功能。

（4）数据库的运行管理功能

数据库的运行管理功能是数据库管理系统的核心功能。它包括并发控制、数据的存取控制、数据完整性条件的检查和执行、数据库内部的维护等。所有数据库的操作都要在这些控制程序的统一管理下进行，以保证计算机事务的正确运行，保证数据库的正确、有效。

5. 数据库应用系统

凡使用数据库技术管理及其数据（信息）的系统都称为数据库应用系统。一个数据库应用系统应携带有较大的数据量，否则它就不需要数据库管理。数据库应用系统按其实现的功能可以被划分为数据传递系统、数据处理系统和管理信息系统。

1）数据传递系统只具有信息交换功能，系统工作中不改变信息的结构和状态，如电话、程控交换系统都是数据传递系统。

2）数据处理系统通过对输入的数据进行转换、加工和提取等一系列操作，从而得出更有价值的新数据，其输出的数据在结构和内容方面与输入的源数据相比有较大的改变。

3）管理信息系统是具有数据的保存、维护、检索等功能的系统，其作用主要是数据管理，通常所说的事务管理系统就是典型的管理信息系统。

数据库应用系统的应用非常广泛，它可以用于事务管理、计算机辅助设计、计算机图形分析和处理、人工智能等系统中，即所有数据量大、数据成分复杂的地方都可以使用数据库技术进行数据管理工作。

数据库管理系统是提供数据库管理的计算机系统软件。数据库应用系统是实现某种具体事务管理功能的计算机应用软件。数据库管理系统为数据库应用系统提供了数据库的定义、存储和查询方法，数据库应用系统通过数据库管理系统管理其数据库。

6. 数据库系统

数据库系统是指带有数据库并利用数据库技术进行数据管理的计算机系统。一个数据库系统应由计算机硬件、数据库、数据库管理系统、数据库应用系统和数据库管理员五部分构成。数据库系统的体系由支持系统的计算机硬件设备、数据库及相关的计算机软件系统、开发管理数据库系统的人员三部分组成。

数据库系统的软件中包括操作系统（Operating System，OS）、数据库管理系统（DBMS）、主语言编译系统、数据库应用开发系统及工具、数据库应用系统和数据库，它们的作用如下所述。

1）操作系统。操作系统是所有计算机软件的基础，在数据库系统中它起着支持数据库管理系统及主语言编译系统工作的作用。如果管理的信息中有汉字，则需要中文操作系统的支持，以提供汉字的输入/输出方法和对汉字信息的处理方法。

2）数据库管理系统和主语言编译系统。数据库管理系统是为定义、建立、维护、使用及控制数据库而提供的有关数据管理的系统软件。主语言编译系统是为应用程序提供的诸如程序控制、数据输入/输出、功能函数、图形处理、计算方法等数据处理功能的系统软件。由于数据库的应用很广泛，涉及的领域很多，其功能数据库管理系统是不可能全部提供的，因而，应用系统的设计与实现需要数据库管理系统和主语言编译系统配合才能完成。

3）数据库应用开发系统及工具。数据库应用开发系统及工具是数据库管理系统为应用开发人员和最终用户提供的高效率、多功能的应用生成器、第四代计算机语言等各种软件工具，如报表生成器、表单生成器、查询和视图设计器等。它们为数据库系统的开发和使用提供了良好的环境和帮助。

4）数据库应用系统和数据库。数据库应用系统包括为特定应用环境建立的数据库、开发的各类应用程序、编写的文档资料等内容，它们是一个有机的整体。数据库应用系统涉及各个方面，如信息管理系统、人工智能、计算机控制和计算机图形处理等。通过运行数据库应用系统，可以实现对数据库中数据的维护、查询、管理和处理等操作。

数据库系统的人员由软件开发人员、软件管理人员及软件使用人员三部分组成。

1）软件开发人员包括系统分析员、系统设计员及程序设计员，他们主要负责数据库系统的开发设计工作。

2）软件管理人员称为数据库管理员（DataBase Administrator，DBA），他们负责全面管理和控制数据库系统。

3）软件使用人员即数据库的最终用户，他们利用功能选项、表格、图形用户界面等实现数据的查询及数据管理工作。

8.1.2 数据库的发展

1. 数据库的发展历史

计算机数据管理随着计算机硬件、软件技术和计算机应用范围的发展而不断发展，数据管理技术经历了人工管理、文件系统和数据库技术三个发展阶段。

（1）人工管理阶段

20 世纪 50 年代以前，计算机主要用于数值计算。从当时的硬件看，外存只有纸带、卡片、磁带，没有直接存取的储存设备；从软件上看（实际上，当时还未形成软件的整体概念），那时还没有操作系统，没有管理数据的软件；从数据上看，数据量小，数据无结构，由用户直接管理，且数据间缺乏逻辑组织，数据依赖于特定的应用程序，缺乏独立性。数据处理是由程序员直接与物理的外部设备打交道，数据管理与外部设备高度相关，一旦物理存储发生变化，数据则不可恢复。

人工管理阶段的特点如下：

1）用户完全负责数据管理工作，如数据的组织、存储结构、存取方法、输入/输出等。

2）数据完全面向特定的应用程序，每个用户使用自己的数据，数据不保存，用完就撤走。

3）数据与程序没有独立性，程序中存取数据的子程序随着存储结构的改变而改变。

这一阶段管理的优点是廉价地存放大容量数据；缺点是数据只能顺序访问，耗费时间和空间。

（2）文件系统管理阶段

1951 年出现了第一台商业数据处理电子计算机——通用自动计算机（Universal Automatic Computer，Univac），标志着计算机开始应用于以加工数据为主的事务处理阶段。20 世纪 50 年代后期到 60 年代中期，出现了磁鼓、磁盘等直接存取数据的存储设备。这种基于计算机的数据处理系统也就从此迅速发展起来。

这种数据处理系统是把计算机中的数据组织成相互独立的数据文件，系统可以按照文件的名称对其进行访问，对文件中的记录进行存取，并可以实现对文件的修改、插入和删除，这就是文件系统。文件系统实现了记录内的结构化，即给出了记录内各种数据间的关系，但是文件从整体来看却是无结构的。其数据面向特定的应用程序，因此数据的共享性和独立性差，且冗余度大，管理和维护的代价也很大。

文件系统阶段的特点如下。

1）系统提供一定的数据管理功能，即支持对文件的基本操作（增添、删除、修改、查询等），用户程序不必考虑物理细节。

2）数据的存取基本上是以记录为单位的，数据仍是面向应用的，一个数据文件对应一个或几个用户程序。

3）数据与程序有一定的独立性，文件的逻辑结构与存储结构由系统进行转换，数据在存储上的改变不一定反映在程序上。

这一阶段管理的优点是，数据的逻辑结构与物理结构有了区别，文件组织呈现多样化；缺点是，存在数据冗余性，数据不一致性，数据联系弱。

（3）数据库技术管理阶段

20 世纪 60 年代后期，计算机性能得到提高，重要的是出现了大容量磁盘，存储容量大大增加且价格下降。在此基础上，有可能克服文件系统管理数据时的不足，而去满足和解决实际应用中多个用户、多个应用程序共享数据的要求，从而使数据能为尽可能多的应用程序服务，这就出现了数据库这样的数据管理技术。数据库的特点是数据不再只针对某一特定应用，而是面向全组织，具有整体的结构性，共享性高，冗余度小，具有一定的程序与数据间的独立性，并且实现了对数据进行统一的控制。

数据库技术是在文件系统的基础上发展起来的新技术，它克服了文件系统的弱点，为用户提供了一种使用方便、功能强大的数据管理手段。数据库技术不仅可以实现对数据集中统一的管理，而且可以使数据的存储和维护不受任何用户的影响。数据库技术的发明与发展，使其成为计算机科学领域内的一个独立的学科分支。

数据库系统和文件系统相比具有以下主要特点。

1）面向数据模型对象。数据库设计的基础是数据模型。在进行数据库设计时，要站在全局需要的角度抽象和组织数据；要完整、准确地描述数据自身和数据之间联系的情况；要建立适合整体需要的数据模型。数据库系统是以数据库为基础的，各种应用程序应建立在数据库之上。数据库系统的这种特点决定了它的设计方法，即系统设计时应先设计数据库，再设计功能程序，而不能像文件系统，先设计程序，再考虑程序需要的数据。

2）数据冗余度小。数据冗余度小是指重复的数据少。减少冗余数据可以带来以下优点：

① 数据量小可以节约存储空间，使数据的存储、管理和查询都容易实现。

② 数据冗余度小可以使数据统一，避免产生数据不一致的问题。

③ 数据冗余度小便于数据维护，避免数据统计错误。

由于数据库系统是从整体角度上看待和描述数据的，数据不再是面向某个应用，而是面向整个系统，因此数据库中同样的数据不会多次重复出现。这就使得数据库中的数据冗余度小，从而避免了由于数据冗余大带来的数据冲突问题，也避免了由此产生的数据维护麻烦和数据统计错误问题。

3）数据共享度高。数据库系统通过数据模型和数据控制机制提高数据的共享度。数据共享度高会提高数据的利用率，使数据更有价值，更容易、方便地被使用。数据共享度高使得数据库系统具有以下三个方面的优点。

① 系统现有用户或程序可以共享数据库中的数据。

② 当系统需要扩充时，再开发的新用户或新程序还可以共享原有的数据资源。

③ 多用户或多程序可以在同一时刻共同使用同一数据。

4）数据和程序具有较高的独立性。由于数据库中的数据定义功能（即描述数据结构和存储方式的功能）和数据管理功能（即实现数据查询、统计和增删改的功能）是由 DBMS 提供的，因此数据对应用程序的依赖程度大大降低，数据和程序之间具有较高的独立性。数据和程序相互之间的依赖性低、独立性高的特性称为数据独立性高。数据独立性高使程序在设计时不需要有关数据结构和存储方式的描述，从而减轻了程序设计的负担。当数据及结构变化时，如果数据独立性高，程序的维护也会比较容易。

5）统一的数据库控制功能。数据库是系统中各用户的共享资源，数据库系统通过 DBMS 对数据进行安全性控制、完整性控制、并发控制、数据恢复等。

数据的安全性控制是指保护数据库，以防止不合法的使用所造成的数据泄漏、破坏和更改。数据的完整性控制是指为保证数据的正确性、有效性和相容性，防止不符合语义的数据输入/输出所采用的控制机制。数据的并发控制是指排除由于数据共享，即用户并行使用数据库中的数据时，所造成的数据不完整或系统运行错误问题。数据恢复是通过记录数据库运行的日志文件和定期做数据备份工作，保证数据在受到破坏时，能够及时使数据库恢复到正确状态。

6）数据的最小存取单位。在文件系统中，由于数据的最小存取单位是记录，这给使用和操作数据带来许多不便。数据库系统改善了其不足之处，它的最小数据存取单位是数据项，即使用时可以按数据项或数据项组进行存取数据，也可以按记录或记录组存取数据。由于数据库中数据的最小存取单位是数据项，使系统在进行查询、统计、修改及数据再组合等操作时，能以数据项为单位进行条件表达和数据存取处理，给系统带来了高效性、灵活性和方便性。

2. 数据库的发展趋势

从最早用文件系统存储数据算起，数据库的发展已经有 50 多年了，其间经历了 20 世纪 60 年代的层次数据库（IBM 的 IMS）和网状数据库（GE 的 IDS）的并存，20 世纪 70 年代到 80 年代关系数据库的异军突起，20 世纪 90 年代对象技术的影响。如今，关系数据库依然处于主流地位。未来数据库市场竞争的焦点已不再局限于传统的数据库，新的应用不断赋予数据库新的生命力，随着应用驱动和技术驱动相结合，也呈现出了一些新的趋势。

一些主流企业数据库厂商包括甲骨文、IBM、Microsoft、Sybase。关系技术之后，对 XML 的支持、网格技术、开源数据库、整合数据仓库和 BI 应用以及管理自动化已成为下一代数据库在功能上角逐的焦点。

（1）XML 数据库

可扩展标识语言（Extensible Markup Language，XML），是一种简单、与平台无关并被广泛采用的标准，是用来定义其他语言的一种元语言，其前身是标准通用标记语言（SGML）。简单地说，XML 是提供一种描述结构化数据的方法，是为互联网世界提供了定义各行各业的“专业术语”的工具。

XML 数据是 Web 上数据交换和表达的标准形式，和关系数据库相比，XML 数据可以表达具有复杂结构的数据，如树结构的数据。正因如此，在信息集成系统中，XML 数据经常被用作信息转换的标准。

基于 XML 数据的特点，XML 数据的高效管理通常有着以下的应用。

1）复杂数据的管理。XML 可以有效地表达复杂的数据。这些复杂的数据虽然利用关系数据库也可以进行管理，但是这样会带来大量的冗余。比如，文章和作者的信息，如果利用关系数据库，需要分别用关系表达文章和作者的信息，以及这两者之间的关系。这样的表达，在文章和作者关系的关系中分别需要保存文章和作者对应的 ID，如果仅仅为了表达文章和作者之间的关系，这个 ID 是冗余信息。在 XML 数据中对象之间的关系可以直接用嵌套或者 ID-IDREF 的指向来表达。此外，XML 数据上的查询可以表达更加复杂的语义，比如

XPath 可以表达比 SQL 更为复杂的语义。因此，利用 XML 对复杂数据进行管理是一项有前途的应用。

2）互联网中数据的管理。互联网上的数据与传统的事务数据库与数据仓库都不同，其特点可以表现为模式不明显，经常有缺失信息，对象结构比较复杂。因此，在和互联网相关的应用，特别是对从互联网采集和获取的信息进行管理时，如果使用传统的关系数据库，存在着产生过多的关系，关系中存在大量的空值等问题。而 XML 可以用来表达半结构数据，对模式不明显，存在缺失信息和结构复杂的数据可以非常好地表达。特别在许多 Web 系统中，XML 已经是数据交换和表达的标准形式。因此，XML 数据的高效管理在互联网的系统中存在着重要的应用。

3）信息集成中的数据管理。现代信息集成系统超越了传统的联邦数据库和数据集成系统，需要集成多种多样的数据源，包括关系数据库、对象—关系数据库以及网页和文本形式存在的数据。对于这样的数据进行集成，XML 既可以表达结构数据也可以表达半结构数据的形式成为首选。而在信息集成系统中，为了提高系统的效率，需要建立一个 Cache，把一部分数据放到本地。在基于 XML 的信息集成系统中，这个 Cache 就是一个 XML 数据管理系统。因此，XML 数据的管理在信息集成系统中也有着重要的应用。

（2）网格数据库

商业计算的需求使用户需要高性能的计算方式，而超级计算机的价格却阻挡了高性能计算的普及能力。于是造价低廉而数据处理能力超强的计算模式——网格计算应运而生。网格计算的定义包括三部分：一是共享资源，将可用资源汇集起来形成共享池；二是虚拟化堆栈的每一层，可以如同管理一台计算机一样管理资源；三是基于策略实现自动化负载均衡。数据库不仅仅是存储数据，而且是要实现对信息整个生命周期的管理。数据库技术和网格技术相结合，也就产生一个新的研究内容，称之为网格数据库。

“网格就是下一代 Internet”，这句话强调了网格可能对未来社会的巨大影响。在历史上，数据库系统曾经接受了 Internet 带来的挑战。毫无疑问，现在的数据库系统也将应对网格带来的挑战。业内专家认为，网格数据库系统具有很好的前景，会给数据库技术带来巨大的冲击，但它面临一些新的问题需要解决。网格数据库当前的主要研究内容包括三个方面：网格数据库管理系统、网格数据库集成和支持新的网格应用。网格数据库管理系统应该可以根据需要来组合完成数据库管理系统的部分或者全部功能，这样做的好处除了可以降低资源消耗，更重要的是使得在整个系统规模的基础上优化使用数据库资源成为可能。

（3）整合数据仓库和 BI 应用

数据库应用的成熟，使得企业数据库里承载的数据越来越多。但数据的增多，随之而来的问题就是如何从海量的数据中抽取出具有决策意义的信息（有用的数据），更好地服务于企业当前的业务，这就需要商业智能（Business Intelligence，BI）。从用户对数据管理需求的角度看，可以划分两大类：一是对传统的、日常的事务处理，即经常提到的联机事务处理（OLTP）应用；二是联机分析处理（OLAP）与辅助决策，即商业智能（BI）。数据库不仅支持 OLTP，还应该为业务决策、分析提供支持。目前，主流的数据库厂商都已经把支持 OLAP、商业智能作为关系数据库发展的另一大趋势。

商业智能是指以帮助企业决策为目的，对数据进行收集、存储、分析、访问等处理的一大类技术及其应用。由于需要对大量的数据进行快速查询和分析，传统的关系型数据库不能很好地满足这种要求。或者说传统上，数据库应用是基于 OLTP 模型的，而不能很好地支持 OLAP。商业智能是以数据仓库为基础，目前同时支持 OLTP 和 OLAP 这两种模式是关系数据库的着眼点所在。

（4）管理自动化

企业级数据库产品目前已经进入同质化竞争时代，在功能、性能、可靠性等方面差别已经不是很大。但是随着商业环境竞争日益加剧，目前企业面临着另外的挑战，即如何以最低的成本同时又高质量地管理其 IT 架构。这也就带来了两方面的挑战：一方面系统功能日益强大而复杂；另一方面，对这些系统管理和维护的成本越来越昂贵。正是意识到这些需求，自我管理功能包括能自动地对数据库自身进行监控、调整、修复等已成为数据库追求的目标。

8.1.3 数据模型

数据（Data）是描述事物的符号记录，数据只有通过加工才能成为有用的信息。模型（Model）是现实世界的抽象。数据模型（Data Model）是数据特征的抽象，它不是描述个别的数据，而是描述数据的共性。它一般包括两个方面：一是数据库的静态特性，包括数据的结构和限制；二是数据的动态特性，即在数据上所定义的运算或操作。数据库是根据数据模型建立的，因而数据模型是数据库系统的基础。

数据模型是一组严格定义的概念集合，这些概念精确地描述了系统的数据结构、数据操作和数据完整性约束条件。也就是说，数据模型所描述的内容包括三个部分：数据结构、数据操作和数据约束。

1）数据结构：数据模型中的数据结构主要描述数据的类型、内容、性质、数据间的联系等。数据结构是数据模型的基础，是所研究的对象类型的集合，它包括数据的内部组成和对外联系。数据操作和约束都建立在数据结构上，不同的数据结构具有不同的操作和约束。

2）数据操作：数据操作是指对数据库中各种数据对象允许执行的操作集合。数据模型中数据操作主要描述在相应的数据结构上的操作类型和操作方式两部分内容。

3）数据约束：数据约束条件是一组数据完整性规则的集合，它是数据模型中的数据及其联系所具有的制约和依存规则。数据模型中的数据约束主要描述数据结构内数据间的语法、词义联系，它们之间的制约和依存关系，以及数据动态变化的规则，以保证数据的正确、有效和相容。

数据模型按不同的应用层次分成三种类型，分别是概念数据模型、逻辑数据模型和物理数据模型。

1）概念数据模型（Conceptual Data Model）：简称概念模型，是面向数据库用户的现实世界的模型，主要用来描述世界的概念化结构，它使数据库的设计人员在设计的初始阶段，摆脱计算机系统及 DBMS 的具体技术问题，集中精力分析数据以及数据之间的联系等，与具体的数据管理系统 DBMS 无关。概念数据模型必须转换成逻辑数据模型，才能在 DBMS 中实现。在概念数据模型中最常用的是 E-R 模型、扩充的 E-R 模型、面向对象模型及谓词模型。

2）逻辑数据模型（Logical Data Model）：简称数据模型，这是用户从数据库所看到的模型，是具体的 DBMS 所支持的数据模型，如网状数据模型（Network Data Model）、层次数据模型（Hierarchical Data Model）等。此模型既要面向用户，又要面向系统，主要用于 DBMS 的实现。在逻辑数据类型中最常用的是层次模型、网状模型和关系模型。

3）物理数据模型（Physical Data Model）：简称物理模型，是面向计算机物理表示的模型，描述了数据在储存介质上的组织结构，它不但与具体的DBMS有关，而且还与操作系统和硬件有关。每一种逻辑数据模型在实现时都有其对应的物理数据模型。DBMS为了保证其独立性与可移植性，大部分物理数据模型的实现工作由系统自动完成，而设计者只设计索引、聚集等特殊结构。

数据模型是数据库系统与用户的接口，是用户所看到的数据形式。从这个意义来说，人们希望数据模型尽可能自然地反映现实世界和接近人类对现实世界的观察与理解，也就是数据模型要面向用户。但是数据模型同时又是数据库管理系统实现的基础，它对系统的复杂性性能影响颇大。从这个意义来说，人们又希望数据模型能够接近在计算机中的物理表示，以期便于实现，减小开销。也就是说，数据模型还不得不在一定程度上面向计算机。

与程序设计语言相平行，数据模型也经历着从低向高的发展过程。从面向计算机逐步发展到面向用户；从面向实现逐步发展到面向应用；从语义甚少发展到语义较多；从面向记录逐步发展到面向多样化的、复杂的事物；从单纯直接表示数据发展到兼有推导数据的功能。总之，随着计算机及其应用的发展，数据模型也在不断地发展。

8.1.4 常见的数据库管理系统

目前，流行的数据库管理系统有许多种，大致可分为文件、小型桌面数据库、大型商业数据库、开源数据库等。文件多以文本字符型方式出现，用来保存论文、公文、电子书等。小型桌面数据库主要是运行在Windows操作系统下的桌面数据库，如Microsoft Access、Visual FoxPro等，适合于初学者学习和管理小规模数据用。以Oracle为代表的大型关系数据库，更适合大型中央集中式数据管理场合，这些数据库可存放几十GB至上百GB的大量数据，并且支持多客户端访问。开源数据库即“开放源代码”的数据库，如MySQL，其在网站建设中应用较广。

1. 小型桌面数据库Access

Access是Microsoft Office办公软件的组件之一，是当前Windows环境下非常流行的桌面型数据库管理系统。使用Microsoft Access数据库无须编写任何代码，只需通过直观的可视化操作就可以完成大部分的数据库管理工作。Access是一个面向对象的、采用事件驱动的关系型数据库管理系统。通过开放数据库互联（Open DataBase Connectivity，ODBC）可以与其他数据库相联，实现数据交换和数据共享，也可以与Word、Excel等办公软件进行数据交换和数据共享，还可以采用对象链接与嵌入（OLE）技术在数据库中嵌入和链接音频、视频、图像等多媒体数据。

Access数据库的特点如下。

1）利用窗体可以方便地进行数据库操作。

2）利用查询可以实现信息的检索、插入、删除和修改，可以以不同的方式查看、更改和分析数据。

3）利用报表可以对查询结果和表中数据进行分组、排序、计算、生成图表和输出信息。

4）利用宏可以将各种对象连接在一起，提高应用程序的工作效率。

5）利用Visual Basic for Application语言，可以实现更加复杂的操作。

6）系统可以自动导入其他格式的数据并建立 Access 数据库。

7）具有名称自动纠正功能，可以纠正因为表的字段名变化而引起的错误。

8）通过设置文本、备注和超级链接字段的压缩属性，可以弥补因为引入双字节字符集支持而对存储空间需求的增加。

9）报表可以通过使用报表快照和快照查看相结合的方式，来查看、打印或以电子方式分发。

10）可以直接打开数据访问页、数据库对象、图表、存储过程和 Access 项目视图。

11）支持记录级锁定和页面级锁定。通过设置数据库选项，可以选择锁定级别。

12）可以从 Microsoft Outlook 或 Microsoft Exchange Server 中导入或链接数据。

后续章节将详细介绍 Access 2010 的相关概念及应用。

2. Microsoft SQL Server

SQL Server 是大型的关系数据库，适合中型企业使用。建立于 Windows NT 的可伸缩性和可管理性之上，提供功能强大的客户端/服务器平台，高性能客户端/服务器结构的数据库管理系统可以将 Visual Basic、Visual C ++ 作为客户端开发工具，而将 SQL Server 作为存储数据的后台服务器软件。

SQL Server 有多种实用程序允许用户来访问它的服务，用户可以用这些实用程序对 SQL Server 进行本地管理或远程管理。随着 SQL Server 产品性能的不断扩大和改善，已经在数据库系统领域占有非常重要的地位。

结构化查询语言（Structured Query Language，SQL）是一种介于关系代数与关系演算之间的语言，其功能包括查询、操纵、定义和控制四个方面，是一个通用的功能极强的关系数据库标准语言。SQL 是数据库系统的通用语言，利用它用户可以用几乎同样的语句在不同的数据库系统上执行同样的操作。

目前，SQL 已经被确定为关系数据库系统的国际标准，被绝大多数商品化的关系数据库系统采用，受到用户的普遍接受。SQL 是 1974 年由 Boyce 和 Chamberlin 提出的，在 IBM 公司研制的关系数据库原型系统 System R 中实现了这种语言。由于它功能丰富、使用方式灵活、语言简洁易学等突出优点，备受欢迎。1986 年 10 月，美国国家标准局（American National Standard Institute，ANSI）的数据库委员会批准了 SQL 作为关系数据库语言的美国标准。1986 年，公布了标准 SQL 文本，这个标准也称为 SQL86。1987 年 6 月国际标准化组织（International Organization for Standardization，ISO）将其采纳为国际标准。之后 SQL 标准化工作不断地进行着，相继出现了 SQL89、SQL92 和 SQL3。SQL 成为国际标准后，它对数据库以外的领域也产生了很大影响，不少软件产品将 SQL 的数据查询功能与图形功能、软件工程工具、软件开发工具、人工智能程序结合起来。

SQL 是与数据库管理系统（DBMS）进行通信的一种语言和工具。将 DBMS 的组件联系在一起，可以为用户提供强大的功能，使用户可以方便地进行数据库的管理和数据的操作。通过 SQL 命令，程序员或数据库管理员（DBA）可以完成以下功能。

1）建立数据库的表格。

2）改变数据库系统环境设置。

3）让用户自己定义所存储数据的结构，以及所存储数据各项之间的关系。

4）让用户或应用程序可以向数据库中增加新的数据、删除旧的数据以及修改已有数据，有效地支持了数据库数据的更新。

5）使用户或应用程序可以从数据库中按照自己的需要查询数据并组织使用它们，其中包括子查询、查询的嵌套、视图等复杂的检索。

能对用户和应用程序访问数据、添加数据等操作的权限进行限制，以防止未经授权的访问，有效地保护数据库的安全。

6）使用户或应用程序可以修改数据库的结构。

7）使用户可以定义约束规则，定义的规则将保存在数据库内部，可以防止因数据库更新过程中的意外或系统错误而导致的数据库崩溃。

SQL 简单易学、风格统一，利用几个简单的英语单词的组合就可以完成所需的功能。它几乎可以不加修改地嵌入到如 Visual Basic、Power Builder 这样的前端开发平台上，利用前端工具的计算能力和 SQL 的数据库操纵能力，可以快速建立数据库应用程序。

下面简要介绍 SQL 的常用语句。

1）创建基本表，即定义基本表的结构。基本表结构的定义可用 CREATE 语句实现，其一般格式如下：

```
CREATE TABLE <表名>
              (<列名1> <数据类型1>[列级完整性约束条件1]
              [,<列名2> <数据类型2>[列级完整性约束条件2]]…
              [,<表级完整性约束条件>]);
```

定义基本表结构，首先需指定表的名字，表名在一个数据库中应该是唯一的。表可以由一个或多个属性组成，属性的类型可以是基本类型，也可以是用户事先定义的域名。建表的同时可以指定与该表有关的完整性约束条件。

定义表的各个属性时需要指定其数据类型及长度。下面是 SQL 提供的一些主要数据类型。

```
INTEGER          长整数(也可写成 INT)
SMALLIN          短整数
REAL             取决于机器精度的浮点数
FLOAT(n)         浮点数,精度至少为 n 位数字
NUMERIC(p,d)     点数,由 p 位数字(不包括符号、小数点)组成,小数点后面有 d 位
                 数字(也可写成 DECIMAL(P,d)或 DEC(P,d))
CHAR(n)          长度为 n 的定长字符串
VARCHAR(n)       最大长度为 n 的变长字符串
DATE             包含年、月、日,形式为 YYYY-MM-DD
TIME             含一日的时、分、秒,形式为 HH:MM:SS
```

2）创建索引，索引是数据库中关系的一种顺序（升序或降序）的表示，利用索引可以提高数据库的查询速度。创建索引使用 CREATE INDEX 语句，其一般格式为：

```
CREATE[UNIQUE][CLUSTER]INDEX <索引名> ON <表名>
      (<列名1>[<次序1>][,<列名2>[<次序2>]]…);
```

其中，各部分含义如下。

① 索引名是给建立的索引指定的名字。因为在一个表上可以建立多个索引，所以要用索引名加以区分。

② 表名指定要创建索引的基本表的名字。

③ 索引可以创建在该表的一列或多列上，各列名之间用逗号隔开，还可以用次序指定该列在索引中的排列次序。

次序的取值为：ASC（升序）和 DESC（降序），如省略默认为 ASC。

④ UNIQUE 表示此索引的每一个索引只对应唯一的数据记录。

⑤ CLUSTER 表示索引是聚簇索引。其含义是，索引项的顺序与表中记录的物理顺序一致。这里涉及数据的物理顺序的重新排列，所以建立时要花费一定的时间。用户可以在最常查询的列上建立聚簇索引。一个基本表上的聚簇索引最多只能建立一个。当更新聚簇索引用到的字段时，将会导致表中记录的物理顺序发生改变，代价很大。所以聚簇索引要建立在很少（最好不）变化的字段上。

3）创建查询，数据库查询是数据库中最常用的操作，也是核心操作。SQL 使用 SELECT 语句进行数据库的查询，该语句具有灵活的使用方式和丰富的功能。其一般格式为：

```
SELECT [ALL|DISTINCT] <目标列表达式1>[,<目标列表达式2>]…
     FROM <表名或视图名1>[,<表名或视图名2>]…
     [WHERE <条件表达式>]
     [GROUP BY <列名3>[HAVING <组条件表达式>]]
     [ORDER BY <列名4>[ASC|DESC],…];
```

整个 SELECT 语句的含义是，根据 WHERE 子句的条件表达式，从 FROM 子句指定的基本表或视图中找出满足条件的元组，再按 SELECT 子句中的目标列表达式，选出元组中的属性值。如果有 GROUP 子句，则将结果按 <列名4> 的值进行分组，该属性列的值相等的元组为一个组。如果 GROUP 子句带 HAVING 短语，则只有满足组条件表达式的组才输出。如果有 ORDER 子句，则结果要按 <列名3> 的值进行升序或降序排序。

4）插入元组，基本格式为：

```
INSERT INTO <表名>[(<属性列1>[,<属性列2>]…)]
     VALUES(<常量1>[,<常量2>]…);
```

其功能是将新元组插入指定表中。VALUES 后的元组值中列的顺序表必须同表的属性列一一对应。如表名后不跟属性列，表示在 VALUES 后的元组值中提供插入元组的每个分量的值，分量的顺序和关系模式中列名的顺序一致。如表名后有属性列，则表示在 VALUES 后的元组值中只提供插入元组对应于属性列中的分量的值，元组的输入顺序和属性列的顺序一致，没有包括进来的属性将采用默认值。基本表后如有属性列表，必须包括关系的所有非空的属性，自然应包括关键码属性。

5）删除元组，基本格式为：

```
DELETE FROM <表名> [WHERE <条件>];
```

其功能是从指定表中删除满足 WHERE 条件的所有元组。如果省略 WHERE 语句，则删除表中全部元组。

6）修改元组，基本格式为：

```
UPDATE <表名>
       SET <列名> = <表达式>[,<列名> = <表达式>]…
       [WHERE <条件>];
```

其功能是修改指定表中满足 WHERE 子句条件的元组，用 SET 子句的表达式的值替换相应属性列的值。如果 WHERE 子句省略，则修改表中所有元组。

3. Oracle

Oracle 是一种对象关系数据库管理系统（ORDBMS）。它提供了关系数据库系统和面向对象数据库系统这二者的功能。Oracle 是目前最流行的客户机/服务器（Client/Server）体系结构的数据库之一，它在数据库领域一直处于领先地位。1984 年，首先将关系数据库转到了桌面计算机上。然后，Oracle 的版本 5，率先推出了分布式数据库、客户机/服务器结构等崭新的概念。Oracle 是以高级结构化查询语言（SQL）为基础的大型关系数据库。通俗地讲，它是用方便逻辑管理的语言操纵大量有规律数据的集合，是目前最流行的客户端/服务器体系结构的数据库之一，是目前世界上最流行的大型关系数据库管理系统，具有移植性好、使用方便、性能强大等特点，适合于各类大、中、小、微型计算机和专用服务器环境。

Oracle 的主要特点如下。

1）Oracle 8. X 以来引入了共享 SQL 和多线索服务器体系结构。这减少了 Oracle 的资源占用，并增强了 Oracle 的能力，使之在低档软硬件平台上用较少的资源就可以支持更多的用户，而在高档平台上可以支持成百上千个用户。

2）提供了基于角色（Role）分工的安全保密管理。在数据库管理功能、完整性检查、安全性、一致性方面都有良好的表现。

3）支持大量多媒体数据，如二进制图形、声音、动画、多维数据结构等。

4）提供了与第三代高级语言的接口软件 PRO * C/C ++ 程序开发工具，能在 C、C ++ 等主语言中嵌入 SQL 语句及过程化（PL/SQL）语句，对数据库中的数据进行操纵。加上它有许多优秀的前台开发工具，如 Power Builder、SQL * FORMS、Visual Basic 等，可以快速开发生成基于客户端 PC 平台的应用程序，并具有良好的移植性。

5）提供了新的分布式数据库能力。可通过网络较方便地读/写远端数据库里的数据，并有对称复制的技术。

4. IBM DB2

DB2 是 IBM 公司的产品，起源于 System R 和 System R * 。它支持从 PC 到 UNIX，从中小型机到大型机，从 IBM 到非 IBM（HP 及 Sun UNIX 系统等）各种操作平台，既可以在主机上以主/从方式独立运行，也可以在客户端/服务器环境中运行。其中，服务器平台可以是 OS/400、AIX、OS/2、HP-UNIX、Sun-Solaris 等操作系统，客户端平台可以是 OS/2 或 Windows、DOS、AIX、HP-UX、Sun Solaris 等操作系统。

DB2 数据库核心又称作 DB2 公共服务器，采用多进程多线索体系结构，可以运行于多种操作系统之上，并分别根据相应平台环境作了调整和优化，以便能够达到较好的性能。

DB2 核心数据库的特色有以下几点。

1）支持面向对象的编程：DB2 支持复杂的数据结构，如无结构文本对象，可以对无结构文本对象进行布尔匹配、最接近匹配和任意匹配等搜索。

2）可以建立用户数据类型和用户自定义函数。

3）支持多媒体应用程序：DB2 支持大型二进制对象（Binary Large Objects，BLOB），允许在数据库中存取 BLOB 和文本大对象。其中，BLOB 可以用来存储多媒体对象。

4）备份和恢复能力。

5）支持存储过程和触发器，用户可以在建表时显示定义复杂的完整性规则。

6）支持 SQL 查询。

7）支持异构分布式数据库访问。

8）支持数据复制。

5. Sybase

它是美国 Sybase 公司研制的一种关系型数据库系统，是一种典型的 UNIX 或 Windows NT 平台上客户机/服务器环境下的大型数据库系统。

一般关于网络工程方面都会用到，而且目前在其他方面应用也较广阔。

8.2　Access 2010 基本操作

Access 作为 Microsoft Office 办公软件的组件之一，它不但能存储和管理数据，还能编写数据库管理软件，用户可以通过 Access 提供的软件开发环境及工具方便地构建数据库应用程序。也就是说，Access 既是后台数据库，同时也可以是前台开发工具。作为前台开发工具，它还支持多种后台数据库，可以链接 Excel 文件、FoxPro、Dbase、SQL Server 数据库，甚至还可以链接 MySQL、文本文件、XML、Oracle 等其他数据库。

Access 2010 是目前最新的版本，其实现了智能化的办公流程，极大地提高了生产效率；其提供的协作功能使沟通更加方便，从而有效地提高了协作效率，全面提升了团队的竞争力；其提供了更方便高效的模板，可以快速开始工作，也可以修改或改变这些模板以适应不断变化的业务需要，从而轻松构建适合各种业务需求的应用程序。

8.2.1　Access 2010 的基本功能

Access 2010 的基本功能包括组织数据、创建查询、生成窗体、打印报表、共享数据、支持超级链接和创建应用系统。

1. 组织数据

组织数据是 Access 最主要的作用。一个数据库就是一个容器，Access 用它来容纳自己的数据并提供对对象的支持。

Access 中的表对象是用于组织数据的基本模块。用户可以将每一种类型的数据放在一个表中，可以定义各个表之间的关系，从而将各个表相关的数据有机地联系在一起。表是 Access 数据库最主要的组成部分，一个数据库文件可以包含多个表对象。表是由行、列数据组成的一张二维表格，字段就是表中的列，字段中可以存放不同类型的数据，具有一些相关的属性。

2. 创建查询

查询是按照预先设定的规则有选择地显示一个表或多个表中的数据信息。查询是关系数据库中的一个重要概念，是用户操作数据库的一种主要方法，也是建立数据库的主要目的之一。需要注意的是，查询对象不属于数据的集合，而属于操作的集合。可以这样理解，查询是针对数据表中数据源的操作命令。

在 Access 数据库中，查询是一种统计和分析数据的工作。利用查询可以按照不同的方式查看、更改和分析数据，也可以利用查询作为窗体、报表和数据访问页的记录源。查询的目的就是根据指定的条件对数据表或其他查询进行检索，筛选出符合条件的记录，构成一个新的数据集合，从而方便用户对数据库进行查看和分析。

3. 生成窗体

窗体是用户和数据库应用程序之间的主要接口，Access 2010 提供了丰富的控件，可以设计出丰富美观的用户操作界面。用户利用窗体可以直接查看、输入和更改表中的数据，而不必在数据表中直接操作，从而极大地提高了数据操作的安全性。Access 2010 提供了一些新工具，可帮助用户快速创建窗体，并提供了新的窗体类型和功能，以提高数据库的可用性。

4. 打印报表

报表是以特定的格式打印显示数据最有效的方法。报表可以将数据库中的数据以特定的格式进行显示和打印，同时可以对有关数据实现汇总、求平均值等计算。利用 Access 2010 的报表设计器可以设计出各种各样的报表。

8.2.2 Access 2010 的基本对象

在一个 Access 2010 数据库文件中，有 7 个基本对象，它们处理所有数据的保存、检索、显示及更新。这 7 个基本对象类型是表、查询、窗体、报表、页、宏和模块。一个 Access 2010 数据库文件的规格见表 8-1。

表 8-1 Access 2010 数据库文件规格

属　　性	最　大　值
Access 数据库文件（.accdb）大小	2GB，减去系统对象所需的空间
数据库中的对象个数	32768
模块（包括 HasModule 属性设置为 True 的窗体和报表）数	1000
对象名称中的字符数	64
密码的字符个数	20
用户名或组名的字符个数	20
并发用户的个数	255

表是数据库的源头，Access 2010 的数据表提供一个矩阵，矩阵中的每一行称为一条记录，每一行唯一地定义了一个数据集合。矩阵中的若干列称为字段，字段存放不同的数据类型，具有一些相关的属性。表 8-2 列出了 Access 2010 数据表的规格。

表 8-2 Access 2010 数据表规格

属　　性	最　大　值
表名的字符个数	64
字段名的字符个数	64
表中字段的个数	255
打开表的个数	2048，实际可能会少一些，因为 Access 会打开一些内部表
表的大小	2GB，减去系统对象所需的空间
文本字段的字符个数	255
备注字段的字符个数	通过用户界面输入数据为 65535，以编程方式输入数据为 2GB
OLE 对象字段的大小	1GB
表中的索引个数	32
索引中的字段个数	10
有效性消息的字符个数	255
有效性规则的字符个数	2048
表或字段说明的字符个数	255
记录中的字符个数（当字段的 Unicode Compression 属性设置为“是”时）（除“备注”和“OLE 对象”字段外）	4000
字段属性设置的字符个数	255

Access 中的查询包括选择查询、计算查询、参数查询、交叉表查询、操作查询和 SQL 查询。选择查询是通过特定的查询条件，从一个或多个表中获取数据并显示结果；计算查询是通过查询操作完成基表内部或各基表之间数据的计算；参数查询是在运行实际查询之前弹出对话框，用户可输入查询准则的查询方式。在一个操作中更改许多记录的查询称为操作查询。操作查询可分为删除、追加、更改和生成表 4 种类型；在 SQL 视图中，通过特定的 SQL 命令执行的查询称为 SQL 查询。表 8-3 所示列出了 Access 2010 中查询的规格。

表 8-3 Access 2010 中查询的规格

属　　性	最　大　值
强制关系的个数	每个表为 32 个，减去表中不包含在关系中的字段或字段组合的索引个数
查询中表的个数	32
查询中链接的个数	16
记录集中字段的个数	255
记录集大小	1GB
排序限制	255 个字符（一个或多个字段）
嵌套查询的层次数	50
查询设计网格一个单元格中的字符个数	1024

（续）

属　　性	最　大　值
参数查询的参数字符个数	255
WHERE 或 HAVING 子句中 AND 运算符的个数	99
SQL 语句中的字符个数	约为 64000

报表和窗体都是通过界面设计进行数据定制输出的载体，其在 Access 2010 中报表和窗体的规格见表 8-4。

表 8-4　Access 2010 中报表和窗体的规格

属　　性	最　大　值
标签中的字符个数	2048
文本框中的字符个数	65535
窗体或报表宽度	22in（55.88cm）
节高度	22in（55.88cm）
所有节加上页眉的高度	200in（508cm）
窗体或报表的最大嵌套层数	7
报表中可作为排序或分组依据的字段或表达式的个数	10
报表的显示页数	65536
在报表或窗体的生命周期中可添加的控件和节的个数	754
SQL 语句中作为窗体、报表或控件的 Recordsource 或 Rowsource 属性的字符个数	32750

8.2.3　Access 2010 的操作界面

在前面章节中已经介绍了 Microsoft Office 2010 软件的安装，安装成功后，即可启动“Microsoft Office”程序组中的“Microsoft Office Access 2010”程序项，进入 Access 2010 的开始使用界面，如图 8-1 所示。

Access 2010 提供了功能强大的模板，可以使用系统自带的数据库模板，也可以使用 Microsoft Office Online 下载最新或修改后的模板。使用模板可以快速创建数据库，每个模板都是一个完整的跟踪应用程序，具有预定义的表、窗体、报表、查询、宏和关系，如果模板设计满足用户需要，便可以直接开始工作，否则可以使用模板作为起点来创建符合个人特定需要的数据库。

选择一个模板或选择“空白数据库”，可进入 Access 2010 的主窗口界面，有使用 Access 经验的用户可以看出 2010 版本在操作界面上有较大的变化。如图 8-2 所示，整个主界面由快速访问工具栏、命令选项卡、功能区、导航窗格、工作区和状态栏几部分组成。

命令选项卡是把 Access 2010 的功能操作进行分类，以“开始”“创建”“外部数据”“数据库工具”“字段”“表”等选项卡形式组织。选项卡的内容随着当前处于活动状态的对象不同而改变。

图 8-1　Access 2010 软件的开始使用界面

功能区列出了当前选中的命令选项卡所包含的功能命令，各功能以分组形式组织，如图 8-3所示的“开始”选项卡中就包含“视图”“剪贴板”“排序和筛选”“记录”“查找”“文本格式”和“中文简繁转换”7 个功能。每个功能中显示了常用命令，若还有其他详细设置，则单击每组右下角的按钮，可进行详细命令设置。

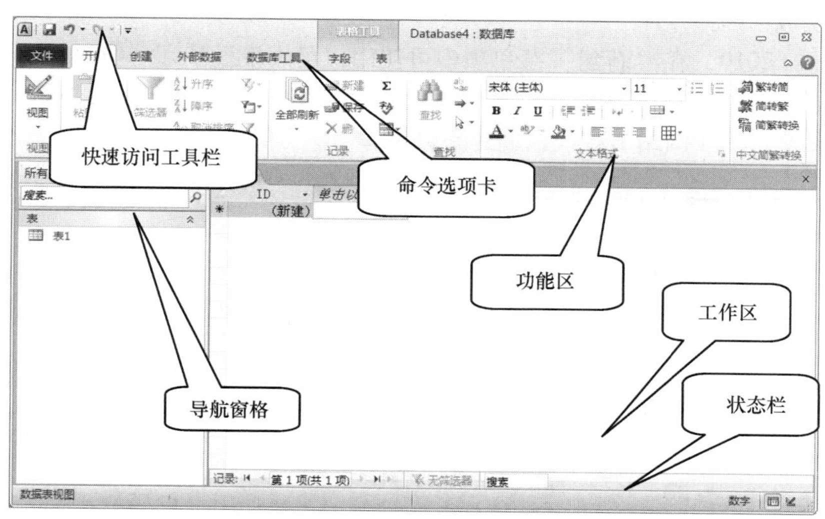

图 8-2　Access 2010 的主窗口界面

快速访问工具栏可以定义一些常用命令，以方便操作。默认命令集包括，即“保存”“撤销”和“恢复”。不过用户可以单击右边的下拉按钮自定义快速访问工具栏，如图 8-4 所示。

通过“自定义快速访问工具栏”可以选择或取消显示在快速访问工具栏中的命令，也可以选择“其他命令”打开“Access 选项”进行更高级的快速访问工具栏设置。

导航窗格和状态栏等的含义及设置同 Office 2010 的其他应用程序相似，在前面章节中已有说明，这里不再赘述。

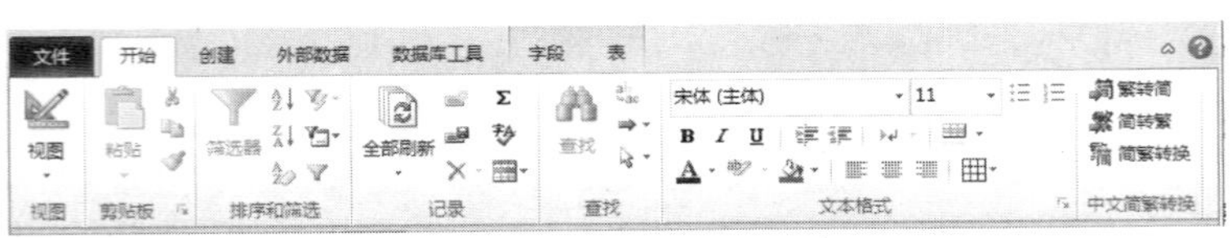

图 8-3　功能区

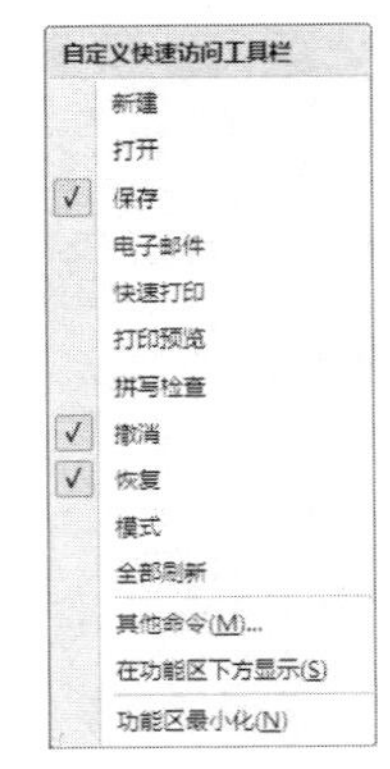

图 8-4　自定义快速访问工具栏

8.3　创建数据库

创建数据库及其操作是 Access 中最基本最普遍的操作，本节将首先介绍使用模板和向导构建数据库的方法，然后再介绍数据库对象的各种必要操作。

1. 使用模板创建数据库

启动 Access 2010，在“新建”菜单项中可使用“可用模板”和“Office. com 模板”两种模板来创建数据库，如图 8-5 所示。“可用模板”是利用本机上的模板来创建，“Office. com 模板”是登录 Microsoft 网站下载模板创建新数据库。

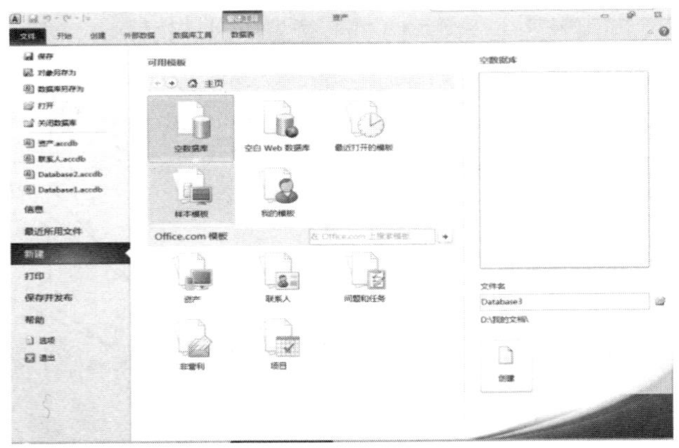

图 8-5　新建数据库

选择“可用模板”中的“样本模板”打开本机 Office 样本模板，如图 8-6 所示。然后，再选择“教职员”类型，然后在右边的“文件名”文本框中输入自定义的数据库文件名，并单击后面文件夹按钮设置存储位置，然后单击“创建”按钮，系统则按选中的模板自动创建新数据库，数据库文件扩展名为“. accdb”。

创建完成后，系统进入按模板新创建的“教职员”数据库主界面，如图 8-7 所示。从

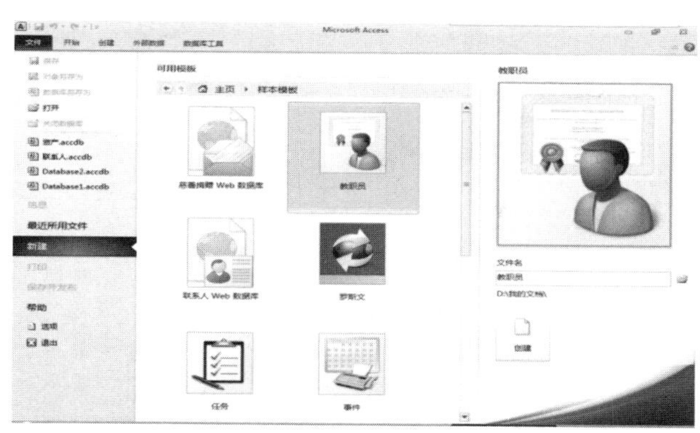

图 8-6　根据“样本模板”创建数据库

图中可以看出，系统模板已做好了“教职员列表”“教职员详细信息”等相关的数据表以及按类型排列的教职员、按系排列的教职员、教职员电话列表、教职员通讯簿等报表的设计。

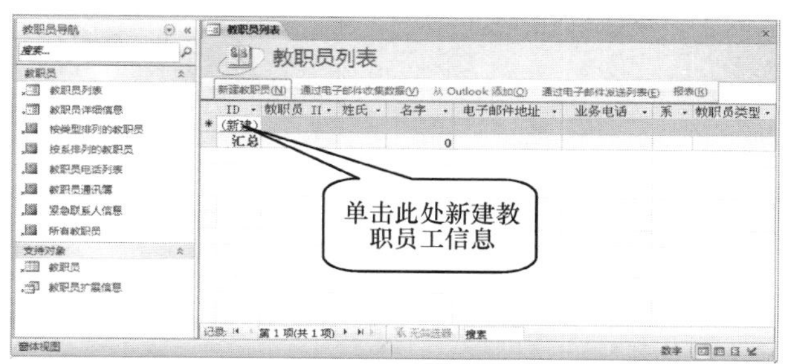

图 8-7　“教职员”数据库主界面

对于任何一个表，用户只需单击“新建”按钮即可添加记录，如对于教职员列表，单击“新建”按钮，即可打开如图 8-8 所示的界面添加教职员工信息。

2. 创建空白数据库

在开始使用 Access 2010 界面时，选择“可用”模板中的“空数据库”，设置好要创建数据库存储的路径和文件名后，即创建了新的数据库。如图 8-9 所示，用户可根据自己的需要任意添加和设置数据库对象。

图 8-8　添加教职员工信息界面

系统中默认创建一个空白数据表“表 1”，可在左边导航窗格中，在“表 1”上单击鼠标右键，系统弹出快捷菜单，然后选择“设计视图”，系统首先提示用户对表 1 进行重命名，这里命名为“学生信息表”，然后打开设计视图进行数据表结构设计，如图 8-10 所示。设置“学号”“姓名”“性别”“出生日期”“籍贯”“是否党员”6 个字段，对每个字段可设置文本、日期时间、数字等不同的数据类型，并可在屏幕的下半部分对字段进行详细设置，如字段大小、格式、默认值、有效性文本、必填字段等。

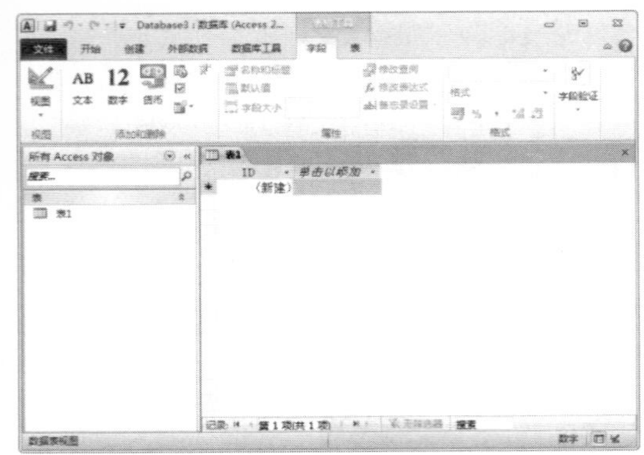

图 8-9　新建空白数据库

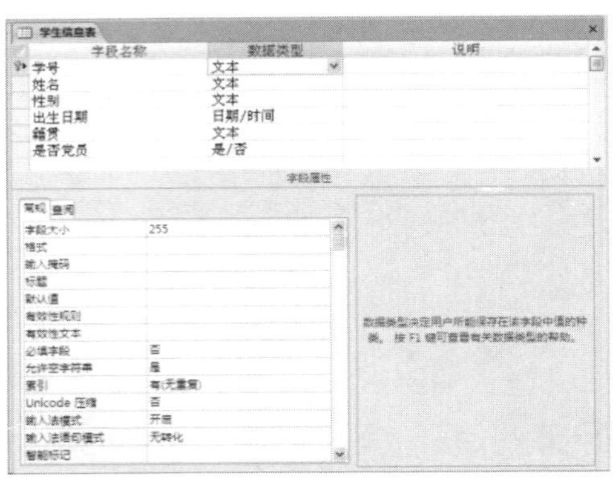

图 8-10　数据表设计视图

设计完成后，保存设置，返回数据表打开视图，即可按设计好的字段添加记录，如图 8-11 所示。

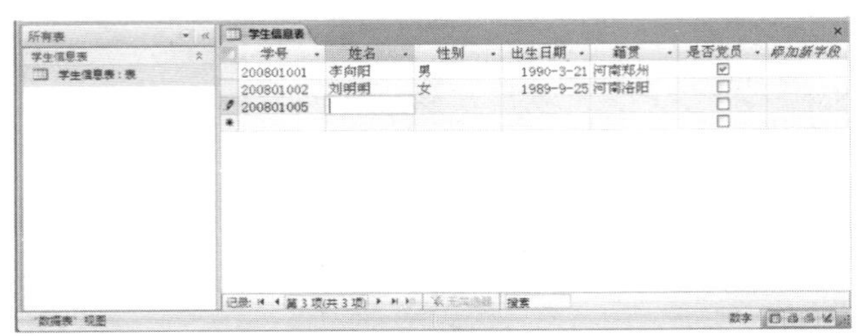

图 8-11　数据表添加记录

3. 打开与关闭数据库

Access 2010 提供了三种方法来打开数据库：一是在数据库存放的路径下找到所需要打开的数据库文件，直接用鼠标双击即可打开；二是在 Access 2010 的“文件”选项卡中单击“打开”命令；三是可以在最近使用过的文档中快速打开。

完成数据库操作后，便可把数据库关闭，可使用“文件”选项卡中的“关闭数据库”命令，或使用要关闭数据库窗口的“关闭”控制按钮关闭当前数据库。

4. 创建数据库对象

前面介绍了数据库有表、查询、窗体、报表等 7 个对象。在数据库中可以通过“命令选项卡”选择“创建”命令，如图 8-12 所示。然后在“功能区”中选择“表格”“窗体”“报表”“查询”“宏”等创建相应的数据库对象。

在打开数据库后，其包含的对象会列示在导航窗格中，可选择某一对象双击直接打开，或在某一对象上单击鼠标右键，在弹出的快捷菜单中选择“打开”命令。

另外一种创建数据库对象的方式是导入外部数据。打开“外部数据”选项卡，在“导入”功能区中选择要导入对象的类型，如图 8-13 所示。可以是 Access 文件、Excel 文件、文本文件、XML 文件等。这里选择 Access 文件，打开如图 8-14 所示的“获取外部数据”对话框，在“文件名”文框中输入要导入的文件路径，或通过右边的“浏览”按钮获取路径，然后单击“确定”按钮，即可打开“导入对象”对话框，如图 8-15 所示。

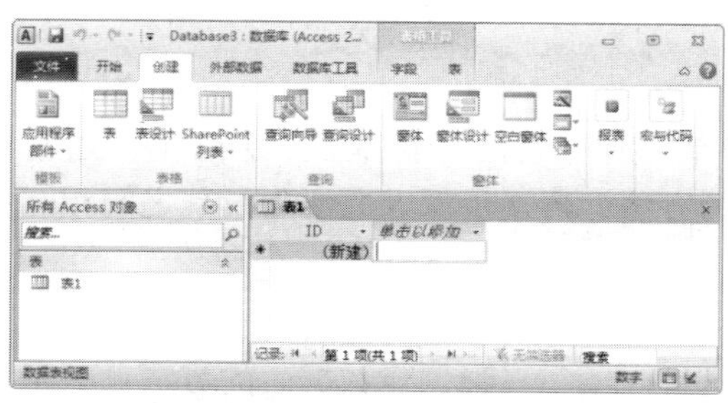

图 8-12　创建数据库对象

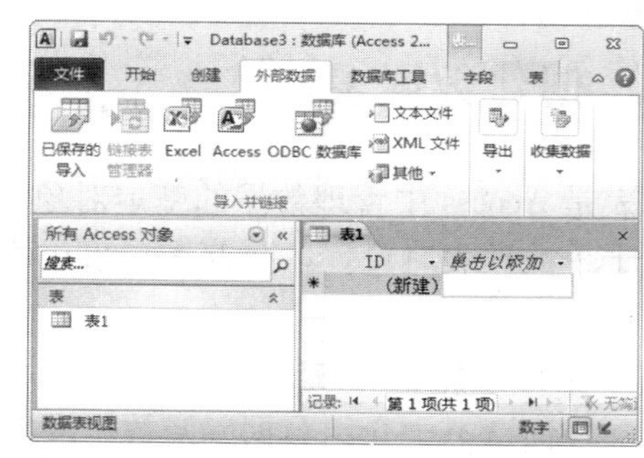

图 8-13　通过“外部数据”导入数据库对象

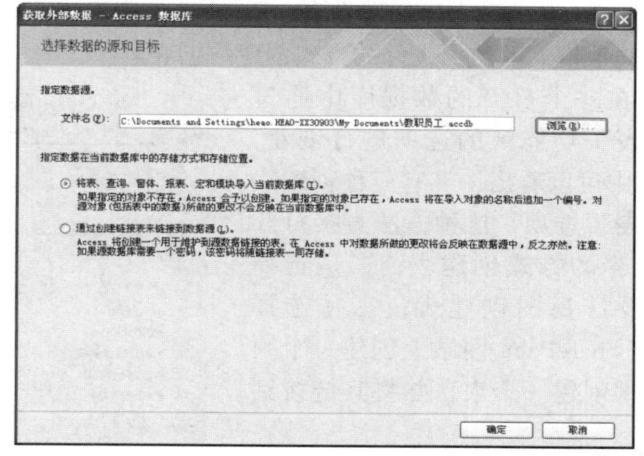

图 8-14　“获取外部数据”对话框

选择具体要导入的表、报表、查询、窗体等对象后，所选的数据库对象即被添加到了当前数据库中。图 8-16 所示为导入了“教职员”表、“教职员列表”窗体和“教职员详细信息”窗体后的当前数据库。

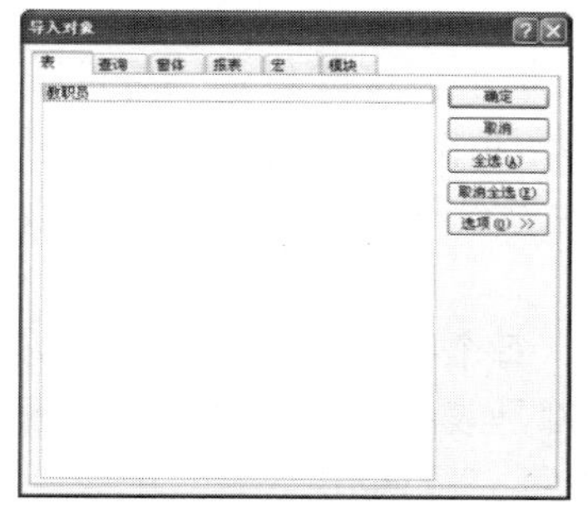

图 8-15　“导入对象”对话框

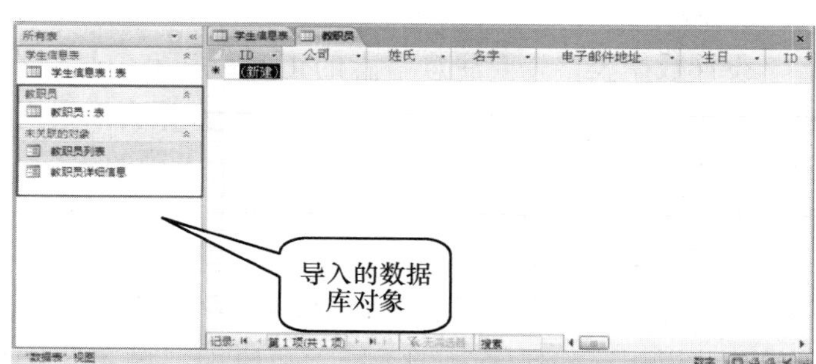

图 8-16　导入数据库对象

数据库中的对象可以类似 Windows 系统中的文件操作一样，可以进行复制、移动、删除、重命名等操作。其操作方法也和文件操作类似，首先选中对象，然后可以通过菜单选项、工具栏或快捷菜单进行操作。

8.4 创建数据表

表是 Access 中管理数据的基本对象，是数据库中所有数据的载体。一个数据库通常包含若干个数据表对象。本节首先介绍几种创建表的方法，再逐步深入介绍表及其之间相互关系的操作。

1. 创建数据表的方法

在前面章节中介绍数据库及数据库创建时，已经介绍了三种创建数据表的方法：一是在使用模板创建数据库时，系统会根据数据库模板创建出相关的数据表；二是创建空白数据库时，因为表是数据库的基本对象，系统会默认提示创建“表 1”；三是在使用外部数据导入数据库对象时，可通过导入其他数据库的数据表、Excel 电子表格、SharePoint 列表数据、文本文件、XML 文件或其他格式的数据文件的方式创建数据表。

除此之外，可以在一个打开的数据库中通过“创建”选项卡的“表”功能区的选项进行创建，如图 8-17 所示。从图中可以看出，又有三种创建表的方法：一是选择“表”选项，这种方法直接打开表，通过直接输入内容的方式创建表；二是选择“表设计”，即通过设计视图创建表；三是选择“SharePoint 列表”，在 SharePoint 网站上创建一个列表，然后在当前数据库创建一个表，并将其链接到新建的表。

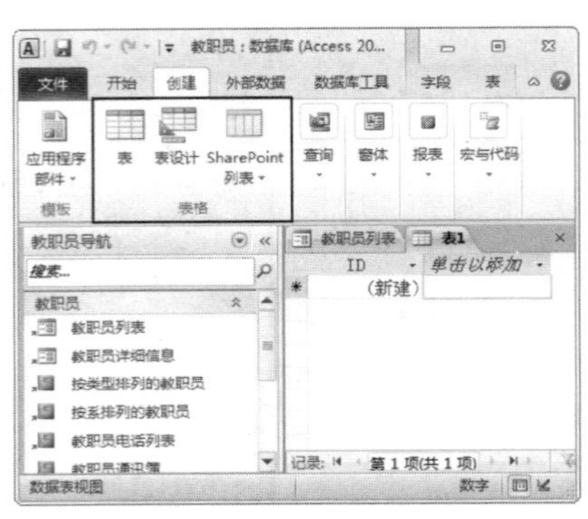

图 8-17 创建表

以上多种创建数据表的方式各有特点，用户可根据具体情况选用。如果所设计的数据表近似于系统提供的模板，比如符合联系人或资产的相关结构属性，则选用模板创建较简便；如果是现有数据源，则选用导入外部数据或创建“SharePoint 列表”的方式；如果表结构需要个性化定义，则选用“表设计”视图自己创建，或通过创建表，先输入数据，再修改表结构。

2. 设计表

设计数据表首先要注意信息的正确性和完整性，在正确的前提下尽可能包含完整的信息。其次特别要注意减少数据冗余，冗余数据会浪费空间，并会增加出错和数据不一致的可能性。所以，设计时应将信息划分到基于主题的表中，不同的主题设计不同的表来存储数据，需要时通过关系创建数据直接的联系。

数据表中，每一列叫作一个“字段”，即关系模型中的属性。每个字段包含某一专题的信息，如在一个“学生信息”数据表中，“学号”“姓名”这些都是表中所有行数据共有的属性，所以把这些列称为“学号”字段和“姓名”字段。表中每一行叫作一个“记录”，即关系模型中的元组，如在“学生信息”数据表中，某一个学生的全部信息组成一个记录。

设计表主要包括字段设计和主键设计。字段设计包含字段类型、字段属性、字段编辑规则等的设计。在创建表时选择“表设计”，或在现有表的快捷菜单中选“设计”即可打开如图 8-18 所示的数据表设计视图，进行设计表结构。

Access 2010 中的字段类型共有下面 11 种。

1）文本。文本或文本和数字的组合，以及不需要计算的数字，如电话号码。最多为 255 个字符或长度小于“FieldSize”属性的设置值。Microsoft Access 不会为文本字段中未使用的部分保留空间。

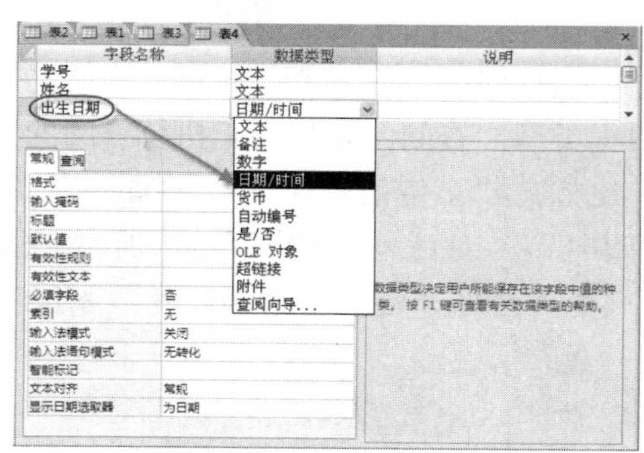

图 8-18　表设计视图

2）备注。长文本或具有 RTF 格式的文本。用于长度超过 255 个字符的文本，或使用 RTF 格式的文本。例如，注释、较长的说明和包含粗体或斜体等格式的段落等经常使用“备注”字段。最多为 63999 个字符，如果备注字段是通过 DAO 来操作，并且只有文本和数字（非二进制数据）保存在其中，则备注字段的大小受数据库大小的限制。

3）数字。用于数学计算的数值数据。长度大小为 1 B、2 B、4 B 或 8 B（如果将 FieldSize 属性设置为 Replication ID，则为 16B）。

4）日期/时间。从 100 到 9999 年的日期与时间值。可参与计算，存储空间占 8 B。

5）货币。货币值或用于数学计算的数值数据。这里的数学计算的对象是带有 1 ~ 4 位小数的数据，精确到小数点左边 15 位和小数点右边 4 位，大小占 8 B。

6）自动编号。每当向表中添加一条新记录时，由 Microsoft Access 指定的一个唯一的顺序号（每次递增 1）或随机数。自动编号字段不能更新，大小占 4 B（如果将 FieldSize 属性设置为 Replication ID 则为 16 B）。

7）是/否。“是”和“否”值也叫布尔值，用于包含两个可能的值（如 Yes/No、True/False 或 On/Off），大小占 1 B。

8）OLE 对象。Microsoft Access 表中链接或嵌入的对象（如 Microsoft Excel 电子表格、Microsoft Word 文档、图形、音频或其他二进制数据）。链接：OLE 对象及其 OLE 服务器之间，或动态数据交换（DDE）的源文档与目标文档之间的一种连接。嵌入：用于插入来自其他应用程序的 OLE 对象的副本。源对象称为 OLE 服务器端，可以是任意支持链接和嵌入对象的应用程序，最多为 1GB（受可用磁盘空间限制）。

9）超链接。存储文本或文本和文本型数字的组合用作超链接地址。超链接地址：指向诸如对象、文档或网页等目标的路径。超链接地址可以是 URL（Internet 或 Intranet 网站的地址），也可以是 UNC 网络路径（局域网上的文件的地址）。超链接地址最多包含三部分：显示的文本（displaytext）、地址（address）和子地址（subaddress），用以下语法格式编写：displaytext#address#subaddress#。三个部分中的每一部分最多只能包含 2048 个字符。

10）附件。任何支持的文件类型，可以将图像、电子表格文件、文档、图表和其他类型的支持文件附加到数据库的记录，这与将文件附加到电子邮件非常类似。还可以查看和编辑附加的文件，具体取决于数据库设计者对附件字段的设置方式。“附件”字段和“OLE 对象”字段相比，有着更大的灵活性，而且可以更高效地使用存储空间，因为“附件”字段不用创建原始文件的位图图像。

11）查阅向导。创建一个字段，通过该字段可以使用列表框或组合框从另一个表或值列表中选择值。单击该选项将启动“查阅向导”，它用于创建一个“查阅”字段。查阅字段：Access 数据库中用在窗体或报表上的一种字段。要么显示自表或查询检索得到的值列表，要么存储一组静态值。在向导完成之后，Microsoft Access 将基于在向导中选择的值来设置数据类型。查阅向导与用于执行查阅的主键字段大小相同，通常为 4 B。

比如在“学生信息表”中设置一个“班级”字段，选择其类型为“查阅向导”，进入“查阅向导”对话框，如图 8-19 所示。选中“自行键入所选的值”单选按钮，然后单击“下一步”按钮，进入“查阅向导”字段设置，如图 8-20 所示。

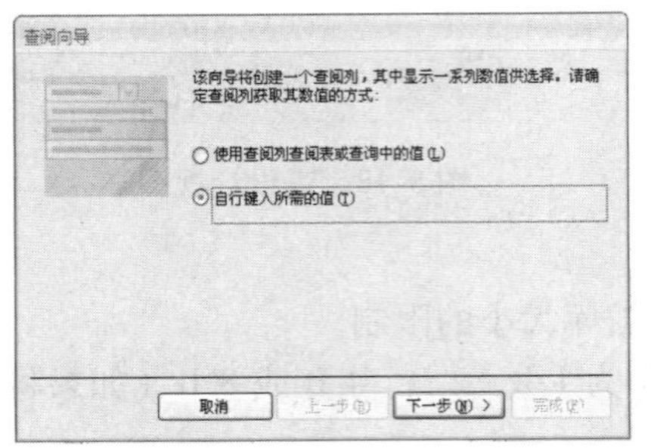

图 8-19 “查阅向导”对话框

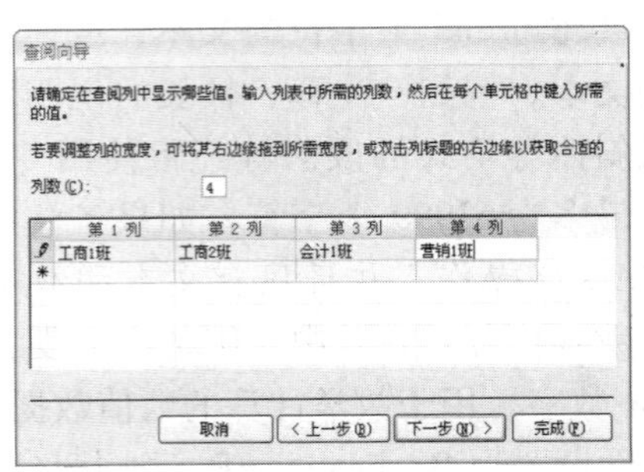

图 8-20 “查阅向导”字段设置

假如学生可选的班级选项有“工商 1 班”“工商 2 班”“会计 1 班”“营销 1 班”4 个，则设置查询列数为“4”，然后在系统产生的“第 1 列”“第 2 列”……列表下分别输入 4 个班级选项，单击“下一步”按钮。在下一步设置中需为该查阅指定标签，然后即完成查阅向导类型设置。

查阅向导类型设置完成后，返回打开“学生信息”表视图，录入学生信息。在录入班级时，字段中的下拉列表提供了班级的可选项，如图 8-21 所示。只需选择某一选项即可，可以看出，利用查阅向导既提高录入速度，又降低录入错误概率。

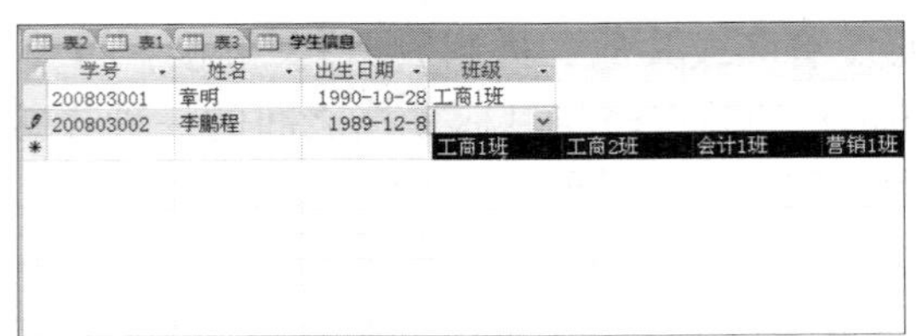

图 8-21 查询向导字段录入

设置完字段的数据类型，需要设置字段的属性。字段的属性包括字段的大小、字段格式、字段编辑规则、主键等的设置。主要在设计视图（见图 8-18）中各字段类型下部的“常规”选项卡中设置。不同类型的字段，其包含的属性略有不同，表 8-5 列出了“学生信息”表示例中所设置的几个字段属性，供读者参考。

表 8-5 “学生信息”表字段属性

	学号	姓名	班级	出生日期	入学成绩	籍贯	照片
类型	文本	文本	查询向导	日期/时间	数字	文本	OLE 对象
大小	9	10			整型	50	
格式				短日期	常规数字		

（续）

	学　号	姓　名	班　级	出生日期	入学成绩	籍　贯	照　片
有效性规则	>“200801000”				≥520		
有效性文本	“必须是 08 级新生”				“成绩不过线”		
必填字段	是	是	否	否	否	否	否
允许空串	否	否	是			是	
索引	有（无重复）	有（有重复）	有（有重复）	无	无	无	无

字段“有效性规则”设置用于限制该字段输入值的表达式，“有效性文本”用于设置当输入“有效性规则”所不允许的值时所弹出的出错提示内容。比如上例中约定学号的前4位表示入学年份，且只输入08级新生，则“有效性规则”设置“>"200801000"”，当输入错误时，会提示“有效性文本”设置的信息而无法保存。

在 Access 中，每个表通常都应有一个主键，“主键”即关系模型中的“码”或“关键字”，是可以唯一标识一条记录的。主键可以是表中的一个字段或字段集，设置主键有助于快速查找和排序记录，使用主键可以将多个表中的数据快速关联起来。

一个好的主键应具有如下几个特征：首先，它唯一标识每一行；其次，它从不为空或为 Null，即它始终包含一个值；最后，它几乎不改变（理想情况下永不改变）。如果在表设计时，想不到可能成为优秀主键的一个字段或字段集，则考虑使用系统自动为用户创建的主键，系统为它指定字段名“ID”，类型为“自动编号”。

设置主键的方法很简单，打开数据表，选中要设置主键的字段，单击鼠标右键，在弹出的快捷菜单中选择“主键”命令，即设置完成。

3. 创建关系

Access 是关系数据库，数据表之间的联系通过关系建立。表关系也是查询、窗体、报表等其他数据库对象使用的基础，一般情况下，应该在创建其他数据库对象之前创建表关系。

打开数据库，选择“数据库工具”选项卡上的“显示/隐藏”功能区，单击“关系”按钮，如图 8-22 所示。

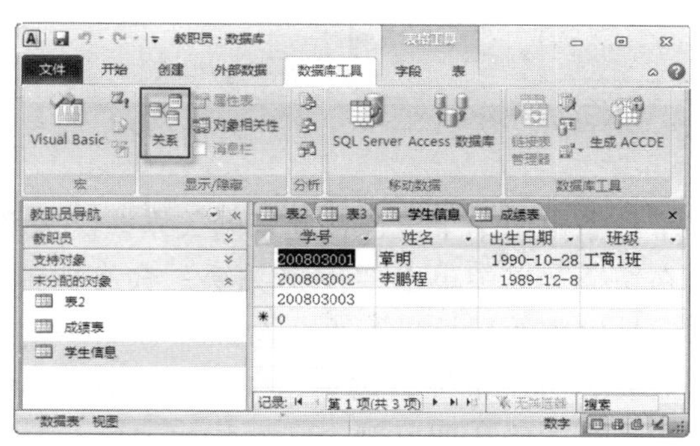

图 8-22　选择“关系”按钮

单击“关系”按钮后，出现“设计”选项卡，单击“关系”功能区的“显示表”按钮，系统弹出“显示表”对话框，如图 8-23 所示。

选择要建立关系的表，然后单击“添加”按钮，如图 8-23 中选择“学生信息”，然后单击“添加”按钮，再选择“成绩表”选项，再单击“添加”按钮。添加完需要建立关系的数据表后，单击“关闭”按钮，则打开了关系视图，如图 8-24 所示。

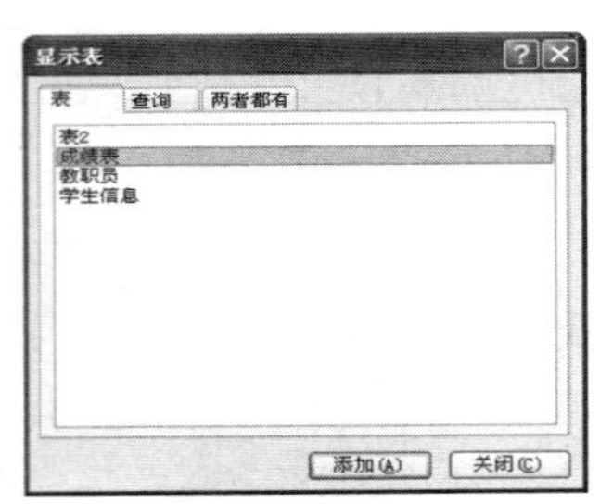

图 8-23 “显示表”对话框

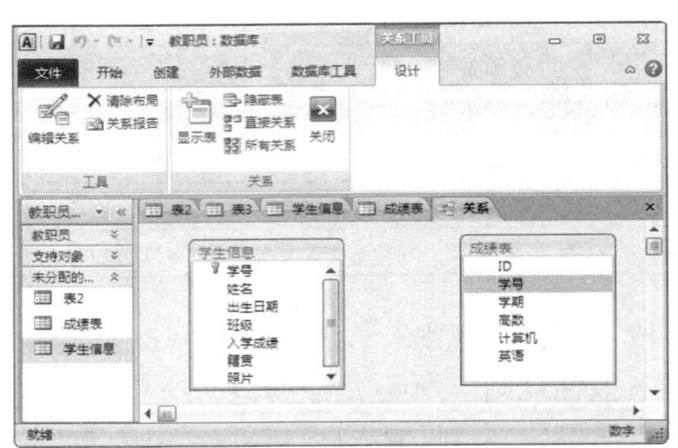

图 8-24 关系视图

在这里，要创建“学生信息”表中“学号”字段和“成绩表”中“学号”字段的关系。选定“学生信息”表中“学号”字段，按住鼠标左键，将其拖动到“成绩表”中的“学号”字段上，系统弹出“编辑关系”对话框，如图 8-25 所示。

系统已按照所选字段的属性自动设置了关系类型，因为“学生信息”表中“学号”字段是主键，“成绩表”中“学号”字段不是主键，所以创建的关系类型为“一对多”。如果需要设置多字段关系，只需在选择字段时，按住〈Ctrl〉键的同时选择多个字段拖动即可。此时单击“创建”按钮，关系即创建完毕，如图 8-26 所示。

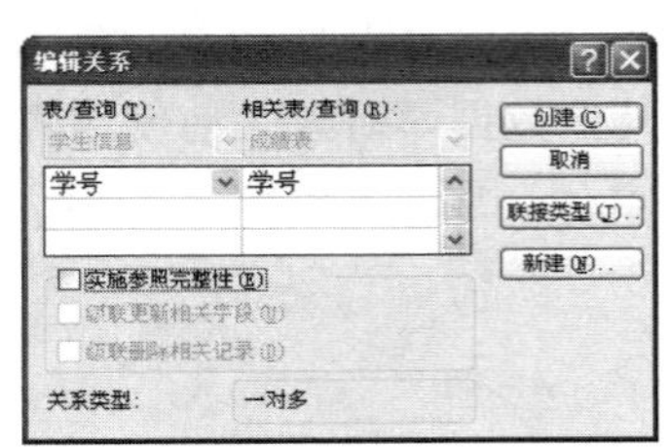

图 8-25 “编辑关系”对话框

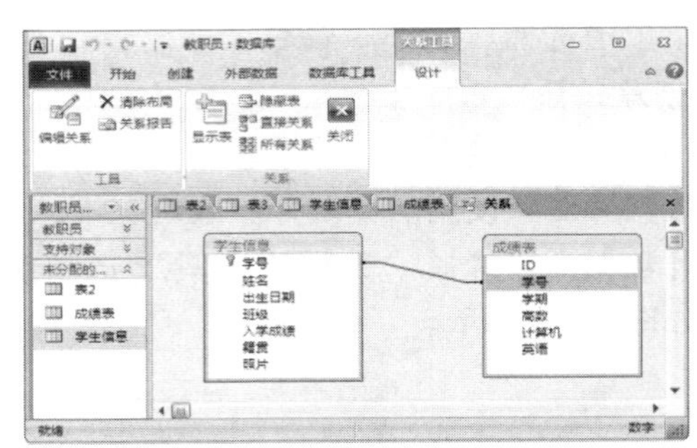

图 8-26 关系创建完成

此时，两个表之间多了一条由两个字段连接起来的关系线。关系建立后，如需更改，则用鼠标右键单击关系线，在快捷菜单中单击“编辑关系”命令，返回到“编辑关系”对话框，对连接类型、实施参照性完整等属性进行重新设置。

如设置好的关系不再需要，可用鼠标右键单击关系线，在快捷菜单中单击“删除”命令，然后在弹出的对话框中，再次确认即可删除该关系。

8.5 使用数据表

本节将介绍数据表的基本使用，比如对数据的查看、更新、插入、删除以及排序、筛选等操作。

1. 查看和替换数据表中数据

数据表打开后，数据表视图下方的记录编号栏可以帮助快速定位查看记录，如图8-27所示。

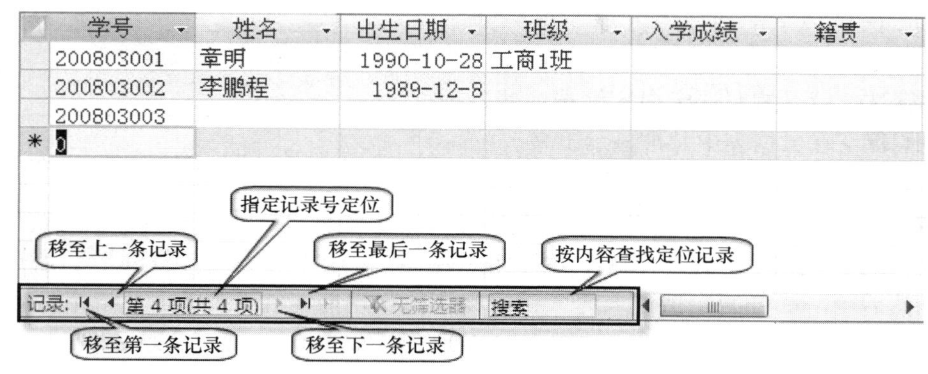

图8-27　记录编号栏

可以通过记录编号框中的按钮进行记录移动，也可以在中间的数字输入框中输入要定位的记录数，比如输入"4"，即可定位到第四条记录；另外，也可以在搜索文本框中输入记录内容，则当前记录会直接定位到与所设定的内容匹配的记录。

通过"开始"选项卡的"查找"功能区可以查找和有选择地替换少量数据，操作方法同Word，这里不再赘述。

2. 修改记录

在数据表视图中，可以在所需修改处直接修改记录内容，所作改动将直接保存。

单击数据表最后一行，即可直接添加记录。

要删除记录时，可在要删除的记录左侧单击，选中该条记录，然后单击鼠标右键，在快捷菜单中选择"删除记录"命令即可。可以使用〈Shift〉键配合选中相邻的多条记录一次删除。

3. 修改格式

在数据表视图中，可以像Excel中一样直接拖动行、列分界线直接改变行高和列宽。也可以通过选中该行或该列，然后单击鼠标右键，系统弹出快捷菜单，对行、列的一些属性进行设置。

数据表的列顺序默认是按照字段设计顺序排列的，使用中也可以根据需要调整列顺序。在图8-27中，要将"出生日期"字段调整到"籍贯"之后，则单击"出生日期"，选中该列，按住鼠标左键向右拖动，当拖动到"籍贯"右部出现一条黑线时，释放鼠标左键，则列顺序即被重新安排。

其他格式设置可通过"开始"选项卡的"字体"功能区进行字体格式、网格线、填充及背景色等设置，也可通过单击"字体"功能区右下角的"设置数据表格式"按钮进行综合设置，打开的"设置数据表格式"对话框如图8-28所示。

4. 数据排序和筛选

当用户打开一个数据表时，Access显示的记录数据是按照用户定义的主键进行排序的，对于未定义主键的表，则按照输入顺序排序。而用户根据需要，经常可用排序功能进行其他方式的排序显示。

数据排序可先选中要依据排序的列，然后使用“开始”选项卡的“排序和筛选”功能区按钮来完成，如图 8-29 所示。也可以通过鼠标右键单击该列，在快捷菜单中选择“升序”或“降序”命令来完成。

数据筛选，就是按照选定内容筛选一些数据，能够使它们保留在数据表中并被显示出来。Access 2010 提供了强大的筛选功能。

图 8-28 “设置数据表格式”对话框

图 8-30 所示的“员工福利表”中，若要筛选出职称为“技师”的员工，则在某一内容为“技师”的字段上单击右键，在弹出的快捷菜单中可选择“等于‘技师’”，或选中“职称”列，然后单击“开始”选项卡的“排序和筛选”功能区的“筛选器”按钮，均可筛选出职称为“技师”的员工福利表，如图 8-31 所示。

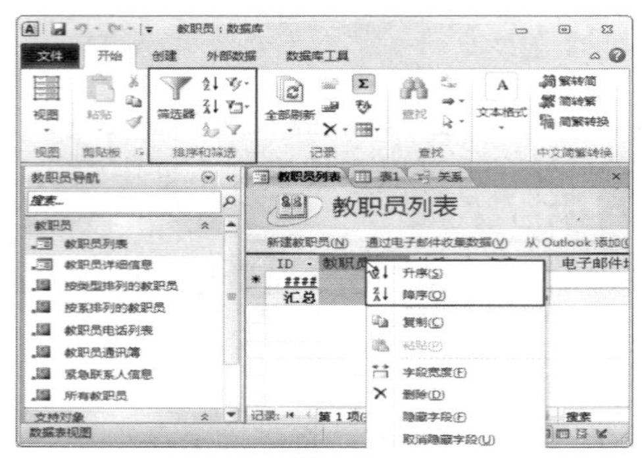

图 8-29 数据排序

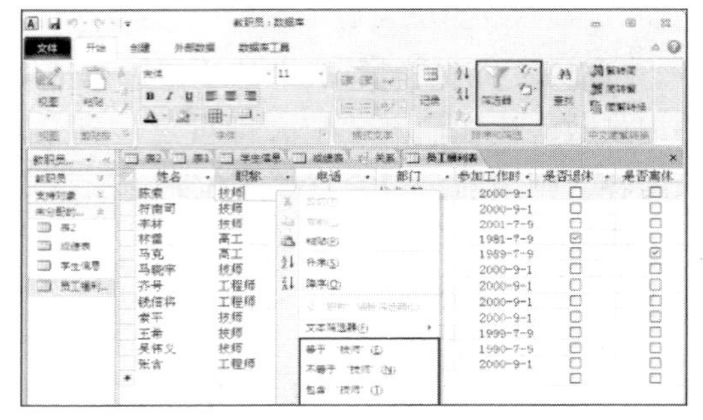

图 8-30 数据筛选

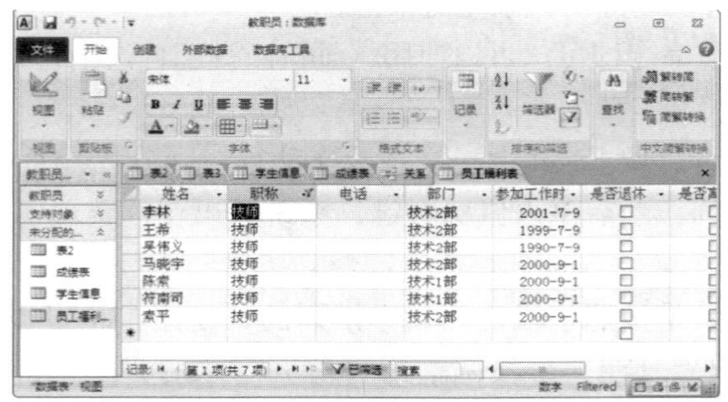

图 8-31 筛选结果

另外，还可以使用“文本筛选器”对文字包含信息进行筛选。例如，在图 8-32 所示的数据表视图中，在任一“姓名”列字段上单击鼠标右键，在快捷菜单中选择“文本筛选器”→“开头是”，系统弹出“自定义筛选器”对话框，在编辑栏中输入自定义的筛选条件，如输入“马”，然后单击“确定”按钮，则筛选设置完成。

自定义筛选完成后，数据表视图则只显示出符合条件的数据记录，如图 8-33 所示，只列示出姓马的员工信息。

对于复杂条件的筛选，可使用“排序和筛选”功能区的“高级筛选”选项完成。

筛选只是有选择地显示记录，并不是真正清除那些不符合筛选条件的记录，因此在筛选完成后，往往还要取消筛选，还原所有记录显示。取消筛选可以通过“排序和筛选”功能区的“取消筛选”按钮完成，或在进行筛选的字段上单击鼠标右键，在弹出的快捷菜单中选择“清除筛选器”即可。

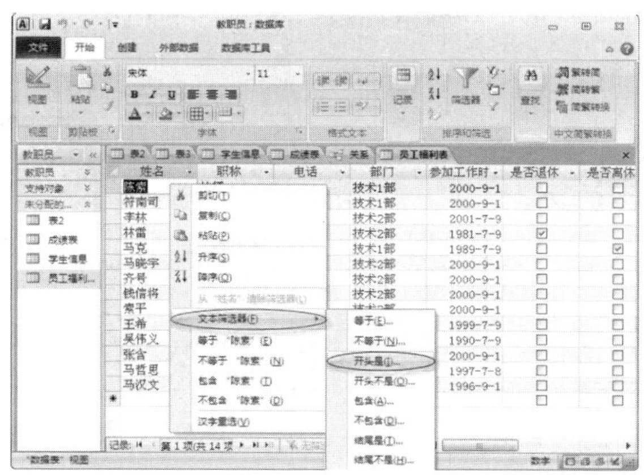

图 8-32　文本筛选器

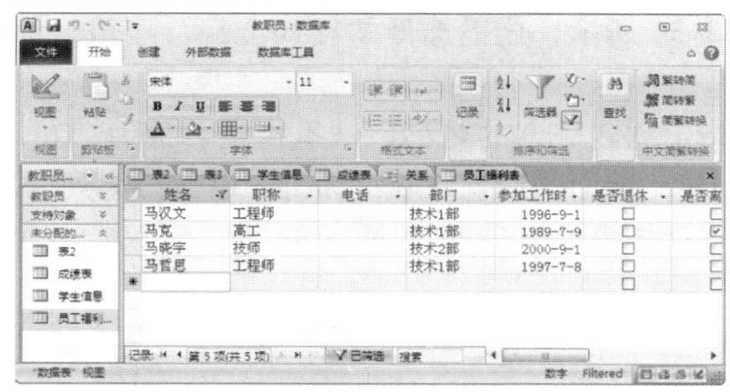

图 8-33　筛选出姓马的员工

8.6　使用查询

在数据库中，很大一部分工作是对数据进行统计、计算和检索。虽然筛选、排序、浏览等操作可以帮助完成这些工作，但是数据表在执行数据计算和检索多个表时，就显得无能为力了。此时，通过查询就可以轻而易举地完成以上操作。可以使用查询回答简单问题、执行计算、合并不同表中的数据，甚至可以添加、更改或删除表数据。

新建查询通过“创建”选项卡的“其他”功能区的“查询向导”命令按钮，单击后弹出如图 8-34 所示的“新建查询”对话框。

在“新建查询”对话框选项列表框中，可以有图示的四项选择。简单查询向导引导用户创建简单选择查询，选择查询用于创建可用来回答特定问题的数据子集，它还可用于向其他数据库对象提供数据。

交叉表查询向导可以将数据组成表，并利用累计工具将数值显示为电子报表的格式。交叉表查询可以将数据分为两组显示，一组显示在左边，一组显示在上边，这两组数据在表中的交叉点可以进行求和、求平均值、计数或其他计算。

简单查询的创建比较简单，这里选择“交叉表查询向导”选项，单击“确定”按钮后，要选择指定哪个表或查询中含有交叉表查询所需的字段，这里选择前面的“员工福利表”。下一步中需要指定用哪些字段的值作为行标题，如图 8-35 所示。

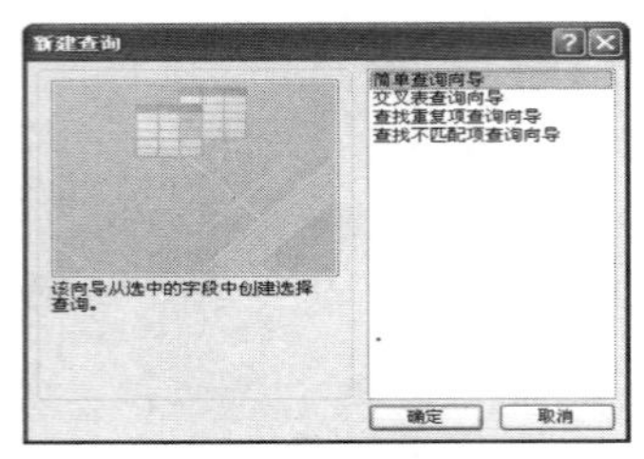

图 8-34 “新建查询”对话框

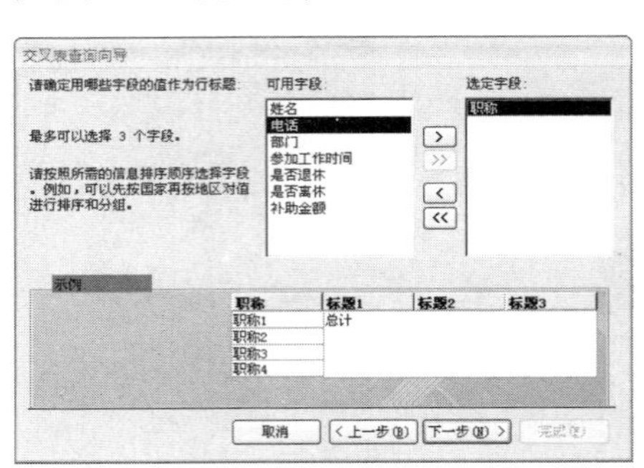

图 8-35 指定交叉查询行标题

行标题指定为“职称”，下一步用同样的方法指定用哪些字段的值作为列标题，假设指定“部门”作为交叉查询的列标题。接下来弹出的对话框要求指定为每个列和行的交叉点计算出什么数字，如图 8-36 所示。这里选择“补助金额”字段，计算函数为“平均”，然后单击“下一步”按钮。

下一步在对话框中指定创建查询的名称，这里指定名称为“员工福利表 - 补助金额平均值”，即完成了查询创建。前面的设置以职称为行，以部门为列，对各类职称分部门计算其补助金额的平均值，查询结果如图 8-37 所示。

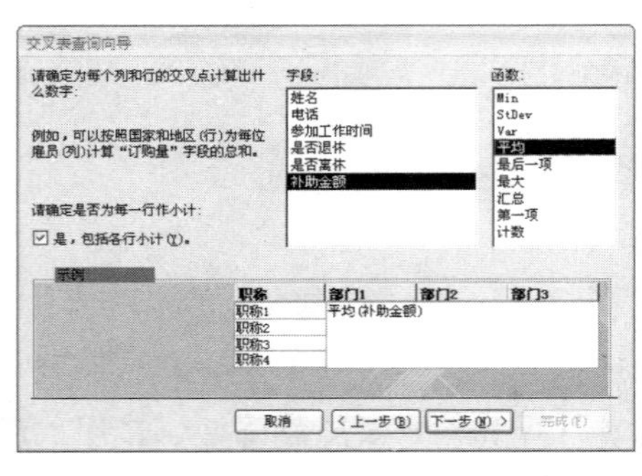

图 8-36 指定交叉点计算值

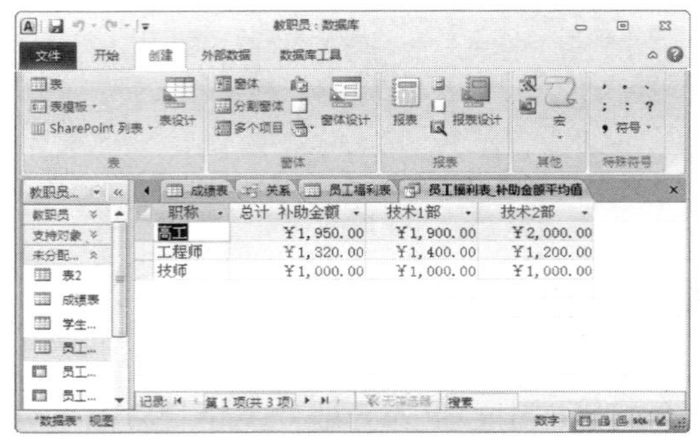

图 8-37 交叉查询结果

前面介绍了单一表的查询，在实际应用中还将用到在多表之间建立查询，以及更复杂的查询条件设置，用查询修改数据，以及创建 SQL 查询等高级操作。

8.7 使用窗体

窗体是一个数据库对象。窗体为数据的输入、修改和查看提供了一种灵活简便的方法。

可以使用窗体来控制对数据的访问，如显示哪些字段或数据行。Access 窗体不使用任何代码就可以绑定到数据，而且该数据可以是来自于表、查询或 SQL 语句的。在一个数据库系统开发完成以后，对数据库的所有操作都是在窗体这个界面中完成的。

窗体作为 Access 数据库的重要组成部分，起着联系数据库与用户的桥梁作用。以窗体作为输入界面时，它可以接收用户的输入，判定其有效性、合理性，并具有一定的响应消息执行的功能。以窗体作为输出界面时，它可以输出一些记录集中的文字、图形、图像，还可以播放声音、视频动画，实现数据库中的多媒体数据处理。

新建窗体通过“创建”选项卡的“窗体”功能区来完成，如图 8-38 所示。

Access 的窗体有三种视图：设计视图、窗体视图和数据表视图。设计视图是用来创建和修改设计对象（窗体）的窗口；窗体视图是能够同时输入、修改和查看完整数据的窗口，可显示图片、命令按钮、OLE 对象等；数据表视图以行列方式显示表、窗体、查询中的数据，可用于编辑字段、添加和删除数据以及查找数据。

Access 中的窗体可分为以下三种。

1）数据交互型窗体。主要用于显示和编辑数据，接收数据的输入、删除、编辑、修改等操作。数据交互型窗体的特点是必须有数据源。

2）命令选择型窗体。命令选择型窗体一般是主界面窗体，通过在窗体上添加命令按钮并编程，可以控制应用程序完成相应的操作，也可以实现对其他窗体的调用，从而达到控制应用程序流程的目的。

3）分割窗体。这是在 Access 2010 窗体形式中又新增的一个种类，它是传统“单一窗体”和“数据表窗体”类型的结合，可以同时提供窗体视图和数据表视图。这两种视图连接到同一数据源，并且总是保持相互同步。如果在窗体的一个部分中选择了一个字段，则会在窗体的另一部分中选择相同的字段。

图 8-39 所示为对“员工福利表”创建的一个分割窗体示例。

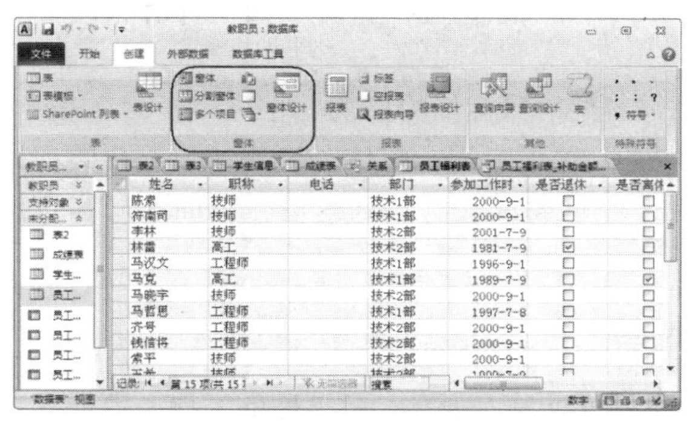

图 8-38　创建窗体

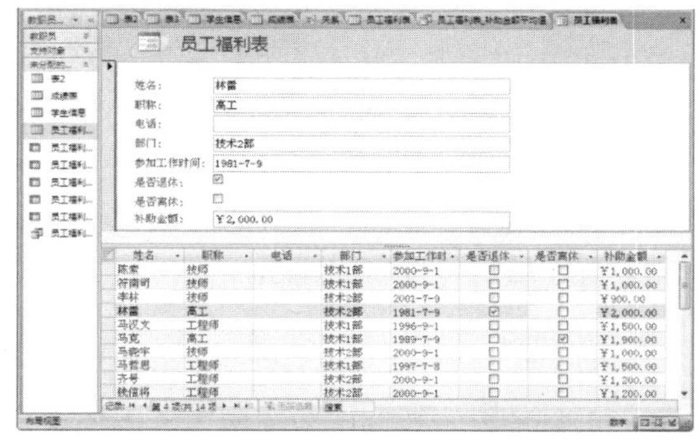

图 8-39　分割窗体示例

8.8　使用报表

报表是以打印的格式表现用户数据的一种有效方式。设计报表时，应首先考虑如何在页面上排列数据以及如何在数据库中存储数据。

创建报表使用“创建”选项卡的“报表”功能区按钮来完成，如图 8-40 所示。

在“报表”功能区共有 5 个功能按钮，单击“报表”按钮，它会立即生成报表而不向用户提示任何信息。报表将显示基础表或查询中的所有字段。图 8-41 所示为在当前打开的“员工福利表”下直接单击“报表”按钮系统所创建的报表。用户可以迅速查看基础数据，可以保存该报表，也可以直接打印报表。如果系统所创建的报表不是用户最终需要的报表，用户可以通过布局视图或设计视图进行修改。

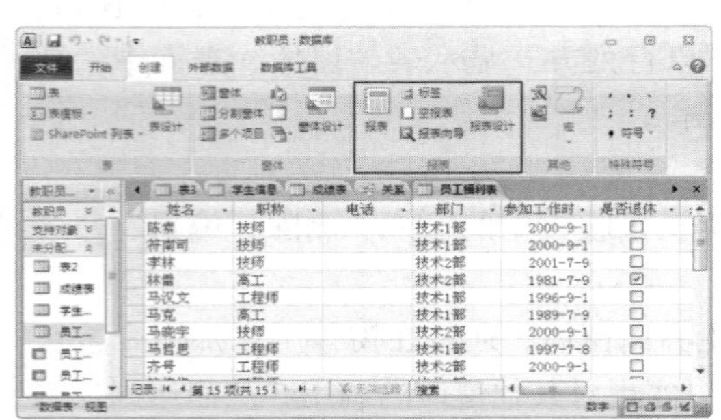

图 8-40　创建报表

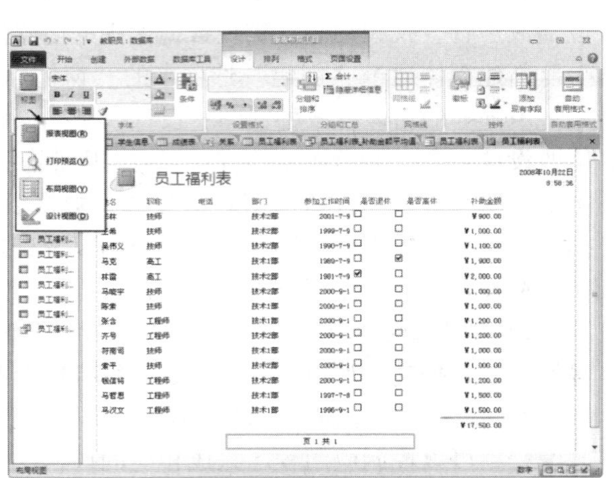

图 8-41　使用报表工具创建报表

使用“报表向导”可以先选择在报表上显示哪些字段，还可以指定数据的分组和排序方式，如果用户事先指定了表与查询之间的关系，还可以使用来自多个表或字段的字段。

使用“空白报表”工具可以从头生成报表，这是计划只在报表上放置很少几个字段时使用的一种非常快捷的报表生成方式。

使用“报表设计”时先设计报表布局和格式，再引入数据源，在对版面设计有较高要求中使用。

使用“标签”适用于创建页面尺寸较小、只需容纳所需标签的报表。

报表创建完成后，可以使用“格式”和“排列”选项卡进行字体、格式、数据分类和汇总、网格线、控件布局等的详细设计。最终通过“页面设置”选项卡进行页面布局和打印设置，然后可以打印输出。

本章小结

本章首先对数据库系统做了整体概述，介绍数据库的基本概念、数据库的发展、数据模型的描述以及常见的数据库管理系统，然后详细介绍 Access 2010 的开发应用，包括数据库的创建，数据表创建及应用，查询、窗体和报表的创建及应用。

习　题

参见《大学计算机基础上机指导》实训任务。

第 9 章 多媒体应用技术

引言

伴随着互联网的兴起和快速发展，一种基于互联网的技术正在或者已经改变着人们的生活，这就是多媒体技术。人们通过它可以与亲朋好友视频聊天；可以坐在家中享受远程教育；可以与在异地的同事进行视频会议，讨论工作情况；还可以享受音乐、视频、动画、游戏带来的快乐和享受。多媒体既然能人们带来这么多的便利，那么究竟什么是多媒体技术呢？它以后发展的前景会怎样呢？本章我们将围绕这些问题进行学习。

9.1 多媒体基本知识

9.1.1 信息与媒体

1. 信息

信息广义上可做如下概括：是能够通过文字、图像、声音、符号、数据等形式表示的、为人类获知的知识。任何信息都离不开传递，不能传递就不能称之为信息。信息传递要通过一定的媒介。语言、载体、信道都属于信息传递的媒介形式。

2. 媒体

媒体（Media）是指传播信息的媒介。它是指人借助用来传递信息与获取信息的工具、渠道、载体、中介物或技术手段。媒体有两层含义：一是承载信息的物体，二是指储存、呈现、处理、传递信息的实体。

9.1.2 多媒体及其特征

1. 多媒体

多媒体（Multimedia）是多种媒体的综合，一般包括文本、音频和图像等多种媒体形式。在计算机系统中，多媒体指组合两种或两种以上媒体的一种人机交互式信息交流和传播媒体。使用的媒体包括文字、图片、照片、声音、动画和影片，以及程序所提供的互动功能。

2. 多媒体的特征

多媒体技术有以下几个主要特征。

1）集成性：能够对信息进行多通道统一获取、存储、组织与合成。

2）控制性：多媒体技术是以计算机为中心，综合处理和控制多媒体信息，并按用户的要求以多种媒体形式表现出来，同时作用于人的多种感官。

3）交互性：交互性是多媒体应用有别于传统信息交流媒体的主要特点之一。传统信息交流媒体只能单向地、被动地传播信息，而多媒体技术则可以实现人对信息的主动选择和控制。

4）非线性：多媒体技术的非线性特点将改变人们传统循序性的读写模式。以往人们读写方式大都采用章、节、页的框架，循序渐进地获取知识，而多媒体技术将借助超文本链接（Hyper Text Link）的方法，把内容以一种更灵活、更具变化的方式呈现给读者。

5）实时性：当用户给出操作命令时，相应的多媒体信息都能够得到实时控制。

6）互动性：它可以形成人与机器、人与人及机器与机器间的互动，互相交流的操作环境及身临其境的场景，人们根据需要进行控制。人机相互交流是多媒体最大的特点。

7）信息使用的方便性：用户可以按照自己的需要、兴趣、任务要求、偏爱和认知特点来使用信息，任意选取图、文、声等信息表现形式。

8）信息结构的动态性："多媒体是一部永远读不完的书"，用户可以按照自己的目的和认知特征重新组织信息，增加、删除或修改节点，重新建立链接。

3. 多媒体信息的特点

1）文本是以文字和各种专用符号表达的信息形式，它是现实生活中使用得最多的一种信息存储和传递方式。用文本表达信息给人充分的想象空间，它主要用于对知识的描述性表示，如阐述概念、定义、原理和问题，以及显示标题、菜单等内容。

2）图像是多媒体软件中最重要的信息表现形式之一，它是决定一个多媒体软件视觉效果的关键因素。

3）动画是利用人的视觉暂留特性，快速播放一系列连续运动变化的图形图像，也包括画面的缩放、旋转、变换、淡入淡出等特殊效果。通过动画可以把抽象的内容形象化，使许多难以理解的教学内容变得生动有趣。合理使用动画可以达到事半功倍的效果。

4）声音是人们用来传递信息、交流感情最方便、最熟悉的方式之一。在多媒体课件中，按其表达形式，可将声音分为讲解、音乐、效果三类。

5）视频影像具有时序性与丰富的信息内涵，常用于交代事物的发展过程。视频非常类似于我们熟知的电影和电视，有声有色，在多媒体中充当着重要的角色。

9.1.3 多媒体技术的应用

由于多媒体系统需要将不同的媒体数据表示成统一的结构码流，再对其进行变换、重组和分析处理，以进行进一步的存储、传送、输出和交互控制，所以多媒体的传统关键技术主要集中在以下四类：数据压缩技术、大规模集成电路（VLSI）制造技术、大容量的光盘存储器（CD-ROM）、实时多任务操作系统。

多媒体的关键技术主要有以下六点。

1）多媒体数据压缩/解压缩技术。

2）超大规模集成电路（VLSI）芯片技术。

3）大容量光盘储存技术。

4）多媒体网络通信技术。

5）多媒体系统软件技术。

6）多媒体流技术。

多媒体的应用领域已涉足诸如广告、艺术、教育、娱乐、工程、医药、商业及科学研究等行业。多媒体技术是一种迅速发展的综合性电子信息技术，它给传统的计算机系统、音频和视频设备带来了方向性的变革，将对大众传媒产生深远的影响。多媒体计算机加速了计算机进入家庭和社会各个方面的进程，给人们的工作、生活和娱乐带来深刻的革命。多媒体还被应用于数字图书馆、数字博物馆等领域。

9.1.4 新媒体

新媒体（New Media）是指当下万物皆媒体的环境，涵盖了所有数字化的媒体形式，包括所有数字化的传统媒体、网络媒体、移动端媒体、数字电视、数字报刊等。

新媒体是一个相对的概念，是继报刊、广播、电视等传统媒体以后发展起来的新的媒体形态，包括网络媒体、手机媒体、数字电视等。

新媒体也是一个宽泛的概念，利用数字技术、网络技术，通过互联网、宽带局域网、无线通信网、卫星等渠道，以及计算机、手机、数字电视机等终端，向用户提供信息和娱乐服务的传播形态。严格地说，新媒体应该称为数字化新媒体。新媒体的特性包括以下几点。

1）迎合人们休闲娱乐时间碎片化的需求。

2）满足随时随地的互动性表达、娱乐与信息需要。以互联网为标志的第三代媒体在传播的诉求方面走向个性表达与交流阶段。

3）人们使用新媒体的目的性与选择的主动性更强。

4）媒体使用与内容选择更具个性化，导致市场细分更加充分。

9.2 图像处理相关知识

9.2.1 颜色三要素

颜色的三要素由色调、明度和饱和度（彩度）组成。

1. 色调

色调是色彩的首要特征，是区别各种不同色彩的最准确的标准。事实上任何黑、白、灰以外的颜色都有色相的属性，自然界中不同的色相是无限丰富的，如紫红、银灰、橙黄等。色调即各类色彩的相貌称谓。色调的特征决定于光源的光谱组成以及有色物体表面反射的各波长辐射的比值对人眼所产生的感觉。

2. 明度

明度不仅取决于物体照明程度，而且取决于物体表面的反射系数。如果我们看到的光线来源于光源，那么明度取决于光源的强度；如果我们看到的是来源于物体表面反射的光线，那么明度取决于照明的光源的强度和物体表面的反射系数。任何色彩都存在明暗变化，其中黄色明度最高，紫色明度最低，绿、红、蓝、橙色的明度相近，为中间明度。另外，在同一色相的明度中还存在深浅的变化，如绿色中由浅到深有粉绿、淡绿、翠绿等明度变化。

3. 饱和度

饱和度常是指色彩的鲜艳度。从科学的角度看，一种颜色的鲜艳度取决于这一色相发射光的单一程度。不同的色调不仅明度不同，饱和度也不相同。色彩的饱和度变化，可以产生丰富的强弱不同的色调，而且使色彩产生韵味与美感。

9.2.2 图像分辨率与图像类型

1. 分辨率

图像分辨率指图像中存储的信息量，即每英寸图像内包含有多少个像素点，分辨率的单位为像素每英寸。图像分辨率一般被用于 Photoshop 中，用来改变图像的清晰度。

2. 图像类型

数码图像有两大类：一类是矢量图，也叫向量图；另一类是点阵图，也叫位图。矢量图比较简单，它是由大量数学方程式创建的，其图形是由线条和填充颜色的块面构成的，而不是由像素组成的，对这种图形进行放大和缩小，不会引起图形失真。

9.2.3 图像文件的格式

图像文件的格式有以下几种：

1）BMP BMP 位图，文件超大，不能放大太多倍数。

2）JPG JPG 位图，PPT 中最常用的格式，像素文件体积最小。

3）GIF GIF 位图，这是会动的图片，放在 PPT 页面上会非常吸引眼球。

4）PNG PNG 位图，这种格式图片有很酷的透明效果。

5）WMF WMF 矢量图，微软的剪贴画里有很多是矢量图。

6）AI AI 矢量图，Adobe 公司的 Illustrator 软件的输出格式。

9.2.4 Photoshop CS6 工作界面的构造与设置

Photoshop CS6 的工作界面主要包含以下几个部分：

1）工具栏：每一项是工具组，根据对应说明选择相应工具。

2）属性栏：选择相应的工具后，活动面板栏将显示当前工具的相关属性，用户可根据操作需要修改相关参数值。

3）操作：可以实现最小化、关闭等操作，通过“窗口”菜单显示。

4）文件编辑区：可以编辑多个文档，控制文档之间切换、复制、移动等操作。

9.2.5 图层的基本含义与图层的基本操作

图层功能被誉为 Photoshop 的灵魂，在使用 Photoshop 进行图像处理时，具有十分重要的

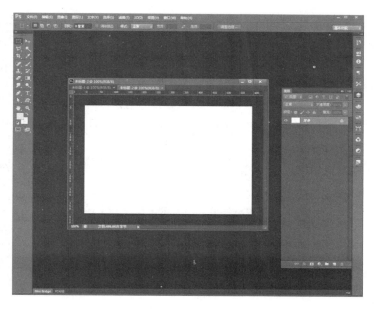

图 9-1　Photoshop CS6 文件编辑区

地位，也是最常用到的功能之一，如图 9-2 所示。

在 Photoshop 软件中，一幅图像通常是由多个不同类型的图层通过一定的组合方式自下而上叠放在一起组成的，它们的叠放顺序及混合方式直接影响着图像的显示效果。

9.2.6　选区工具

绘制选区的工具有选框工具组（包括矩形选框工具、椭圆选框工具、单行选框工具、单列选框工具）、套索工具组（包括套索工具、多边形套索工具、磁性套索工具）、魔棒工具、快速选择工具，如图 9-3 所示。

图 9-2　图层面板

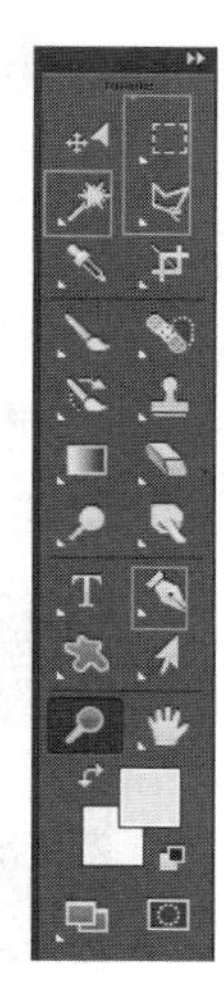

图 9-3　选区工具

1）单击“文件”→“打开”命令，打开一张图片（见图 9-4），准备将这壁纸上的气球抠下来。

2）首先单击工具上的磁性套索工具（抠图时，如果想图抠得比较精确，可以将图片按〈Alt〉+鼠标滚轮进行放大）。

3）羽化效果是要将边上其他区域去除才能看到的，按〈Ctrl + Shift + I〉组合键，进行反选。

4）选择“修改”→“羽化（〈Shift + F6〉）”命令进行设置羽化值（值越大羽化效果越明显）。

5）再按〈Del〉键删除，按〈Ctrl + D〉组合键（取消选区），去除选择效果，完成任务。

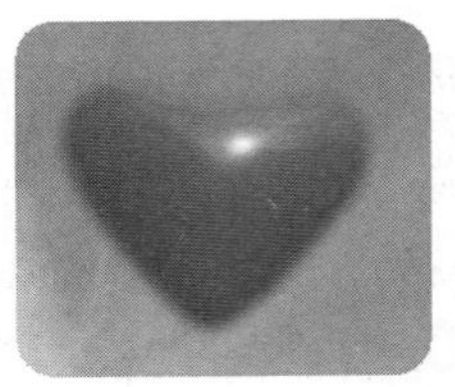

图 9-4　羽化效果

9.2.7　图像色彩与色调的调整

1. 色相/饱和度

执行“色相/饱和度”命令可以调整图像的颜色、饱和度和亮度。选择“图像”→“调整”→“色相/饱和度”菜单项（或者按〈Ctrl + U〉快捷键），系统弹出对话框，执行效果如图 9-5 所示。

a)

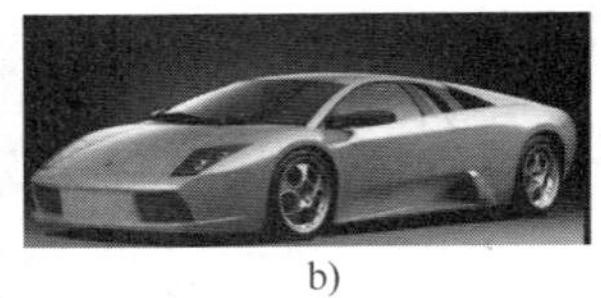
b)

图 9-5　使用“色相/饱和度”命令调整图片颜色

2. 替换颜色

执行替换颜色命令可以将特定颜色范围中的颜色替换为另外的颜色。选择“图像”→“调整”→“替换颜色”菜单项，系统弹出“替换颜色”对话框。执行效果如图 9-6 所示。

a)

b)

图 9-6　替换颜色

3. 曲线调节图像

快速地调整图像的明暗度、曝光度、色阶等，可以选择“图像”→“调整”→“曲线”（Ctrl + M）命令，如图 9-7 所示。

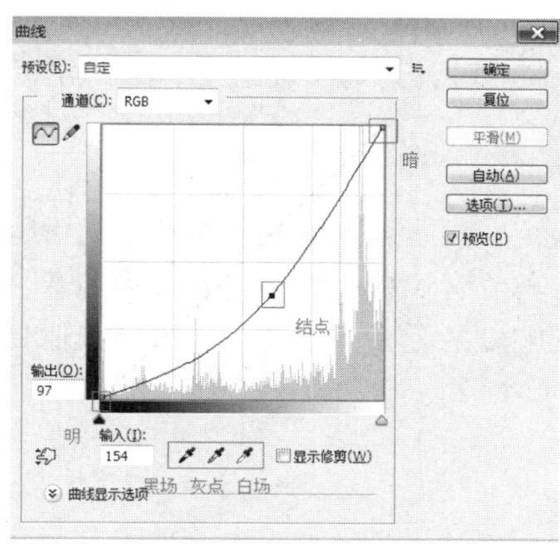

图 9-7　曲线命令

4. 色彩调整

选择“图像”→“调整”→“色彩平衡”（〈Ctrl + B〉）命令，如图 9-8 所示。

色彩调整具体操作步骤如下：

1）打开一张黑白图像。

2）用套索工具或磁性套索工具（或用“自由钢笔”→“路径”→“〈Ctrl + Enter〉”组合键，转换为选区）。

3）选择“图像”→“调整”→“色彩平衡”命令，在“色彩平衡”对话框中对中间调和高光进行调整，调节适当颜色。

a)

b)

图 9-8　色彩调整

4）给皮肤上颜色，用磁性套索或魔棒工具，着色方法相同。

5）选择“套索”工具，选中整个人物，进行色彩平衡调整。

9.3　数字音频技术

9.3.1　声音三要素

响度、音调、音色可以在主观上用来描述具有振幅、频率和相位三个物理量的任何复杂的声音，故又称为声音“三要素”。

1. 响度

响度又称声强或音量，它表示的是声音能量的强弱程度，主要取决于声波振幅的大小。响度是听觉的基础。正常人听觉的强度范围为 0 ~ 140dB（也有人认为是 -5 ~ 130dB）。一般以 1kHz 纯音为准进行测量，人耳刚能听到的声压为 0dB（通常大于 0.3dB 即有感受），使人耳感到疼痛时的声压级约达到140dB。

2. 音调

音调表示人耳对音调高低的主观感受。客观上音高大小主要取决于声波基频的高低，频率高则音调高，反之则低，单位用赫兹（Hz）表示。人耳对频率的感觉同样有一个从最低可听频率20Hz到最高可听频率20kHz的范围。根据人耳对音高的实际感受，人的语音频率范围可放宽到80Hz～12kHz。

3. 音色

音色又称音品，由声音波形的谐波频谱和包络决定。声音波形的基频所产生的听得最清楚的音称为基音，各次谐波的微小振动所产生的声音称泛音。单一频率的音称为纯音，具有谐波的音称为复音。每个基音都有固有的频率和不同响度的泛音，借此可以区别其他具有相同响度和音调的声音。

9.3.2 常见音频文件格式

音频格式即音乐格式。音频格式是指要在计算机内播放或是处理音频文件，是对音频文件进行数/模转换的过程。音频格式最大带宽是20kHz，速率介于40～50kHz之间，采用线性脉冲编码调制PCM，每一量化步长都具有相等的长度。

CD：CD格式的音质是比较高的音频格式。在大多数播放软件的“打开文件类型”中，都可以看到*.cda格式，这就是CD音轨了。标准CD格式也就是44.1kHz的采样频率，速率为88kbit/s，16位量化位数，因为CD音轨可以说是近似无损的，因此它的声音基本上是忠于原声的。

音频格式WAVE：WAVE（*.WAV）是微软公司开发的一种声音文件格式，它符合Resource Interchange File Format，PIFF文件规范，“*.WAV”格式支持MSADPCM、CCITT A LAW等多种压缩算法，支持多种音频位数、采样频率和声道。

音频格式（Audio Interchange File Format，AIFF）是音频交换文件格式的英文缩写，是Apple公司开发的一种音频文件格式，是苹果计算机上面的标准音频格式，属于QuickTime技术的一部分。由于AIFF的包容特性，所以它支持许多压缩技术。

音频格式MPEG：MPEG音频文件指的是MPEG标准中的声音部分即MPEG音频层。MPEG含有格式包括MPEG-1、MPEG-2、MPEG-Layer3、MPEG-4。MP3采用的就是MPEG-Layer3标准，它的优势是以极小的声音失真换来了较高的压缩比。

9.3.3 Audition软件介绍

Audition软件的前身是Cooledit，后Cooledit被Adobe公司收购。之后Adobe推出了Audition 1.5的升级版本，即Audition 2.0和现在的Audition 3.0。下面是现在使用的Audition 3.0的基本界面，如图9-9所示。

9.3.4 Audition在播音中的应用

1. 录音

录音是一套节目的基础，用户对录音有如下要求：音量大小合适；尽量减少噪声；背景噪声可以有但不能对人声产生较大的影响；录音要连贯、自然，尽量减少修改留下的痕迹。

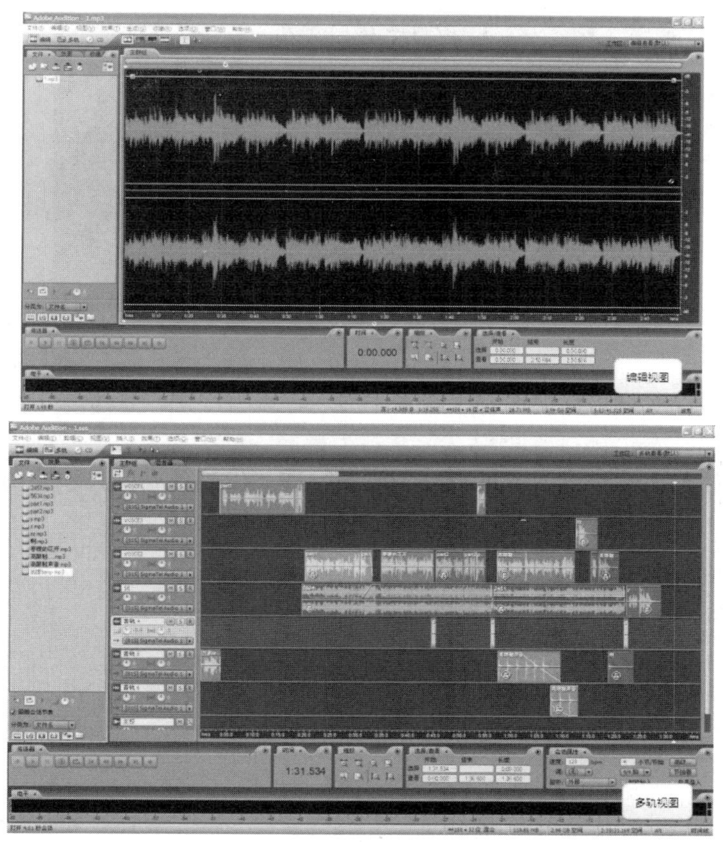

图9-9　Audition 3.0 的基本界面

打开 Audition，选择“文件”菜单下的“新建”命令，根据喜好进行设置。确定后单击“录音”按钮即可进行录音，如图9-10所示。

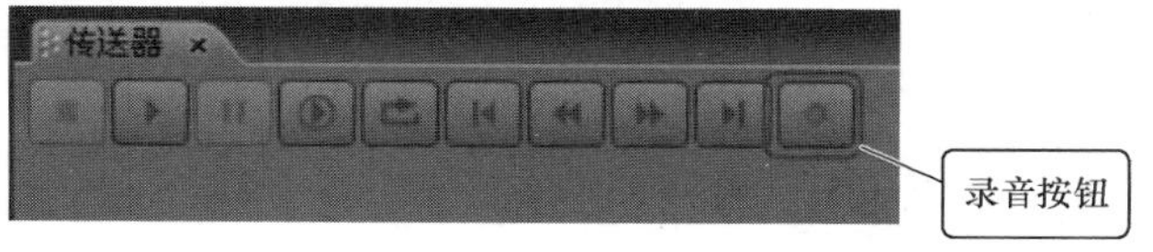

图9-10　录音按钮

2. 降噪

降噪是一个可选操作，如果录音质量足够好，完全可以不用降噪，以最大限度保留人的声音的特性。目前由于设备不达标和录音环境的问题，录音噪声都在 -30dB 左右甚至更高。我们不需要太专业的效果，但也至少要保证背景噪声不要过高。在将录错的部分删除后，即可进行降噪操作。先选中一段噪声，如图9-11所示。

然后打开左侧“效果”面板，依次打开“修复”→“降噪器”命令，如图9-12所示。

更改 FFT 大小，之后单击获取特性，等待计算机执行噪声取样完成后，单击“波形全选”按钮，最后单击“确定”按钮。等待处理完成即可。FFT 值越大降噪效果越差，降噪后声音失真越小；FFT 值越小降噪效果越好，但降噪后声音失真越严重。另外，降噪还可以通过对声

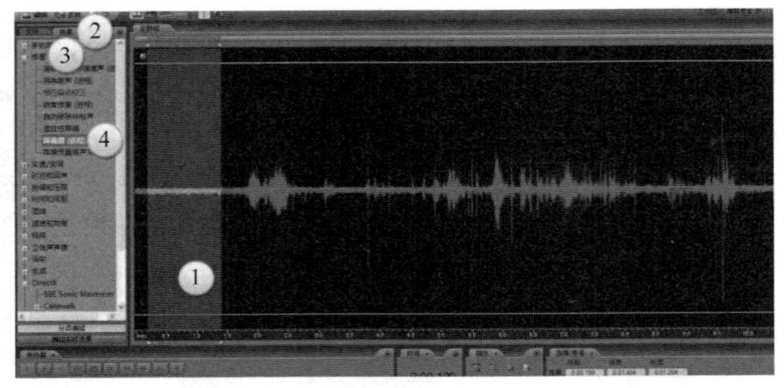

图 9-11　降噪

音进行音量的限制。通过将音量比噪声音量小的声音进行限制，也可以达到降噪的目的。

3. 多轨操作

之前的操作都是在编辑视图下进行的，要进行进一步的合成就必须要用到多轨视图，如图 9-13 所示。

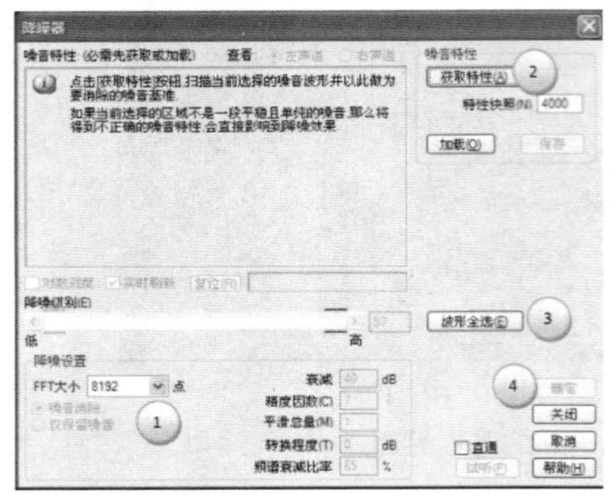

图 9-12　降噪操作

图 9-13　多轨模式

首先介绍一下多轨视图下最常用的工具 。选中的工具为混合工具，与其他的工具不同，使用此工具通过鼠标即可以完成大部分的操作。

鼠标动作的定义如下：

1）左键：控制时间长度的选取。

2）〈Ctrl〉+左键：选取需要剪辑的片段区域。

3）右键：移动当前所选的剪辑区域。

4）〈Shift〉+右键：复制当前所选的剪辑区域。

5）〈Ctrl〉+右键——复制剪辑并建立音频副本。

6）〈Alt〉+右键——滑动剪辑中的音频。

9.4 动画设计与制作

9.4.1 动画基础

动画是动态生成系列相关画面以产生运动视觉的技术。动画能创建运动图像主要是基于人的视觉暂留生理现象，在一定时间内连续观看一定数量以上的相关静止画面时，会感觉成连续的动作。平面动画称为二维动画，立体动画称为三维动画。

9.4.2 Flash 工作界面的基本介绍

在 Flash 软件的工作区主界面中，包括了菜单栏、选项卡式的文档窗格、时间轴/动画编辑器面板组、属性/库面板组、工具面板等组成部分，如图 9-14 所示。

图 9-14　Flash 主界面面板

Flash 的界面与传统的 Flash 软件有很大区别，在 Flash 新的工作区界面中，将传统的时间轴面板移到了主界面的下方，与新增的动画编辑器面板组合在一起；同时将属性面板和库面板组成面板组，与工具面板一起移到了主界面的右侧。这样调整的目的是尽量增大舞台的面积，使用户可以方便地设计动画。以下是 Flash 主界面中几个组成部分的简要介绍。

1. 菜单栏

Flash 与同为 Adobe 创意套件的其他软件相比最典型的特征就是没有标题栏。Adobe 公司将 Flash 的标题栏和菜单栏集成到了一起，以求在有限的屏幕大小中尽可能地将空间留给文档窗格。

2. 文档窗格

文档窗格是 Flash 工作区中最重要的组成部分之一，其作用是显示绘制的图形、图像以及辅助绘制的各种参考线。

在默认状态下，文档窗格以选项卡的形式显示当前所有打开的 Flash 影片文件、动画脚本文件等。用户可以用鼠标按住选项卡名称，然后将其拖拽，使其切换为窗口形式。

在文档窗格中，主要包括标题栏/选项卡名称栏和舞台两个组成部分。在舞台中，又包括场景工具栏和场景两部分。

提示：场景工具栏的作用是显示当前场景的名称，并提供一系列的显示切换功能，包括元件间的切换和场景间的切换等。场景工具栏中自左至右分别为后退按钮、场景名称文本字段、编辑场景按钮、编辑元件按钮等内容。

3. 时间轴/动画编辑器面板组

时间轴是指动画播放所依据的一条抽象的轴线。在 Flash 中，将这套抽象的轴线具象化到了一个面板中，即时间轴面板。

与时间轴面板共存于一个面板组的还有 Flash CS4 以上版本新增的动画编辑器面板。选择面板组中的选项卡，可在这两个面板间进行切换。单击选项卡的空位，可以将这个面板组设置为显示或隐藏。

4. 属性/库面板组

属性面板又被称作属性检查器，是 Flash 中最常用的面板之一。用户在选择 Flash 影片中的各种元素后，即可在属性面板中修改这些元素的属性。

库面板的作用类似一个仓库，其中存放着当前打开的影片中所有元件。用户可直接将库面板中的元件拖动到舞台场景中，或对库面板中的元件进行复制、编辑和删除等操作。

提示：如果库面板中的元件已被 Flash 影片引用，则删除该元件后，舞台场景中已被引用的元件也会消失。

5. 工具面板

工具面板也是 Flash 中最常用的面板之一。在工具面板中，列出了 Flash 常用的三种工具，用户可以单击相应的工具按钮，或按这些工具所对应的快捷键来调用这些工具。

提示：在默认情况下，工具面板是单列的。用户可以将鼠标悬停在工具面板的左侧边界上，当鼠标光标转换为“双向箭头”时，将其向左拖动。此时，工具面板将逐渐变宽，相应地，其中的工具也会重新排列。

一些工具是以工具组的方式存在的（工具组的右下角通常有一个小三角标志），此时，用户可以鼠标右键单击工具组，或者按住工具组的按钮 3 秒钟时间，均可打开该工具组的列表，然后在列表中选择相应的工具。

提示：在工具面板的下方，还包括笔触颜色、填充颜色两个颜色拾色器按钮以及黑白按钮和交换颜色按钮等工具。

9.4.3 元件、实例与库的基本概念

1. 元件

1）元件：是 Flash 中一种比较独特的、可重复使用的对象。

元件有三种形态：影片剪辑、按钮和图形。

2）图形元件：它是由在影片中多次使用的静态图形组成，一般是矢量图形、位图图像、音频等，不具有交互性，音频元件则是图形元件中一种特殊的元件。

3）按钮元件：它可以在影片中创建具有交互作用的按钮和相应的鼠标事件，如鼠标单击等。在 Flash 中首先要为按钮设计不同的状态外观，然后再为按钮的实例分配动作。

4）影片剪辑元件：它是 Flash 中使用最广、功能最强的部分，是一个个独立的小影片，在影片剪辑元件中可以包括主影片中所有组成部分，如音频、按钮、图像等。

元件在 Flash 中只创建一次，但在整个动画中可以重复使用。元件可以是图形，也可以是动画。在动画制作中所创建的元件都自动地保存在库中，且只在动画中存储一次，不管引用多少次，只在动画中占有很少的空间。

2. 实例

实例就是元件在场景中的应用，它是位于舞台上，或嵌套在另一个元件内的元件副本。

3. 库

库是元件和实例的载体，它最基本的用处是对动画中的元件和实例进行管理。

9.4.4 时间轴与帧、图层

在 Flash 中制作动画前，要认清两个基本概念：一个是时间轴，另一个是帧。

1. 时间轴

时间轴是实现 Flash 动画的关键部分，是进行动画编辑的主要工具之一。Flash 动画是将画面按一定的空间顺序和时间顺序放在时间轴面板中，在放映时按照时间轴排放顺序连续快速地显示这些画面。

从外观看，时间轴由两部分组成，即图层控制区和帧控制区，如图 9-15 所示。

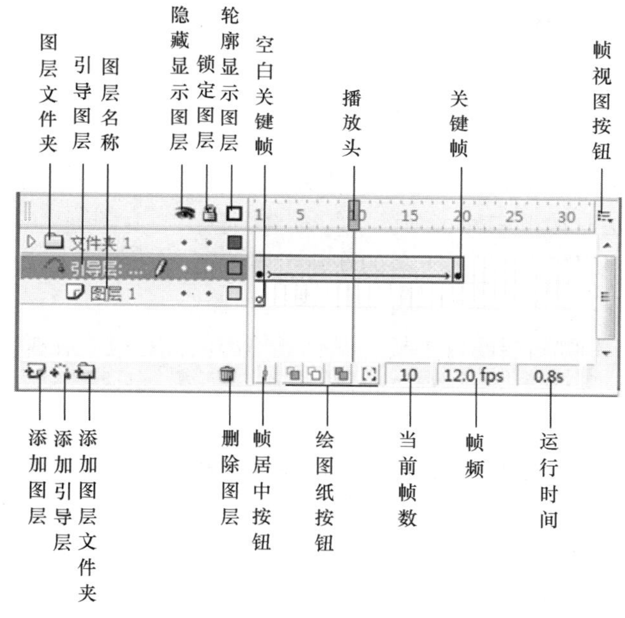

图 9-15 Flash 时间轴面板

2. 帧

Flash 动画是通过更改连续帧中的内容创建的。将帧所包含的内容进行移动、旋转、缩放、更改颜色和形状操作，即可制作出丰富多彩的动画效果。

（1）认识帧

帧是制作动画的核心，它显示在时间轴中，控制着动画的时间及各种动作的发生。动画中帧的数量和播放速度决定了动画的长度。

（2）帧的类型

1）关键帧：是用来定义动画对象变化的帧。

关键帧是特殊的帧，是动画变化的关键点。例如，补间动画的起点（第一帧）和终点（最后一帧）以及逐帧动画的每一帧都是关键帧。

关键帧有实关键帧（即关键帧）和空白关键帧两种。

在时间轴上，实心圆点表示有内容的关键帧，即实关键帧；空心圆点表示无内容的关键帧，即空白关键帧。

2）普通帧：普通帧也称为静态帧，在时间轴中显示为一个矩形单元格。无内容的普通帧，显示为空白单元格；有内容的普通帧，则会显示出一定的颜色。

在实关键帧后面，插入普通帧，则此实关键帧后面所有普通帧的内容与实关键帧中的内容相同。

3）过渡帧：过渡帧实际上也是普通帧，它包括了许多帧。但其中至少要有两个帧：起始关键帧和结束关键帧。

起始关键帧用于决定对象在起始点的外观；结束关键帧用于决定对象在结束点的外观。

3. 图层

在 Flash 中，图层是作为时间轴窗口的一个组成部分，出现在时间轴的左侧。图层像一叠透明的纸，每一张都保持独立，其上的内容互不影响，可以单独操作，同时又可以合成不同的连续可见的视图文件。

图层有普通层、引导层和遮罩层三种类型：

（1）普通层

普通层用于放置基本的动画制作元素，如矢量图形、位图、元件和实例等。

普通层的创建方法有如下三种：

1）单击时间轴左侧图层面板左下角的新建图层按钮。

2）在菜单中选择“插入”→“时间轴”→“图层”命令。

3）在时间轴面板左侧图层面板中某一图层上单击鼠标右键，在弹出的快捷菜单中选择“插入图层”命令。

（2）引导层

引导层用于辅助图形的绘制和为对象的运动路径设置起到导向作用。引导层在舞台中可以显示，但在输出动画时则不会显示。

引导层有普通引导层和运动引导层两种类型。

1）普通引导层：只起到辅助图形绘制的作用。其创建方法如下：在时间轴面板左侧图层面板中选择需要将其转换为普通引导层的图层，在该图层上单击鼠标右键，在弹出的快捷菜单中选择“引导层”命令即可。

2）运动引导层：起到指示对象运动的作用。其创建方法如下：在时间轴面板左侧图层面板中选择需要将其转换为普通引导层的图层，在该图层上单击鼠标右键，在弹出的快捷菜单中选择添加“运动引导层”命令即可。

（3）遮罩层：遮罩层可使用户透过该层中对象的形状看到与其链接的层中的内容，遮罩层中对象以外的区域则被遮盖起来，不能被显示，其效果就像在链接图层中创建一个遮罩层中对象形状的区域。

遮罩层的创建方法如下：在时间轴面板中选择需要转换为遮罩层的图层，在该图层上单击鼠标右键，在弹出的快捷菜单中选择“遮罩层”命令即可，在得到的遮罩层名称前有一个图标，与其链接的图层名称前会有一个图标。

9.5 视频编辑

9.5.1 视频介绍

视频（Video）泛指将一系列静态影像以电信号的方式加以捕捉、纪录、处理、储存、传送与重现的各种技术。连续的图像变化每秒超过 24 帧（Frame）画面以上时，根据视觉暂留原理，人眼无法辨别单幅的静态画面；看上去是平滑连续的视觉效果，这样连续的画面叫作视频。

9.5.2 视频基础知识

1. 色彩模式

（1）RGB 色彩模式

由 R、G、B 三原色组成的色彩模式，如图 9-16 所示。自然界中的所有颜色都可由三原色组合而成。三原色中的每一种颜色都包含 256 种亮度级别，即 R、G、B 三个通道均有一个 0 ~ 255 的取值范围。当 B、G、B 均为 0 时，图像为黑色；当 B、G、B 均为 255 时，图像为白色。

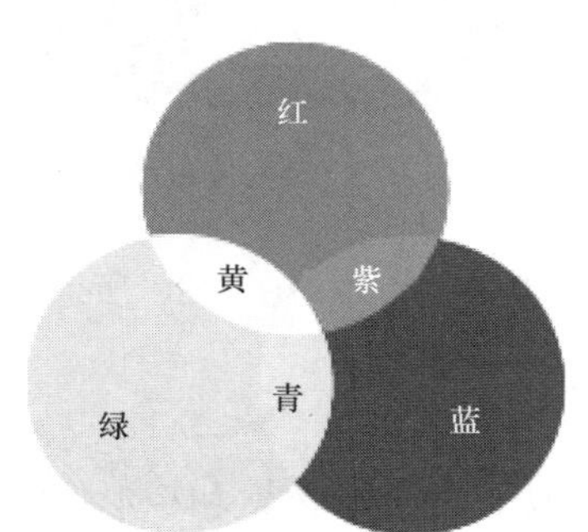

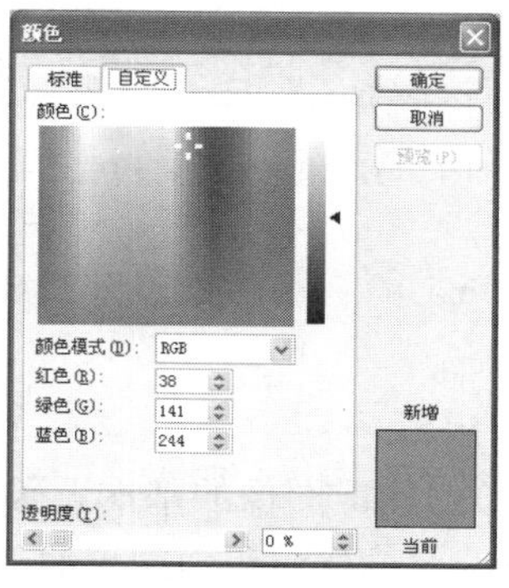

图 9-16　颜色模式

（2）灰度模式

灰度模式属于非彩色模式，只有一个 Black 通道，包含 256 个不同的亮度级别。用户在图像中看到的各种色调都是由 256（$2^8=256$）种不同强度的黑色所表示的，如图 9-17 所示。灰度图像中的每个像素的颜色都要用 8 位二进制位来存储，如 01000100、11000011 等。

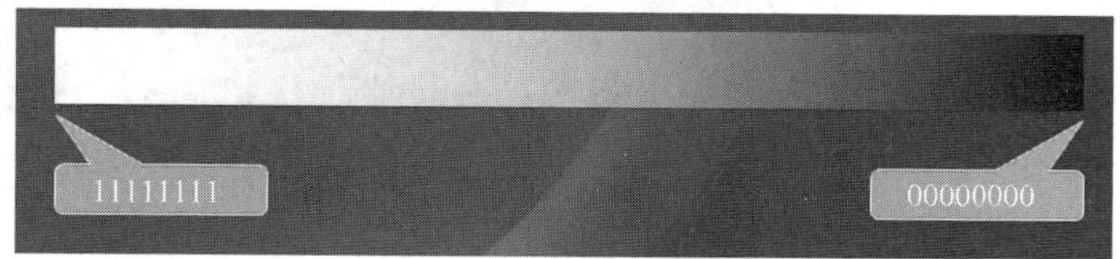

图 9-17　灰度模式

（3）HSB 色彩模式

HSB 色彩模式是基于人对颜色的感觉而制定的，将颜色看作由色相、饱和度和明亮度组成，如图 9-18 所示。

1）色相（Hue）：即色彩相貌，是用来区分色彩的名称，如赤、橙、黄、绿、青、蓝、紫。黑、白及灰色属于无色相。

2）饱和度（Saturation）：指颜色的浓度，其值越大，浓度越高。

3）明亮度（Brightness）：对一种颜色中光的强度的表述。其值越大，色彩越明亮。

2. 矢量图形与位图图像

矢量图形（Graphic）：与分辨率无关，如图 9-19 所示。缩放或旋转图形，不会影响其品质，不会遗漏细节、产生锯齿或损伤清晰度。

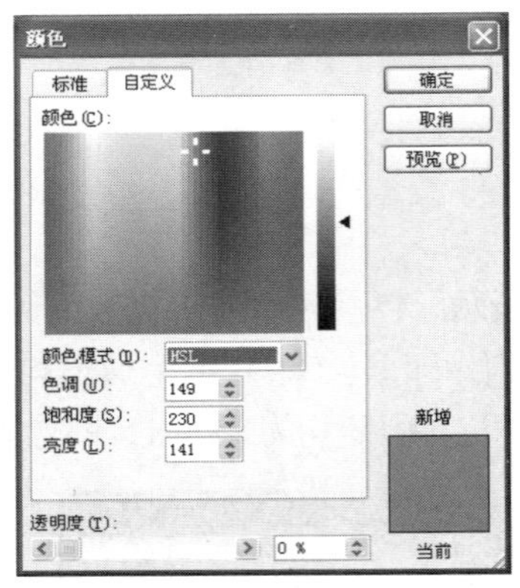

图 9-18　HSB 色彩模式

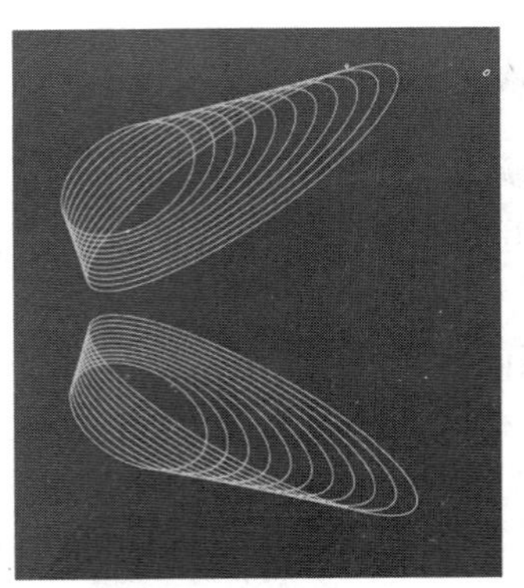

图 9-19　矢量图形

位图图像（Image）：由像素点阵组成，与分辨率有关，如图 9-20 所示。放大或旋转图像，会影响其品质。

3. 像素与分辨率

像素（Pixel）：构成图像的基本元素和最小单位，有方形像素和矩形像素两种。

分辨率：指图像单位面积内像素的多少，如 200 像素/英寸。分辨率越高，图像越清晰，如图 9-21 所示。

图 9-20　位图图像

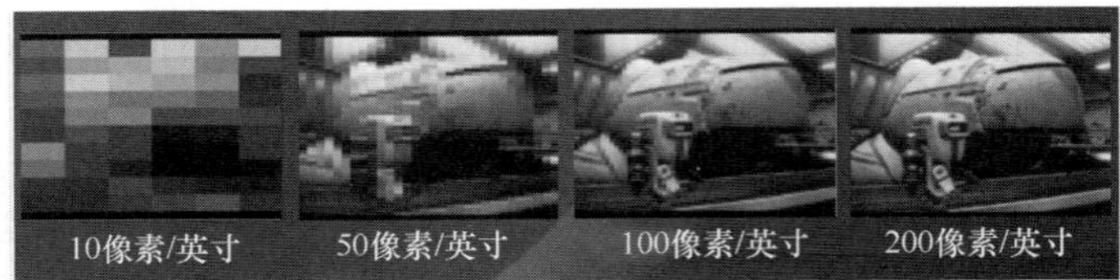

图 9-21　分辨率

4. 颜色深度

颜色深度就是最多支持多少种颜色，一般用“位”来描述。它与数字化过程中的量化位数有关，量化位数越大，可显示的颜色数越多，如图 9-22 所示。一般有以下三种颜色深度标准。

1）8 位色：颜色深度为 8，可显示的颜色数用 8 位二进制数表示，即从 00000000 到 11111111（0 ~ 255），共 $2^8=256$ 种。

2）16 位增强色：可显示 $2^{16}=65536$ 种颜色。

3）24 位真彩色：可显示 $2^{24}=1680$ 万种颜色。

5. 帧和帧速率

帧（Frame）：影像动画中的单幅影像画面称为帧，相当于电影胶片上的每一格镜头。

帧速率（Frame rate）：即每秒钟扫描的帧数，单位为帧/s 或 fps（frames per second）。

根据人眼的视觉暂留特性，画面的帧率高于 16 帧/s 时，就可以认为是连贯的，常见的帧率范围是 24 ~ 30 帧/s。

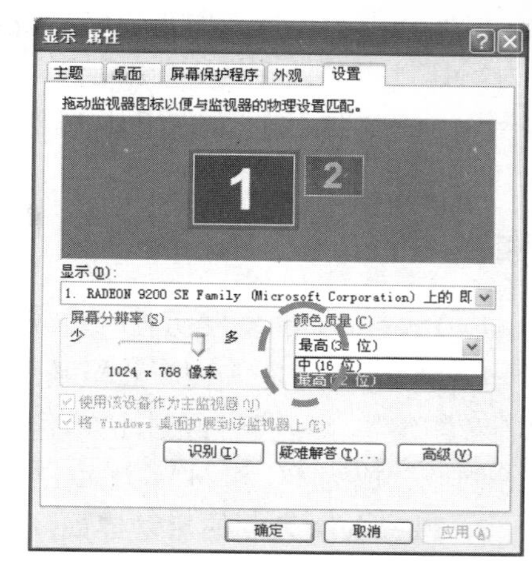

图 9-22　颜色深度

- PAL、SECAM 制式的帧速率为 25 帧/s。
- NTSC 制式的帧率为 30 帧/s。
- 35mm 电影的帧率为 24 帧/s。

6. 扫描格式

描述的是图像在时间和空间上的抽样参数，即每帧的行数、每秒的帧数及隔行扫描或逐行扫描。

扫描格式主要有以下两大类：

1）525/59.94（NTSC）：每帧的扫描线为 525 行，帧频为 29.97 帧/s。

2）625/50（PAL、SECAM）：每帧的扫描线为 625 行，帧频为 25 帧/s。

7. 宽高比

宽高比指视频图像的宽度与高度之比，可用整数或小数表示。例如：

SDTV：为 4/3 或 1.33。

HDTV：为 16/9 或 1.78。

电影：从 4/3 发展到宽银幕 2.77。

“D” 指 definition，意为“清晰度、分辨率”。

SDTV：Standard Definition Television，标准清晰度电视。

HDTV：High Definition Television，高清晰度电视。

8. 音频采样标准

根据奈奎斯特采样定理，为保证音频信号能高保真地实现模-数转换，音频的采样频率应高于其最高频率的 2 倍，而可闻声的频率范围为 20Hz ~ 20kHz，故数字非线性编辑系统的采样频率选 44.1kHz 或 48kHz，如图 9-23 所示。

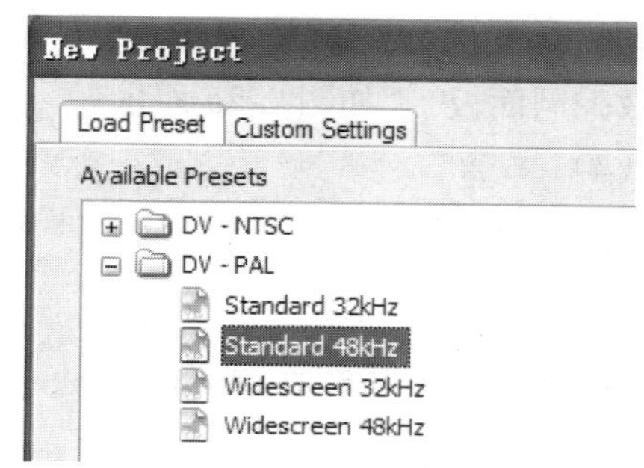

图 9-23　音频采样标准

9. SMPTE 时间编码

为了确定视频片段的长度及每一帧的具体位

置，以便在编辑和播放时加以精确控制，需要用时间代码给每一个视频帧编号，国际标准称之为 SMPTE 时间代码。

SMPTE 时间代码是为电影和视频应用设计的标准时间编码格式，格式为“h：m：s：f”，即“时：分：秒：帧”。

9.5.3 Premiere Pro 的界面

1. Premiere 的发展历程

Premiere 最早是 Adobe 公司基于 Macintosh（苹果）平台开发的视音频编辑软件，集视频、音频编辑于一身，经过十余年的发展，逐渐被应用于电视节目制作、广告制作及电影剪辑等领域，成为 PC 和 MAC 平台上应用最为广泛的视频编辑软件。

2. Premiere Pro 的启动界面

Premiere Pro 的启动界面有四个选项供选择（见图 9-24）：

1）最近打开的项目（Recent Projects，最多列出 5 个）。

2）新建项目（New Project）。

3）打开项目（Open Project）。

4）帮助。

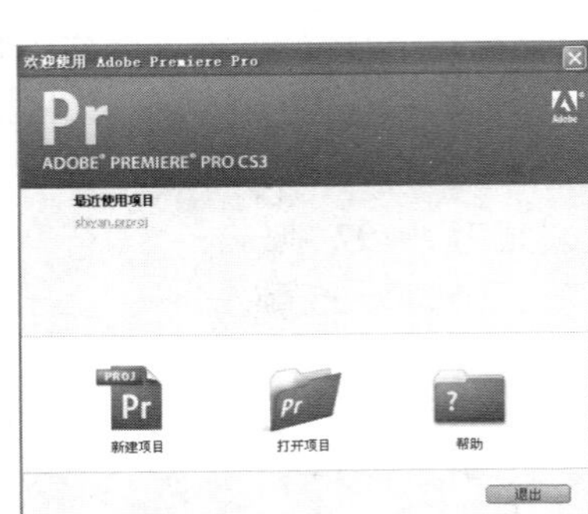

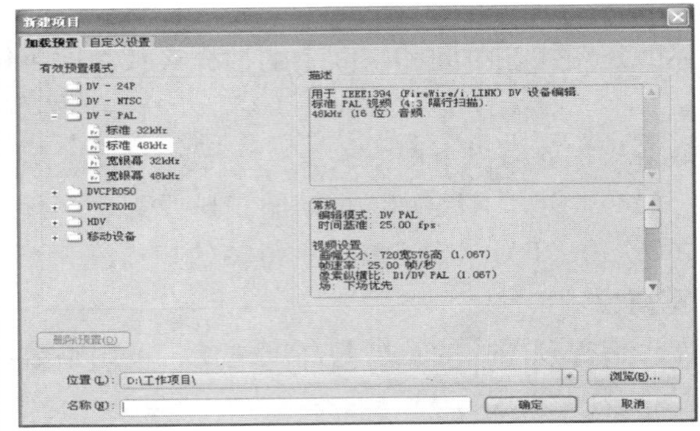

图 9-24　Premiere Pro 新建项目

3. Premiere Pro 的工作界面

（1）常用窗口及面板

常用窗口及面板包括 Project（项目窗口）、Timeline（时间线窗口）、Monitor（监视器窗口）、Tools（工具面板）、History（历史记录面板）、Effects（特效面板）、Effect Controls（特效控制面板），如图 9-25 所示。

（2）菜单栏

菜单栏包括文件、编辑、项目、剪辑、序列、标记、标题、窗口、帮助等，如图 9-26 所示。

9.5.4 视频项目创作流程

1. 新建项目

启动 Premiere，单击“file”→“new”→“project”命令，选择“DV-PAL”→“Standard

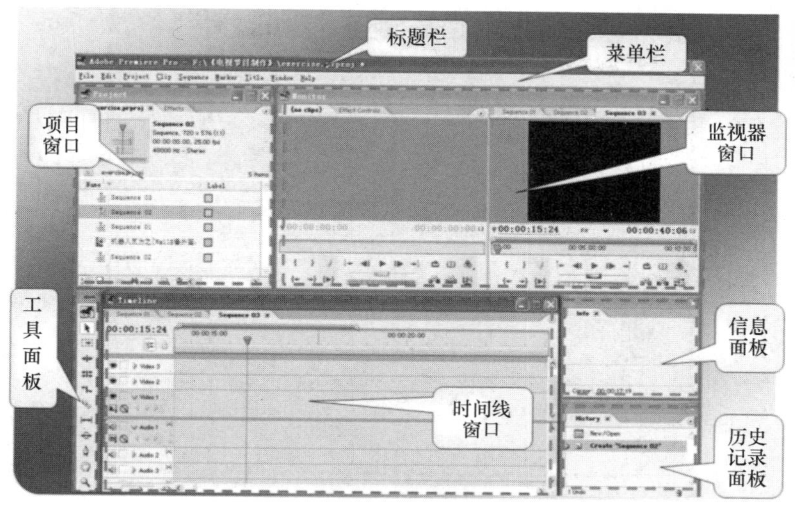

图 9-25　Premiere Pro 工作界面

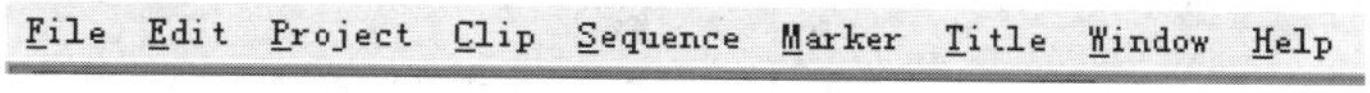

File　Edit　Project　Clip　Sequence　Marker　Title　Window　Help

图 9-26　Premiere Pro 菜单栏

48kHz”选项，选择存储路径，并为文件命名，如图 9-27 所示。

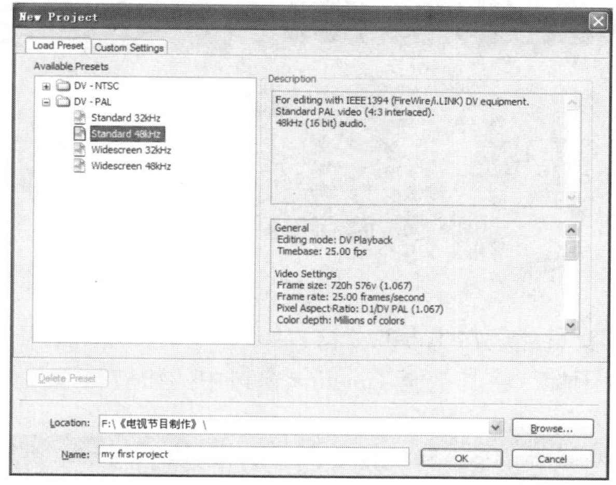

图 9-27　Premiere Pro 新建项目

2. 导入素材

在 Project（项目）窗口中双击，系统弹出“Import”对话框，如图 9-28 所示。

3. 裁剪素材

在 Monitor 窗口左侧的 source 视窗中检查素材内容，并根据需要对素材进行裁剪，设置入点和出点，在 Project 窗口中双击素材，可将素材载入到 source 视窗中或按住素材，直接将其拖至 source 视窗中，如图 9-29 所示。

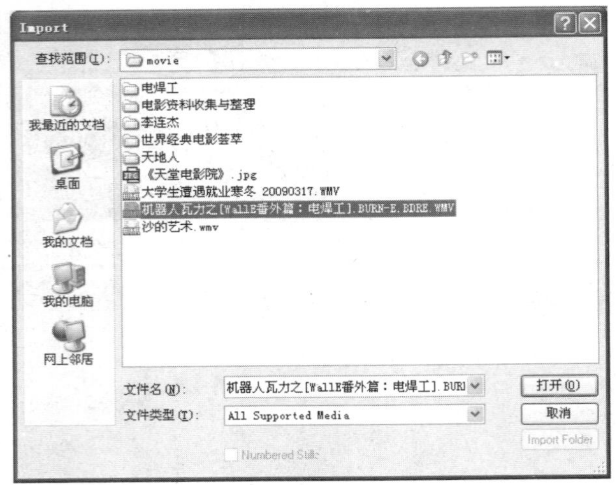

图 9-28 “Import”对话框

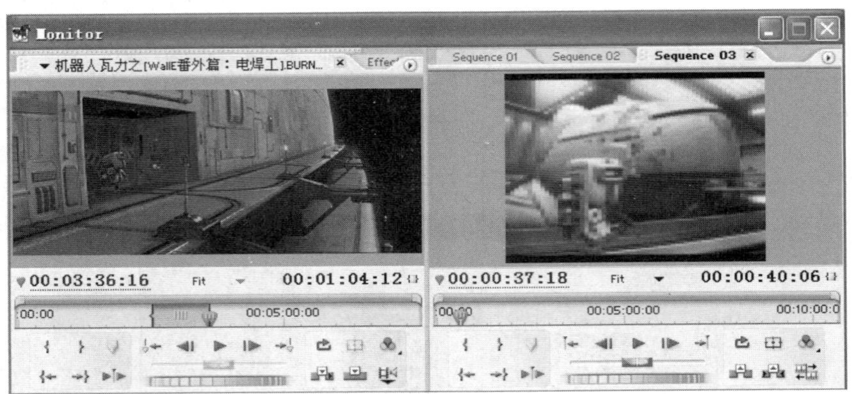

图 9-29 Premiere Pro 裁剪素材

4. 组接片段

将前面裁剪的多个素材片段在 Timeline 窗口中首尾相接、依次排列在 source 视窗中，按住鼠标左键出现手掌形图标，将其拖至 Timeline 窗口中的相应轨道，如图 9-30 所示。

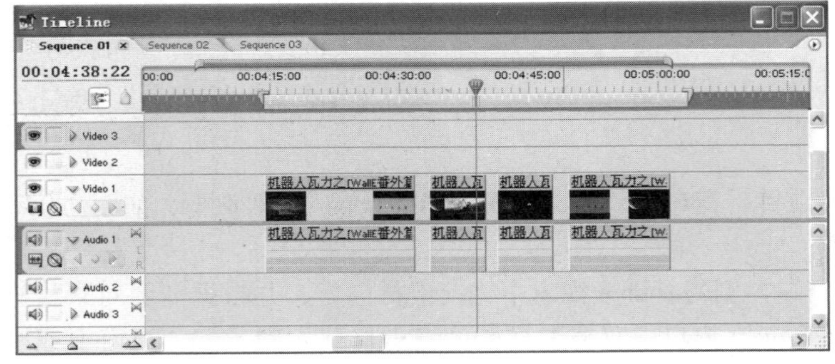

图 9-30 Premiere Pro 组接片段

5. 使用转场过渡效果

作用：实现相邻片段间丰富多彩的转场过渡效果，如图9-31所示。

操作方法：将选中的过渡效果直接拖至两片段的衔接处。

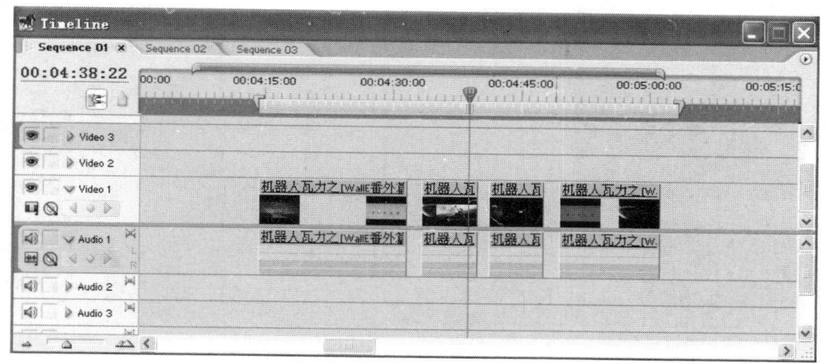

图9-31　Premiere Pro 转场效果

6. 加入音频

音频可以是配音、配乐或音效等。

方法：在Project窗口中双击，导入音频文件，将其拖至Timeline窗口的Audio轨道，如图9-32所示。

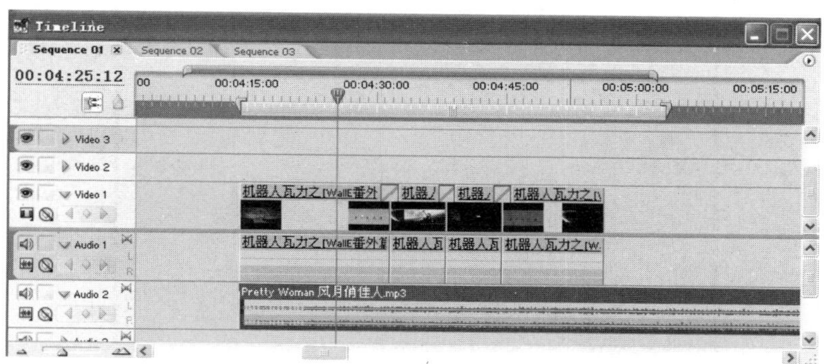

图9-32　Premiere Pro 音效编辑

7. 添加字幕

添加字幕的方法如下：

1）单击“File”→“New”→“Title”（或按〈F9〉键）命令。

2）保存为“*.prtl”字幕文件，并将其从Project窗口中拖至Timeline窗口的Video的上层轨道中，如图9-33所示。

8. 保存项目

保存项目的方法如下：

1）单击“file”→“save”命令（〈Ctrl+S〉键）。

2）保存为*.prproj文件，如图9-34所示。

9. 预演项目

1）在Monitor窗口右侧的节目视窗中单击▶按钮即可播放影片，如图9-35所示。

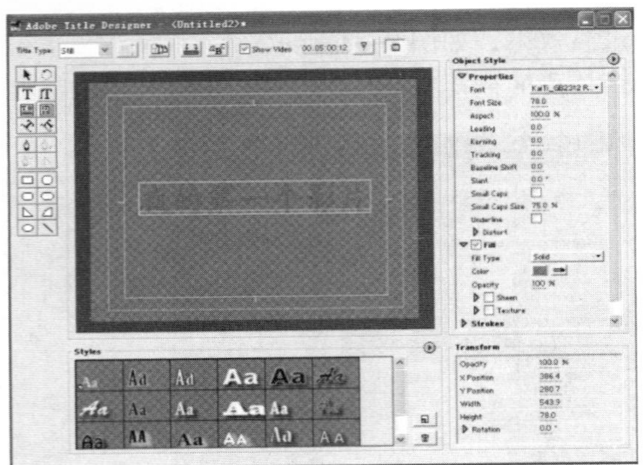
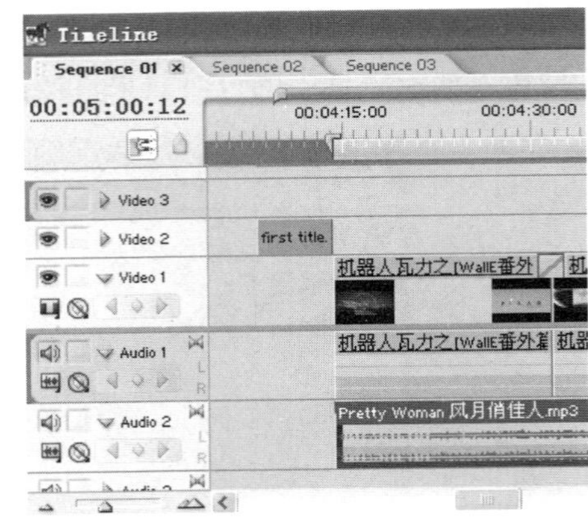

图 9-33　Premiere Pro 字幕编辑

图 9-34　Premiere Pro 保存项目

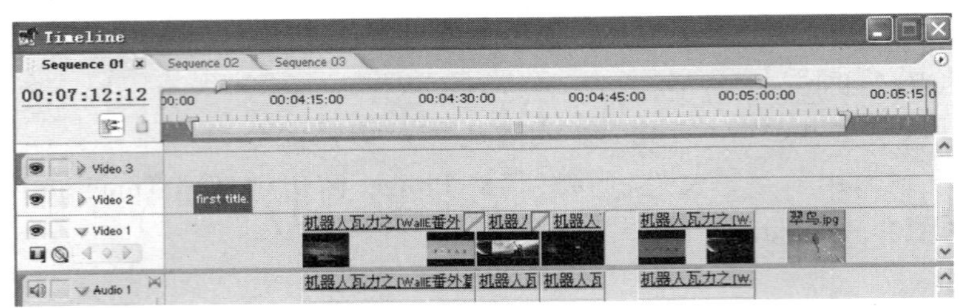

图 9-35　Premiere Pro 预演项目

2）但若无硬件支持，或项目过于复杂，Premiere Pro 不能实时播放影片中所有的转场、运动和特效等设置，此时 Timeline 窗口的时间线标尺处以红色标记显示。

3）要观看这些效果，需对项目进行预演。

4）拖动工作区指示器，使工作区域（Work Area）覆盖要预演的影片。

5）执行“Sequence”→“Render Work Area”命令（〈Enter〉键），开始预演，弹出渲染进度条，如图 9-36 所示。

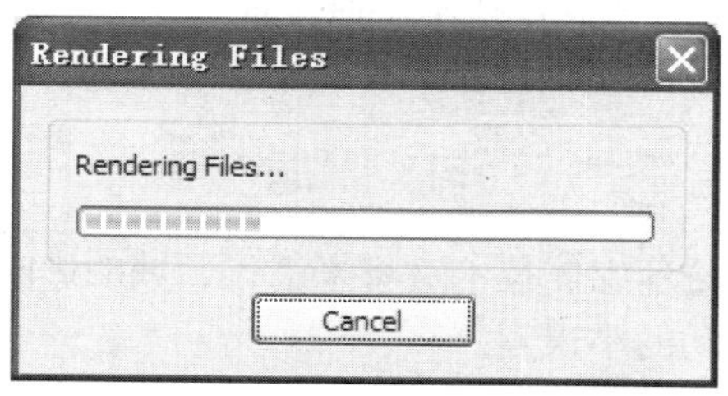

图 9-36　Premiere Pro 渲染进度

6）渲染完毕，刚才的红色标记会变成绿色，表示影片可实时播放，如图 9-37 所示。

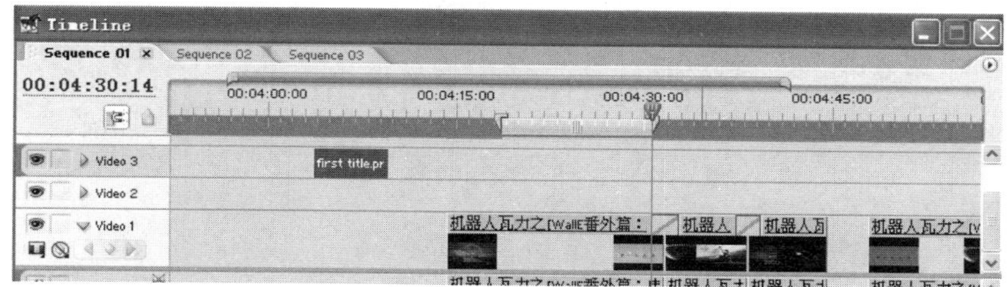

图 9-37　Premiere Pro 渲染标记

7）单击“Expert”→“Movie”命令，如图 9-38 所示。

图 9-38　Premiere Pro 导出影片

本章小结

本章从多媒体技术与应用的基本概念开始，从实用的角度出发，通过大量的案例，深入浅出地介绍目前最为流行的多媒体制作技术。通过本章学习，可以使读者较快地掌握多媒体制作过程，并能设计出自己的多媒体作品。

习　　题

1. 结合所学的专业，讨论新媒体技术对将来工作领域的影响。
2. 制作一个班级集体活动的小视频。

第 10 章 计算机新技术与应用

计算机技术的应用为人们的生活带来了便捷的服务，过去许多概念性的科技应用，现在也因计算机技术的发展而得以实现，这些应用将大大地改变人们的日常生活习惯，让生活更便捷。计算机技术不仅正在改变着人类生产和生活的方式，而且在一定程度上决定着许多学科的新发展，并在很大程度上影响和改变着各国综合国力的对比。本章将介绍物联网、移动互联网、云计算和大数据等计算机新技术与应用。

10.1 物联网

10.1.1 物联网的概念

物联网是个新概念，到现在为止还没有一个公认的定义。总的来说，“物联网”是指各类传感器和现有的“互联网”相互衔接的一种新技术。

物联网是在互联网概念的基础上，将用户端延伸和扩展到任何物品与物品之间，进行信息交换和通信的一种网络概念。其定义是，通过射频识别（RFID）、红外感应器、全球定位系统、激光扫描器等信息传感设备，按约定的协议，把任何物品与互联网相连接，进行信息交换和通信，以实现智能化识别、定位、跟踪、监控和管理的一种网络概念。

10.1.2 物联网的产生与发展

1999 年，在美国召开的移动计算和网络国际会议上提出的“传感网是下一个世纪人类面临的又一个发展机遇”是物联网概念的起源。2003 年，美国《技术评论》将传感网络技术列为未来改变人们生活的十大技术之首。2005 年，在突尼斯举行的信息社会世界峰会（WSIS）上，国际电信联盟（ITU）发布了《ITU 互联网报告 2005：物联网》，正式提出了“物联网”的概念。

物联网概念的问世，打破了之前的传统思维。过去的思路一直是将物理基础设施和 IT 基础设施分开，一方面是机场、公路、建筑物，另一方面是数据中心，个人计算机、宽带等。而在物联网时代，钢筋混凝土、电缆将与芯片、宽带整合为统一的基础设施。在此意义上，基础设施更像是一块新的地球。故也有人认为物联网与智能电网均是智慧地球的有机构成部分。

美国国防部在 2000 年时把传感网定为五大国防建设领域之一，仅在美墨边境“虚拟栅栏”（即防入侵传感网）上就投入了 470 亿美元。美国政府对更新美国信息高速公路提出了更具高新技术含量的信息化新方案。欧盟发布了下一代全欧移动宽带长期演进与超越以及ICT（Information and Communications Technology）研发与创新战略。2008 年，在法国召开的欧洲物联网大会的重要议题包括未来互联网和物联网的挑战、物联网中的隐私权、物联网在主要工业部门中的影响等内容。欧盟委员会和欧洲技术专家们则将目光重点放在 EPC Global 网络架构在经济、安全、隐私和管理等方面的问题上，他们希望能够建立一套公平的、分布式管理的唯一标识符。最近，日本政府紧急出台了数字日本创新项目——ICT 鸠山计划行动大纲。澳大利亚、新加坡、法国、德国等其他发达国家也加快部署了下一代网络基础设施的步伐，与物联网相关的全球信息化工作正在引发当今世界的深刻变革。

物联网有望在较短时间内为我国打造一个较成熟的智慧基础设施平台。物联网在我国迅速崛起得益于国内在物联网方面的几大优势：第一，我国早在 1999 年就启动了物联网核心技术传感网技术的研究，研发水平处于世界前列；第二，在世界传感网领域，我国是标准主导国之一，专利拥有量高；第三，我国是目前能够实现物联网完整产业链的少数几个国家之一；第四，我国无线通信网络和宽带覆盖率高，为物联网的发展提供了坚实的基础设施支持；第五，我国已经成为世界第二大经济体，有较为雄厚的经济实力支持物联网发展。目前，在“物联网”产业领域中我国的技术研发水平处于世界前列。中国科学院早在 1999 年就与世界主要国家几乎同步启动了传感器网络相关技术研究，在无线智能传感器网络通信技术、微型传感器、传感器终端机、移动基站等方面取得重大进展，目前已形成从材料、技术、器件、系统到网络的完整产业链，典型的示范性应用也取得了良好的效果。2009 年 10 月 24 日，西安优势微电子公司宣布第一颗物联网的中国芯——“唐芯一号”芯片研制成功，可以满足各种条件下无线传感网、无线个域网、有源 RFID 等物联网应用的特殊需要；2009 年 12 月上旬，“乙太视讯网络信息服务系统”开发成功，该系统是物联网实现数据、语音、视讯三网合一的基础组件，也是物联网的核心架构组合的关键，这些成就为我国物联网产业的发展奠定了基础。此外，上海移动运用物联网技术打造了集数据采集、传输、处理和业务管理于一体的整套无线综合应用解决方案。国内高校在物联网方面的研究也正积极迅速地展开，如北京邮电大学于 2009 年 9 月与无锡市就传感网技术研究和产业发展签署合作协议，无锡市将与北京邮电大学合作建设研究院，内容主要围绕传感网，涉及光通信、无线通信、计算机控制、多媒体、网络、软件、电子、自动化等技术领域，相关的应用技术研究、科研成果转化和产业化推广工作也同时被纳入议程。此外，西北工业大学、南京航空航天大学和重庆邮电大学等也正在加紧研发物联网技术，以迎接即将到来的“物联网时代”。

10.1.3 物联网关键技术

1. 互联网技术

互联网技术是物联网的技术基础，或者说，物联网是互联网技术在应用范围上的拓展。互联网主要解决物联网中传感器节点感知信息的传输与共享问题。

2. 电子产品代码/无线射频识别（EPC/RFID）技术

电子产品代码（Electronic Product Code，EPC）提供了一套较完善的产品电子代码编码方法，实现对物理对象的唯一标识。无线射频识别（Radio Frequency Identification，RFID）是一种通信技术，可通过无线电信号识别特定目标并读写相关数据。EPC/RFID 电子编码与标签技术是物联网中非常重要的支撑性技术。结合 EPC/RFID 技术和已有的网络技术、数据库技术、中间件技术等，构筑一个由大量联网的阅读器和无数移动的标签组成的，比 Internet 更为庞大的物联网成为 RFID 技术本身发展的趋势。RFID 阅读器能将物品的属性信息自动采集到系统中，实现对物品的自动识别，并按照一定的要求完成数据格式转换，通过无线数据通信网络把它们传递到数据处理中心，以便于进行透明管理。

3. 实体标记语言开发技术

实体标记语言（Physical Markup Language，PML）是基于人们广为接受的可扩展标识语言（XML）发展而来的。PML 提供了一个描述自然物体、过程和环境的标准，并可供工业和商业中的软件开发、数据存储和分析工具之用。它将提供一种动态的环境，使与物体相关的静态的、暂时的、动态的和统计加工过的数据可以互相交换。物联网中任何物品的有用信息的描述都可以用 PML 这种新型标准计算机语言书写。它将会成为描述所有自然物体、过程和环境的统一标准而得到非常广泛的应用。

4. 传感器网络技术

传感器网络是物联网的核心，主要解决物联网中的信息感知问题。传感器网络通过散布在特定区域的成千上万的传感器节点，构建了一个具有信息收集、传输和处理功能的复杂网络。通过动态自组织方式协同感知并采集网络覆盖区域内被查询对象或事件的信息，用于跟踪、监控和决策支持等。“自组织”“微型化”“对外部世界具有感知能力”是传感器网络的突出特点。要对物品的运动状态进行实时感知，就需要用到传感器网络技术。

5. 无线通信技术

物联网的最终发展目标是方便人们随时、随地与目标对象进行通信，因此，无线通信技术是必不可少的一种通信技术手段。事实上，目前物联网所涉及的 RFID 或传感器网络等核心技术中都融合了无线通信技术。也只有无线通信技术，才能将物联网的构想变为现实。

6. 嵌入式技术

嵌入式技术是将计算机技术、自动控制技术、通信技术等多项技术综合起来与传统制造业相结合的技术，是针对某一个行业或应用开发出的智能化机电产品，所实现的产品具有故障诊断、自动报警、本地监控或远程监控等功能，能够实现管理的网络化、数字化和信息化。“物联网”使物品能够主动或被动地与所属的网络进行信息交换，这其中离不开嵌入式技术的广泛应用。正是与嵌入式技术的结合，才使得对物品的标识以及传感器网络等的正常和低成本工作成为可能，如把感应器（或传感器）嵌入和装备到如电网、铁路、桥梁、隧道、公路、建筑、大坝、油气管道、供水系统等各种物体中，形成物与物之间能够进行信息交换的“物联网”，并与现有的互联网整合起来，从而实现人类社会与物理系统的整合，让所有的物品都能够远程感知和控制，形成一个更加智慧的生产生活体系。

7. 信息安全技术

物联网在本质上是通信技术的应用，是物品的信息化，其目标是方便人与物或物与物的信息交换。无论物联网应用背景本身是否是安全敏感的（如机场防入侵系统或某地的环境监测系统），在构建这个物联网应用系统时一定要有信息安全的设计，对于应用无线通信的系统尤其如此。否则，所构建的物联网系统一旦遭到信息安全攻击，不仅所获得的数据或信息没有意义，而且可能有害，甚至导致系统的崩溃或瘫痪。

10.1.4 物联网应用简介

物联网的目标是方便人与物或物与物的信息交换，构建一个智慧的生产、生活体系。物联网的应用涉及生产、生活等方方面面。下面举例说明物联网在生产、生活中的一些应用。

1. 在物流运输中的应用

上海移动目前已将超过 10 万个芯片装载在出租车、公交车上，在上海世界博览会期间，“车务通”全面运用于上海公共交通系统，以最先进的技术保障世博园区周边大流量交通的顺畅。面向物流企业运输管理的“e 物流”将为用户提供实时准确的货物状况信息、车辆跟踪定位、运输路径选择、物流网络设计与优化等服务。

2. 产品物流跟踪

电子标签在物联网的支持下，可以实现产品自动跟踪，可以清楚了解到产品的移动信息，这对产品原料供应管理、产品销售管理、产品有效生产是一个革命性的技术。例如，给放养的羊群中的每一只羊都贴上一个二维码，这个二维码会一直保持到超市出售的每一块羊肉上，消费者可以通过手机阅读二维码，知道羊的成长历史，确保食品安全。

3. 唯一标识与防伪

EPC 电子标签的应用不是为防伪单独设计的，电子标签中的唯一编码、电子标签仿造的难度、电子标签自动探测的特点，都使电子标签具备了产品防伪和防盗的作用，在产品上使用电子标签，还可以起到品牌保护的功能。

4. 金融支付

将带有“钱包”功能的电子标签与手机的 SIM 卡合为一体，手机就具有了钱包的功能，消费者可用手机作为小额支付的工具，用手机乘坐地铁和公交车、超市购物、去影剧院看影剧。

5. 电力管理

在电度表上装上传感器，供电部门随时都可以知道用户使用电力的情况，使电网智能化。我国江西省电网对分布在全省范围内的 2 万台配电变压器的运行状态进行实时监测，实现用电检查、电能质量监测、负荷管理等远程管理。

10.2　移动互联网

10.2.1　移动互联网的概念

移动互联网是将移动通信和互联网结合为一体，是指将互联网的技术、平台和应用与移动通信技术结合并实践的总称。随着移动通信技术的发展，移动的终端设备（如手机）为人们带来无限的方便与实用性。因此，移动互联网的宗旨在于人们可在任何时间、任何地点通过终端设备与互联网产生更多的互动，并且兼具私密性、便携性和可定位的特点，从而让人们能更便利地产生更多的互动。

移动互联网的基本架构从层次上来看可分为终端层、网络层和应用层。终端层是泛指各种可上网的终端设备，如手机、平板电脑，注重个性化与智慧化，一个终端设备可同时运行多种应用。网络层以多种无线接入方式使终端层的终端设备具有上网的功能，根据覆盖范围的不同可分为 WPAN、WLAN、WMAN、WWAN。WPAN 主要用于家庭网络等个人区域的场合，以 IEEE 802.15 标准为基础的蓝牙（Bluetooth）和 ZigBee 最为常见的 WPAN 技术，其特点适合用于短距离的低速数据传输。WLAN 主要用于商务、休闲和企业、校园等网络环境，以 IEEE 802.11 标准为基础，被广泛称为 Wi-Fi 网络，支持静止和低速移动的网络传输，目前处于快速发展的阶段，已被广泛应用于机场、酒店和校园。WMAN 是一种适用于城市的无线接入技术，以 IEEE 802.16 标准为基础，常被称为 WIMAX 网络，支持中高速移动的传输移动性，但在应用方面尚有许多未能解决的难题。WWAN 是指利用现有的移动通信网络，如 3G 实现互联网接入，具有网络覆盖范围广，支持高速移动性、用户使用方便等优点，以实现移动业务的宽带化。应用层通过各种开放的应用程序编程接口（API）所开发的应用程序（APP）让用户可使用移动网络所提供的服务，包括网络支付、事件通知、环境监测等多种应用服务，让用户使用移动互联网的操作更加方便。

10.2.2 移动互联网的应用

随着移动互联网的发展，具有移动性的终端设备能够提供完善的应用功能，让人们在移动互联网下通过简单的操作便可享有更便利的服务，也因此带来更大的商机。

移动互联网下的智能商务已成为全球电子商务的重要发展趋势。随着 3G/4G 网络技术在全球的普及，移动互联网已经带来了更多移动电子商务的商机。将各类网站、企业的大量信息及各种各样的业务带入移动互联网中，为企业搭建了一个适合业务和管理需求的移动信息化平台，提供全方位标准化的移动商务服务，为用户解决各种商务问题，满足各种用户需求，并提供更好的服务。

移动广告和数字信息的市场在移动互联网下的发展更加多元化，包括手机游戏、音乐、定位等多种服务。手机游戏一直是投资者关注的重点领域，同时也是移动互联网产业中发展最早也最为成熟的领域。用户在休闲时对手机游戏有强大的娱乐性需求，因此在产业上可推出较多数字信息供用户购买或游玩。通过移动音乐的提供，用户可体验不同的感受。定位服务让用户可通过具有 GPS 的终端设备得知所在位置的信息并能整理分析许多相关地理信息，让用户得到更多的信息以满足实时的信息提供。

移动支付是移动互联网环境中兴起的重大应用，由于移动互联网所提供的移动商务将改变用户的消费行为和支付习惯，通过实用且方便的移动支付技术将有助于用户与企业间良好的互动关系。如将常见的支付型卡片如借记卡和信用卡的各种消费信息整合至终端设备中，用户便可轻易地在任何时间与地点通过终端设备购买所需的产品或服务。也可将具有短距通信的终端设备与商家的设备做交易的传递，为人们达成各种服务的实时需求。

10.2.3 移动互联网的未来发展

最近几年，移动通信和互联网的发展相当迅速，反映了随着时代与技术的进步，人们对于移动性和信息的需求在不断上升，越来越多的人希望在移动的过程中高速地使用互联网获取信息以完成想做的事情。这两种技术未来的市场潜力也很大，因为移动互联网正逐渐地渗透到人们的生活、工作等领域，下载、游戏、音乐、支付、位置服务等丰富多样的移动互联网应用将蓬勃发展，与互联网的各种网络服务的无缝接轨让移动互联网在未来拥有不可限量的商机。

10.3 云计算

网络技术的发展，使得免费及付费网络空间大量增值，人们在享受便利的数据传输及数据分享的同时，意识到这种网络空间便是等同于计算机内部的硬盘，于是开始思考是否能够以网络取代或增强原本不足的计算机软硬件部分，使得计算机组装更加节省成本、软件更新及取得更有效率。

10.3.1 云计算的概念

云计算中的“云”原本是科学家以抽象的云状图表示复杂的计算机网络联机架构，因形象具体，因此被用来模拟为网络虚拟世界。因此，云计算即是表示以网络资源来代替本地计算机做数据运算。

云计算的概念最早是由太阳（Sun）计算机公司提出，该公司早在网络尚未普及的1983年便提出网络就是计算机（The network is the computer）。但“云计算”这一名词却等了23年，直到2006年才由Google提出并实施，而后各大公司才跟进。时至今日，云计算已经是人们日常生活不可或缺的一部分了。

此外，维基百科对云计算的定义如下。云计算（Cloud Computing）是一种基于因特网的运算新方式，通过因特网上异构、自治的服务为个人和企业使用者提供按需即取的运算，云计算的资源是动态、易扩展套件而且虚拟化的，通过因特网提供的资源，终端使用者不需要了解“云”中基础设施的细节，不必具有相应的专业知识，也无须直接进行控制，只关注自己真正需要什么样的资源以及如何通过网络来得到相应的服务。

美国国家标准与技术研究院（NIST）对云计算的定义为：云计算是一种模式，能方便且随需求应变地通过联网存取广大的共享运算资源（如网络、服务器、存储、应用程序、服务等），并可通过最少的管理工作及服务与供应者互动，快速提供各项服务。

通过整合上述两个定义，了解到云计算服务应符合以下几个特征。

1）消费者可依据使用需求状况自行使用云服务，不需再通过云供应者与之互动。服务可随时在网络取用，且用户端无论大小，均可通过标准机制使用网络。依据消费者要求，来指派或重新指派实体及虚拟资源，在所在地独立性的概念下，消费者通常不知道所有资源确切位置。能适应需求弹性且快速调整资源规模大小，对消费者而言，所提供的这种能力似乎是无限的，可以在任何时间被购买任何数量。

2）云服务各层次均由云供应者掌控与监管，为供应者和消费者双方提供透明化服务使用信息。云计算的服务依照美国国家标准和技术研究院的定义可以明确分为三种服务模式：基础设施即服务（IaaS）、软件即服务（SaaS）、平台即服务（PaaS）。此三种服务模式内容如下。

基础设施即服务（Infrastructure as a Service，IaaS），是云计算的基础设施，内容包括了许多软硬件资源，如网络流量、运算能力、存储空间等，将这些资源自动化管理，并向外出租给使用者使用，如Amazon的EC2服务。可以将本层想象为一个大型机房及存储大量数据的运算中心，用户连入此运算中心使用其资源。

软件即服务（Software as a Service，SaaS），又被称为即需即用软件，由云端集中式托管软件及其相关数据组成，用户通过因特网，无须安装便能使用。例如，Yahoo与Gmail这类电子邮件信箱、Google地图、YouTube影音服务、Facebook网站等，皆属于此类型的服务。此服务常被应用在商业软件上，包括会计系统、协同软件、客户关系管理、管理信息系统、企业资源计划、开票系统、人力资源管理、内容管理以及服务台管理等。SaaS带来很大的商机，根据美国Gartner公司的评估，软件即服务的销售在2010年达到了100亿美元，2015年的收入是2010年的两倍。

平台即服务（Platform as a Service，PaaS），介于SaaS及IaaS之间，是一个软件开发平台，除了向使用者提供开发环境及链接库外，使用者还能通过PaaS将自己开发的软件上传至SaaS，供其他人下载使用。好处是开发者不需要考虑系统的可扩充性及容量等问题，后续的程序数据安全也由开发平台所负责。例如，Amazon的AWS（Amazon Web Services）、微软的Windows Azure、Google的App Engine、Yahoo的Application Platform等都属于此类型的服务。PaaS将软件研发的平台作为一种服务，以软件即服务（SaaS）的模式交付给用户。因此，PaaS也是SaaS模式的一种应用，但PaaS的出现加快了SaaS应用的开发及发展速度，也因开发及运行都在同一平台上，兼容性问题较少发生。

如果依照供货商与使用者的关系，可以将云分为公共云、私有云、社群云和混合云四类。公共云提供给一般大众使用，不一定免费，但价格相当低廉，且会对使用者实施使用访问控制机制，使用架构相当有弹性且具成本效益。私有云具有公共云的优点，差别仅在于私有云服务中，数据与程序皆在组织内管理，不会受到网络带宽、安全疑虑影响，使云供应者及使用者更能控制云基础架构并改善安全与弹性。社群云由众多利益相仿的组织控制及使用（如特定任务、安全要求、政策和合规性考虑等），社群成员可共同使用云端数据及应用程序，社群云可能由组织或第三方管理。混合云则是由两个或两个以上组成的云（私有、社群或公共），这种云根据标准或专有技术联系在一起，使数据和应用程序具有可移植性。在此模式中，用户通常将非企业关键信息外包，并在公共云上处理，但可同时控制企业内部敏感服务及数据。

10.3.2 云计算的应用

云计算技术的应用已经遍及网络，如通过Facebook与朋友互动、用Flickr存放照片、用Gmail发送电子邮件、用Google Map规划旅游路线、用Dropbox存放或备份资料等。甚至可以说，只要有使用网络的地方，都有牵涉云计算的应用，然而网络世界不分远近，也因此应用的层面又多又广。以下介绍一些云计算的生活应用。

1. 云操作系统

以往用户组装计算机，除了安装操作系统之外，还需要安装许多的驱动程序。在驱动程序安装完成后，为了使计算机更有用，还得安装各式各样的应用程序软件，十分不便。

而云操作系统舍弃以往用户计算机内所安装的各种软件（如文字处理、图像处理、网络浏览、实时通信等），改为以一个网络浏览器软件为核心，用户仅需安装此软件，便能处理上述的所有工作。例如，2009年Google所发布的Chrome OS，现已有数百万人次使用。另外，还有一个不限制浏览器的Glide OS，除了上述功能外，还附加了网络硬盘功能，所有的文字处理、通信簿、E-mail等数据皆会存储在网络硬盘内，另外还有桌面同步软件，便于同步不同计算机的文件及数据。

2. 云安全

以往防病毒软件必须常常更新病毒特征及恶意软件信息，但因恶意软件出新的速度很快，一旦防病毒软件更新速度落后，则防护效果就大打折扣。因此市面上的防病毒软件也运用云计算概念处理，除了病毒特征更新迅速外，将恶意软件的监测及确认过程转移到云中，不需要消耗个人计算机资源，不像过去的防病毒软件占用大量的系统资源，也使因特网成为用户计算机安全的最佳后盾。

3. 虚拟计算环境

以往人们需要计算环境，必须自己建设机房、架设服务器、安装防火墙等，电力供应系统也必须24h不间断，而系统使用状况是会随着时间浮动的，如晚上的使用量一般较低甚至没有使用者，如此会造成大量的浪费。

而虚拟计算环境能提供多种系统的服务接口，让用户不需建设实体环境，使用网络资源调整所需的环境及程序，执行自己所需要的服务，省下了建设机房、电力设备、服务器、防火墙等的成本，并且能依照需要扩展，或是定时开启或关闭服务以节省成本。

4. 云存储

网络开始普及时，除了浏览网页外，使用最多的是云盘，当初称为网络硬盘或网络空间的服务。此服务提供了文件寄存及下载的功能，也仅仅提供了此两种功能。而云存储服务与云盘类似，但多数提供了与本机文件同步的功能，让用户在脱机状态也能新增编辑文件，等联机后程序会自动执行同步工作，甚至能与其他人共享文件、进行协同作业。另外，云存储也可以支持云计算所需的大量数据及大量的存储装置。

5. 教育云

为了弥补城乡的学习资源差距，提倡终身学习，可以将较为优秀的学习资源，以上传到云端的方式，供城市的小朋友复习、乡下的小朋友自习，并支持课堂的教学，使小朋友对学习更有兴趣、更有热情。因此，云端教育提供多元的数字教学资源，包括语音、视频教学等，并开设远程课程辅导系统及课堂互动教学系统，不仅老师及家长能实时掌握学生的学习状况，还方便许多人自学。

6. 交通云

近年来，许多传统的运输系统通过先进科技的协助，获得了有效改善。这也是世界上许多国家发展智慧运输系统（Intelligent Transportation System，ITS）的理由，而实时交通信息服务系统为ITS中相当重要的一环。用户利用车辆侦测器或GPS探测车辆实时收集到的不同来源的交通信息，并针对此大量内容进行汇总及分析、预测，辅以实时更新的网站，将信息提供给出行者，以利于出行者避开交通繁忙的地区，达到疏导交通的效果。

10.3.3 云计算的未来发展

云计算的日益发展，使得国内许多厂商也都开始开发、引进相关技术，以提升信息运算效率并节省公司成本、创造更高利润。然而云计算遍地开花的结果，使得许多不同厂商投入开发，因此不同云计算供货商所提供的服务彼此之间并不能兼容，对使用者来说相当不便。站在使用者的立场，建立一个云计算的标准是相当重要的，让使用者可在不同的云计算供货商转移，防止被大企业所垄断，维持自由竞争的市场，如此才能保证云计算的服务质量，维护用户利益。目前已有数个国际组织着手建立云计算的标准制度，如开放云计算联盟（Open Cloud Consortium，OCC）、分布式管理任务组（Distributed Management Task Force，DMTF）、企业云买方委员会（Enterprise Cloud Buyers Council）以及云端安全联盟（Cloud Security Alliance）等。许多国际大厂商签署了《云端开放宣言》，为云端服务的互操作性大原则达成了共识，未来将制定云计算标准，并依此标准开发运作。

而用户将数据传输至云中，不免会思考数据存放在云中是否安全，且云计算平台在大量使用者参与的状况下，亦会出现隐私问题——因为使用者在云计算平台共享信息及服务的同时，云计算平台需收集相关信息以利于运算。另外，云计算的核心特征之一就是数据的存储和安全完全由云计算提供商负责，且云端数据在存储时，会建立多个副本，并支持异地备援，以降低数据遗失的风险，只是对使用者来说，虽然降低了组织或个人成本，但是数据一旦脱离内部网络到了因特网上，就无法通过物理隔离等手段防止隐私外泄。而且使用者的行为、习惯、爱好等被使用者视为隐私的部分，将可能会更直接地暴露在网络上。

最后，云计算虽然节省了自身软硬件的成本，但毕竟数据是存储在远方，访问速度不能与存储在本机相比，如此会造成云计算推广上的阻碍。尽管云计算尚未成熟，仅仅是在萌芽、发展阶段，但是云计算带来的便利性让许多企业也看到了巨大商机，因此投入大笔资金及人力，决心想抢下这个充满商机的新世界。

10.4 大数据

10.4.1 大数据的概念

大数据的概念其实就是过去 10 年广泛用于企业内部的数据分析、商业智能（Business Intelligence）和统计应用之大成。但大数据现在不只是数据处理工具，更是一种企业思维和商业模式，因为数据量急剧增加、存储设备成本下降、软件技术进化和云环境成熟等种种客观条件的成熟，让数据分析从过去的洞悉历史进化到预测未来，开创从所未见的商业模式。

大数据是指无法在一定时间内用常规软件工具对其内容进行抓取、管理和处理的数据集合。大数据技术是指从各种各样类型的数据中，快速获得有价值信息的能力。适用于大数据的技术，包括大规模并行处理数据库、数据挖掘电网、分布式文件系统、分布式数据库、云计算平台、互联网和可扩展的存储系统。

相较于传统数据，大数据至少具有三个差异极大的特性。首先是数据量（Volume），如果换算成数字数据单位，基本单位通常已经是 TB、PB 等级，不但要考虑收集及存储成本，如何迅速传递这么庞大的数据，也是大数据应用必须思考的重点。

其次是时效性（Velocity），即使是这么大的数据量，仍然要在最短的时间内产生分析结果，如传统的年报统计，往往是在今年收集去年的数据，却在来年才出版，旷日费时的结果，往往会让数据分析结果失真。

最后也是最大的差别，就是数据的多样性（Variety），传统的数据通常有明确的结构性选项，如年龄、性别、等级等，但大数据可能会有各种形式，包括文字、影音、图像、网页等，不但没有明显的结构，而且大数据还常常出现形式交错的现象。

由此可知，传统的数据收集方式，显然已经不能满足人们对于大数据的需求，所幸在物联网、云计算及 4G 无线宽带等技术的发展下，要取得物与物、物与人、人与人的互联互通数据，技术上已不是问题，但必须先迅速建立起采集、传输及存储大数据的基础设施，才有可能建立全面感知的能力，成为预测未来的最佳后盾。

在过去的 10 年间，数据爆炸已经成为人所共知的一个话题，根据市场研究公司 IDC 2015 年发布的数据，由于视频、图片、音频等非结构化富媒体数据的应用越来越频繁，社交网络不断增长和壮大，预估2009年到2020年期间，数字信息总量将增长44倍。

10.4.2 大数据的应用

大数据的应用，可让人们以全新的视野看待事物，以下是几个大数据应用的实例。Google利用用户在网络上检索的海量关键词，例如与感冒相关的词，结合疾病相关知识，运用数据挖掘模型，判断出流感传播的途径和趋势，为公共卫生决策提供服务。此系统所预测的结果与美国疾病预防管制中心的预测非常相近。此项研究成果已发表于期刊《Nature》，Google将其开发成一套系统，提供全世界随时查询。

智能电网的大数据应用，主要是因为在电网运行发电、输电、变电、配电、用电和调度、设备检修和电力管理过程中会产生海量异构、多态的数据，这些结构化和非结构化的数据，其准确性、异构多数据源的整合、数据可视化的解构等，均为当前大数据于智能电网应用研究相关的重要课题。大数据于智能电网应用为研发适应未来电力管理的需求与趋势，锁定配电调度、发电预测、精确传输、运算平台及大数据算法等领域，主要重点为配电调度与发电预测。

智能交通的应用。中国微软研究院与北京市政府合作为3.3万辆出租车装置GPS，汲取驾驶人的智慧及经验，对持续累积的导航数据进行分析，发现了北京市区最明显的交通瓶颈。北京市政府据此新建长达1.7公里的北湖渠西路，有效化解交通堵塞难题。

10.4.3 大数据的未来发展

大数据（Big Data）产业将是未来数年成长极快的明星产业之一。目前，大数据分析已广泛应用于制造业、服务业、零售销售、医疗服务、政府管理、通信、金融等领域，并为各产业的经营决策与营运模式带来变革。面对大数据时代的来临，如何掌握大数据产业发展的契机，引领产业升级转型，值得探讨。

本章小结

本章介绍了物联网、移动互联网、云计算和大数据等计算机新技术与应用。通过本章学习，可以使读者了解移动互联网，认识云计算、物联网、大数据等计算机前沿技术知识。

习　　题

1. 以日常生活中的用品为例，列举三个通过物体智能化使生活更便利的例子。
2. 你一天当中使用了哪些移动物联网的应用？
3. 通过大数据分析与挖掘等技术，可以得到许多有用的信息，请列举三种通过大数据分析与挖掘而产生的应用。